高等学校教材
计算机科学与技术

计算机专业 毕业设计(论文)指导

李继民 李珍 编著

清华大学出版社
北京

内容简介

本书是针对高等学校计算机及相关专业编写的毕业设计(论文)参考指导书。参照 ACM、AIS 和 IEEE-CS 发布的 CC 2005(Computing Curricula 2005),根据教育部高等学校计算机科学与技术教学指导委员会的《高等学校计算机科学与技术专业实践教学体系与规范》,以培养专业能力为目标,注重实践创新能力和综合素质的培养。

在计算机学科方法论的基础上,结合我国学校的教学实际,设计了一套规范的毕业设计过程管理体系,系统地叙述了毕业设计和撰写毕业论文各环节的实践操作方法。主要内容包括:毕业设计(论文)的选题、开题报告的撰写;文献资料的搜集;不同类别毕业设计的方法和思路;毕业论文的写作方法;答辩与成绩的评定;毕业设计(论文)工作的检查与评估;典型的毕业论文实例的全程指导;对跨入社会毕业生的职业训练与沟通技巧等内容。

本书突出系统性、示范性和实用性,思路清晰、内容翔实、范例丰富,适合作为计算机及相关专业学生进行毕业设计和毕业论文写作的教材,也可作为高等学校、高职院校和自学考试理工类专业学生开展毕业设计的指导教材,对从事科研项目开发人员和科技人员撰写学术论文也具有一定的参考价值。

图书在版编目(CIP)数据

计算机专业毕业设计(论文)指导/李继民,李珍,刘明,管印超编著. —北京:清华大学出版社,2009.12(2022.7重印)

(高等学校教材·计算机科学与技术)

ISBN 978-7-302-20023-9

Ⅰ. 计… Ⅱ. ①李… ②李… ③刘… ④管… Ⅲ. 电子计算机—毕业设计—高等学校—教学参考资料 Ⅳ. TP3

中国版本图书馆 CIP 数据核字(2009)第 063662 号

责任编辑:梁 颖 林都嘉
责任校对:梁 毅
责任印制:朱雨萌

出版发行:清华大学出版社
网 址:http://www.tup.com.cn, http://www.wqbook.com
地 址:北京清华大学学研大厦 A 座 **邮 编**:100084
社 总 机:010-83470000 **邮 购**:010-62786544
投稿与读者服务:010-62776969, c-service@tup.tsinghua.edu.cn
质量反馈:010-62772015, zhiliang@tup.tsinghua.edu.cn
印 装 者:三河市龙大印装有限公司
经 销:全国新华书店
开 本:185mm×260mm **印 张**:14.75 **字 数**:369 千字
版 次:2009 年 12 月第 1 版 **印 次**:2022 年 7 月第11次印刷
印 数:9401~9800
定 价:35.00 元

产品编号:032801-02

高等学校教材·计算机科学与技术

编审委员会成员

（按地区排序）

出版说明

改革开放以来，特别是党的十五大以来，我国教育事业取得了举世瞩目的辉煌成就，高等教育实现了历史性的跨越，已由精英教育阶段进入国际公认的大众化教育阶段。在质量不断提高的基础上，高等教育规模取得如此快速的发展，创造了世界教育发展史上的奇迹。当前，教育工作既面临着千载难逢的良好机遇，同时也面临着前所未有的严峻挑战。社会不断增长的高等教育需求同教育供给特别是优质教育供给不足的矛盾，是现阶段教育发展面临的基本矛盾。

教育部一直十分重视高等教育质量工作。2001年8月，教育部下发了《关于加强高等学校本科教学工作，提高教学质量的若干意见》，提出了十二条加强本科教学工作提高教学质量的措施和意见。2003年6月和2004年2月，教育部分别下发了《关于启动高等学校教学质量与教学改革工程精品课程建设工作的通知》和《教育部实施精品课程建设提高高校教学质量和人才培养质量》文件，指出"高等学校教学质量和教学改革工程"是教育部正在制定的《2003—2007年教育振兴行动计划》的重要组成部分，精品课程建设是"质量工程"的重要内容之一。教育部计划用五年时间(2003—2007年)建设1500门国家级精品课程，利用现代化的教育信息技术手段将精品课程的相关内容上网并免费开放，以实现优质教学资源共享，提高高等学校教学质量和人才培养质量。

为了深入贯彻落实教育部《关于加强高等学校本科教学工作，提高教学质量的若干意见》精神，紧密配合教育部已经启动的"高等学校教学质量与教学改革工程精品课程建设工作"，在有关专家、教授的倡议和有关部门的大力支持下，我们组织并成立了"清华大学出版社教材编审委员会"(以下简称"编委会")，旨在配合教育部制定精品课程教材的出版规划，讨论并实施精品课程教材的编写与出版工作。"编委会"成员皆来自全国各类高等学校教学与科研第一线的骨干教师，其中许多教师为各校相关院、系主管教学的院长或系主任。

按照教育部的要求，"编委会"一致认为，精品课程的建设工作从开始就要坚持高标准、严要求，处于一个比较高的起点上；精品课程教材应该能够反映各高校教学改革与课程建设的需要，要有特色风格、有创新性(新体系、新内容、新手段、新思路，教材的内容体系有较高的科学创新、技术创新和理念创新的含量)、先进性(对原有的学科体系有实质性的改革和发展、顺应并符合新世纪教学发展的规律、代表并引领课程发展的趋势和方向)、示范性(教材所体现的课程体系具有较广泛的辐射性和示范性)和一定的前瞻性。教材由个人申报或各校推荐(通过所在高校的“编委会”成员推荐),经“编委会”认真评审,最后由清华大学出版社审定出版。

目前,针对计算机类和电子信息类相关专业成立了两个“编委会”,即“清华大学出版社计算机教材编审委员会”和“清华大学出版社电子信息教材编审委员会”。首批推出的特色精品教材包括:

(1) 高等学校教材·计算机应用——高等学校各类专业,特别是非计算机专业的计算机应用类教材。

(2) 高等学校教材·计算机科学与技术——高等学校计算机相关专业的教材。

(3) 高等学校教材·电子信息——高等学校电子信息相关专业的教材。

(4) 高等学校教材·软件工程——高等学校软件工程相关专业的教材。

(5) 高等学校教材·信息管理与信息系统。

(6) 高等学校教材·财经管理与计算机应用。

清华大学出版社经过20年的努力,在教材尤其是计算机和电子信息类专业教材出版方面树立了权威品牌,为我国的高等教育事业做出了重要贡献。清华版教材形成了技术准确、内容严谨的独特风格,这种风格将延续并反映在特色精品教材的建设中。

清华大学出版社教材编审委员会

E-mail:dingl@tup.tsinghua.edu.cn

前言

毕业设计(论文)是大学教学计划中最后一个教学环节,是从学校跨入社会的一个桥梁,是知识转化为能力的实际训练,是学生综合运用知识、培养动手能力和科研素质、增强团队合作意识、提高沟通表达能力等方面的关键过程。提高毕业设计质量、撰写高质量的毕业论文,是即将毕业的大学生必须解决的问题。

本书参照ACM、AIS和IEEE-CS发布的CC 2005(Computing Curricula 2005),根据教育部高等学校计算机科学与技术教学指导委员会的《高等学校计算机科学与技术专业实践教学体系与规范》,以培养专业能力为目标,注重实践创新能力和综合素质的培养,在计算机学科方法论的基础上,结合我国学校的教学实际,设计了一套规范的毕业设计过程管理体系,系统地叙述了毕业设计和撰写毕业论文各环节的实践操作方法。

本书内容分成两篇:第一篇是毕业设计(论文)指南,系统地介绍毕业设计规范过程和毕业论文撰写的必备知识;第二篇是各类毕业论文范例,选择了几篇典型的、有代表性的毕业论文作为第一篇的支持材料和应用实例。

第一篇 毕业设计(论文)指南

第1章 计算机专业的培养目标、毕业生的特征,毕业设计的目的、要求和特点;

第2章 计算机学科方法论;

第3章 毕业设计的模式、管理流程以及学生创新能力培养思路和方法;

第4章 选题方法以及开题报告的写作方法;

第5章 文献资料的搜集和整理方法;

第6章 毕业论文的结构、各部分的写作方法及撰写规范;

第7章 毕业设计(论文)的答辩方法及成绩评定;

第8章 毕业设计(论文)工作的检查与评估;

第9章 职业训练与沟通技巧。

第二篇 各类毕业论文范例

第10~14章 通过5个毕业论文范例和讲评,逐步引导读者撰写毕业论文。

本书编者都是长期工作在教学一线的老师,讲授并指导毕业设计(论文)多年,具有丰富的教学实践经验。本书凝聚了编者多年来指导学生进行毕业设计和毕业论文撰写的经验和成果,融入了毕业设计(论文)的教学模式以及对学生实践创新能力和综合素质培养的内容。华北电力大学的田景峰参加了第二篇的编写工作。

本书得到了河北大学教育教学改革工程项目“提升计算机专业项目实践创新能力,增强就业竞争力培养方案的设计与实践”(编号：2006035)的支持,得到了河北大学工商学院教学改革课题“信息类工科专业毕业设计的教学研究与实践”(编号：2007013)的支持。

本书在编写过程中参考了有关文献的相关内容,在此对书后所列的主要参考文献的作者表示衷心的感谢。

由于作者水平有限,书中难免存在疏漏和不妥之处,恳请读者给予批评和指正。

编　者

2009 年 3 月

目录

第一篇 毕业设计(论文)指南

第二篇 各类毕业论文范例

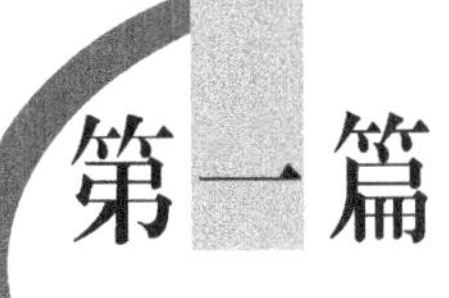

毕业设计(论文)指南

第1章

概　　述

毕业设计(论文)是指学生在教师指导下完成的设计或论文，一般在毕业前完成，毕业设计(论文)合格与否将决定学生能否毕业、能否取得学位。

毕业设计(论文)是大学本科教学计划中最后一个综合性、创造性的教学实践环节，是对学生在校期间所学基础理论、专业知识和实践技能的全面总结，是独立完成本专业范围内项目设计或专业工作和从事科学研究的最初尝试，是培养"能够成功解决复杂问题"的人才的过程。毕业设计(论文)能够培养学生严谨、认真、细致的工作作风，为今后从事专业技术工作奠定一定的基础。

本章针对计算机专业培养目标以及对计算机专业毕业生的要求，给出毕业设计(论文)的指导思想、目的和要求，并对毕业论文的特点进行了说明。

1.1　计算机专业的培养目标

计算机专业主要培养基础理论扎实、知识面宽、素质高、能力强、富有创新精神和创业能力的技术型和应用型人才，强调4个方面的专业能力：计算思维、算法设计与分析、程序设计与实现、计算机系统的认知、分析、设计和运用的能力。能够从事计算机专业的教学、科学研究、系统开发和技术应用等工作或继续接受研究生教育。

我国计算机专业的教学、学科及教学大纲一直是参照电气与电子工程师协会(IEEE)和美国计算机学会(ACM)向美国教育界推荐的教学大纲来拟定的。

参照ACM、AIS和IEEE-CS发布的CC 2005(Computing Curricula 2005)，根据教育部高等学校计算机科学与技术教学指导委员会的《高等学校计算机科学与技术专业实践教学体系与规范》，以培养专业能力为目标，注重实践创新能力和综合素质的培养。计算机专业学生培养方案的整体结构如图1-1所示。

培养方案包括两个体系、4个层次，是相互协调的一个系统。两个体系为资源环境保障体系(包括教师指导)和教学管理规范化体系，资源环境保障体系主要包括校内和校外两类资源。

4个层次由下向上依次为学科方法论、科研和写作训练、培养目标、合格毕业生。每个层次的结构和功能相对独立，下一层为上一层提供支持和服务。其中，培养目标主要包括如下内容。

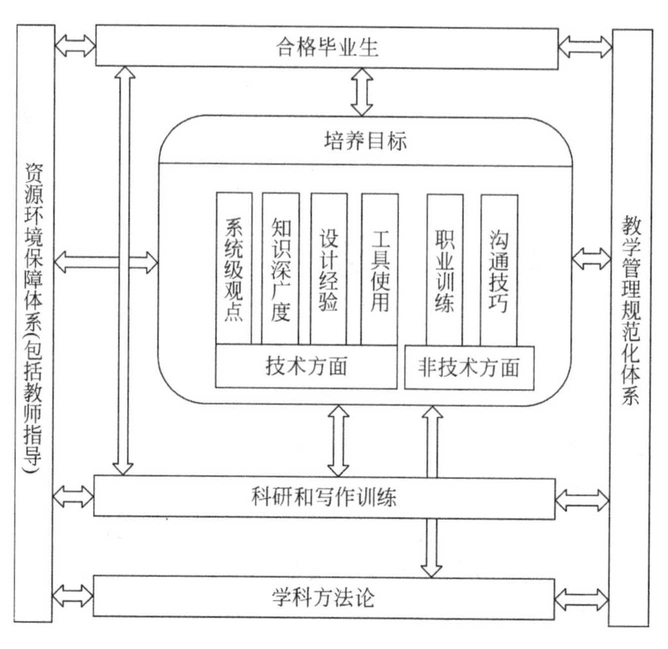

图 1-1 计算机专业学生培养方案的整体结构

(1) 系统级观点。必须熟悉计算机系统原理、系统硬件和软件的设计、系统结构和分析过程,必须深刻理解其操作而不是仅仅知道系统能做什么和使用方法等外部特性。

(2) 知识深广度。应具有该学科宽广的知识面,同时在该学科的一个或多个领域中具有较为深厚的基础。

(3) 设计经验。学生应该经历各种实验、课程设计、毕业设计等设计和实践活动,包括至少要参与一个大的项目。

(4) 工具使用。具备使用各种工具分析和设计计算机软硬件系统的能力。

(5) 职业训练。要让学生了解职业需求,具有"产品"的判断力。这里,产品的概念是广义的,包括软件、系统、行业和应用服务等方面的知识、技能与判断力。

(6) 沟通技巧。具有积极的心态,必须能够很好地、有效地和同事、客户交流和沟通。

参照江西师范大学软件学院"导师制下项目驱动教学模式"改革中的内容,计算机专业的培养目标主要是专业实践能力的培养,主要内容如表 1-1 所示。

表 1-1 专业实践能力构成框架

一级指标	二级指标	内 涵 界 定
实践动机	认知内驱力	属于内部动机,它关注实践任务本身,并将从事有意义的、有一定挑战性的实践活动看成是自我实现的必要组成
	自我提高内驱力	是一种外部动机,指个体因自己胜任能力或工作能力而赢得相应地位的需要,也包括个人想获得社会/他人赞许和认可,取得应有赏识的欲望

续表

一级指标	二级指标	内涵界定
一般实践能力	个人表达与交流能力	能够以多元化方式完整、清晰地表达自己的观点和见解，并能够在理解、尊重的基础上交换彼此的看法，进行积极有效沟通的能力
	团队协作能力	团队协作能力是建立在多种智力交互作用基础上的一种多元能力的综合体，从合作、协商到达成共识，团队协作能力是解决问题、创造复杂工具和产品不可缺少的组成部分
	感知问题的能力	指的是能敏锐感知外界环境信息和可能存在的问题及其价值的能力
专项实践能力	系统分析与设计能力	根据用户的特定需求，分析项目开发中需要完成的任务以及有待解决的问题，并设计与之相对应的软件架构的能力
	系统开发、测试等能力	具有运用先进的工程化方法、技术和工具从事高质量编码，并按照一定的测试流程寻找、发现以及解决问题的能力
	项目组织与管理能力	组建专业的开发团队，对项目进行总体管理与规划，并保证该共同体良好运作的能力
	运用通用专业规范与标准的能力	充分掌握和自觉运用系统工程的行业规范和准则，并使之贯穿于整个系统分析、代码编写和软件测试等研发流程
	应用与掌握工具的能力	能够较快地根据项目的具体特点，掌握适当的开发工具/语言，作为系统分析与实现过程中具体手段，并能够较熟练地使用
情景实践能力	情景问题的综合分析、决策能力	在综合、全面分析的基础上对特定情景问题进行定义，得出解决问题所需要的资源/条件，作出决定并付诸解决问题的实际行动的能力

1.2 计算机专业毕业生的特征

计算机学科最初是来源于数学学科和电子学科。所以，该学科的毕业生除了要掌握该学科的各个知识领域的基本知识和技术之外，还必须具有较扎实的数学功底，掌握科学的研究方法，熟悉计算机如何实际应用，并具有有效的沟通技能和良好的团队工作能力。首先对这几方面加以描述，然后给出毕业生的基本特征。

1.2.1 基本要求

1. 数学要求

数学技巧和形式化的数学推理已在计算机科学与技术学科领域中占有重要的位置。计算机科学与技术学科在基本的定义、公理、定理和证明技巧等很多方面都要依赖数学知识和数学方法。而且，数学提供了一门研究计算机科学与技术学科相关思想的语言、一组用于分析与验证的特殊工具以及一个理解重要计算思想的理论框架。因此，在计算机课程体系中涵盖了足够的数学知识，使学生能够更好地理解和掌握本学科的基础理论，这将是计算机科学与技术学科课程学习成功与否的关键之一。

鉴于数学在计算机科学中的重要作用，计算机科学与技术学科的学生应该具有良好的数学修养。除了离散数学以外，学生还应该学习其他数学知识，以使自己在本领域中的功底更加深厚。这些数学知识由很多领域的课程组成，如数学分析、概率与数理统计、微积分、高等代数、数值分析、数学建模等。为此，在教学计划中设立了一个数学含量比较大的系列课程，以保证学生获得所需要的数学知识，特别是离散数学方面的知识，以受到良好的数学思维和数学方法的训练。

2. 科学方法

抽象过程(数据收集、假设的形成及测试、实验和分析等)是计算机科学与技术学科中抽象思维的一个重要组成部分，是逻辑思维的基础。科学方法构成了大部分计算机学科都需要的基本方法，学生应该对此有透彻的理解。

为了牢固地掌握科学的方法，学生们必须亲身体验假设形成、实验设计、假设测试和数据分析等过程。学生必须对科学方法有一定的理解，并且在课程的学习与实践中逐渐地进行体验。

3. 熟悉应用

随着计算机在当今社会得到广泛应用，计算机科学与技术学科的工作者，尤其是那些主要从事应用系统研究和开发的人员，必须能够和不同专业的人员一起有效地进行工作。本专业的学生应该有清晰的专业目标和广泛的兴趣，以便在一些大量使用计算机的领域中从事更深入的研究。

4. 沟通技能

由于沟通能力在几乎所有的职业中都十分重要，因此，必须有意识地提高教师和学生在多种环境中的口头和书面表达能力。该能力主要包含以下三个方面。

(1) 能有效地以书面形式交流思想。

(2) 在正式场合和非正式场合都能有效地进行口头表述。

(3) 能理解他人所表述的内容，并能够发表自己的见解或提出建设性意见。

在教学中可以采取不同的办法和途径来实现这些目标，如学生的课外社团活动、科技活动、社会实践等，在教学计划中尽可能地给学生提供更多、更有效的训练机会。

5. 团队工作能力

目前，无论是硬件系统还是软件系统项目，通常由一个具有一定规模的项目组(团队)来实现。因此，计算机科学与技术学科的学生将有效的团队合作技能和团队合作能力作为本科教育的一部分来进行学习。

团队工作能力的培养一般难以在小规模的项目中体现，它需要持续时间较长、规模比较大的项目。作为一个重要的教学环节，希望能安排学生参加一个大型项目或者一个实际课题研究小组的工作，毕业设计(论文)环节是一个很好的机会。

6. 其他

对于职业道德、知识产权和法律等问题的教学和学习普及，应有足够的重视。可以在法律基础、思想道德教育等课程及专业课程中实施。

1.2.2 计算机专业毕业生的一般特征

1. 系统级的认识能力

掌握自底向上和自顶向下的问题分析方法，既能够理解系统各层次的细节，又能站在系统总体的角度从宏观上认识系统。

这种理解必须超越各组成部分的实现细节，从而认识到计算机硬件系统和软件系统的结构以及它们建立和分析的过程。

2. 理论和实践的能力

本学科的一个基本观点就是理论和实践的结合以及它们之间本质的联系。毕业生不仅要掌握学科的基础理论知识，还应认识理论知识是怎样指导实践的。

学科的三个形态，即理论、抽象和设计这三个方面将学科的内容联系起来，达到了互相支撑、互相促进的目的。

3. 熟悉重复出现的概念

在整个教学过程中，一些典型的基本概念会在多门课程中反复出现，引导学生从哪些方面、如何考虑用计算机进行问题求解，如抽象、复杂性、绑定和演化等概念。因此，毕业生必须认识到这些概念在计算机学科领域中有着非常重要的广泛应用，不能把它们局限在通常意义下的概念来理解。

4. 大型项目的经验

为了保证毕业生能成功地应用所学知识，所有学生必须参与至少一个实质性的软件或者硬件项目的设计与开发。这样的项目应该涉及到不同课程的原理和应用，从而把各个阶段所学的内容集成起来，达到综合应用的目的。

5. 适应性

计算机学科的特点之一是变化非常快。这就要求对本学科的学生实施面向未来的柔性化教育，使毕业生具有坚实的基础，能够适应学科未来的发展和变化。

1.3 毕业设计(论文)的指导思想、目的与要求

毕业设计(论文)是教学计划的重要组成部分，是大学生完成学业的标志性作业，是对学习成果的综合性总结和检阅，是大学生从事科学研究的最初尝试，是在教师指导下所取得的科研成果的文字记录，也是检验学生掌握知识的程度、分析问题和解决问题基本能力的一份综合答卷。

毕业设计(论文)在培养大学生探求真理、强化社会意识、进行科学研究基本训练、提高综合实践能力与综合素质等方面,具有不可替代的作用,是教育与生产劳动和社会实践相结合的重要体现,是培养大学生的创新能力、实践能力和创业精神的重要实践环节。同时,毕业设计(论文)的质量也是衡量教学水平,学生毕业与学位资格认证的重要依据。

计算机专业毕业设计(论文)除一般要求之外,特别强调实践性,也就是说,只有通过计算机工程实践的训练,才能完成毕业设计,才能写出一篇好的毕业论文。

1.3.1 毕业设计(论文)的指导思想

毕业设计(论文)的教学安排应体现以下指导思想。

(1) 强调对设计任务和目标的实现。也就是毕业设计(论文)阶段一般以实现预定功能的要求和技术性任务为主,同时要求在此过程中培养学生的创新意识和能力,鼓励新思想、新发现。

(2) 锻炼综合运用所学知识解决实际问题的能力。考虑经济、环境和伦理等各种制约因素,并在此过程中加强选题、调研、资料查询、需求分析、研究计划制定、概要设计、详细设计、具体实现和调试、文档撰写和成果文字与口头报告、毕业论文撰写、毕业答辩 12 个方面的培养。

(3) 熟悉特定的领域。通过毕业设计(论文),引导学生熟悉与毕业设计内容相关的应用或研究领域。

1.3.2 毕业设计(论文)的目的

1. 提高学生的综合应用能力

大学生进入毕业设计环节,已经按照教学计划的规定,学完了公共课、基础课、专业课以及选修课等,每门课程也都经过了考试或考查。学习期间的这种考核是单科进行,主要是考查学生对本门学科所学知识的记忆程度和理解程度。在此期间学生所学习到的各门功课,从形式上来看是相互独立的,但是,从内容上来看是有一定联系的,一般是从基础开始逐渐向高阶发展。而对于毕业设计(论文)来说,大学期间的所有课程都可以看作是基础。毕业设计(论文)是对大学所有课程的一次整合。

毕业设计(论文)不是单一地对学生进行某一学科所学知识的考核,而是着重考查学生运用所学知识对某一问题进行探讨和研究的能力。做好毕业设计(论文),既要系统地掌握和运用专业知识,还要有较宽的知识面,并有一定的逻辑思维能力和写作功底,所以进行毕业设计(论文)的过程即是提高自己综合应用能力的过程。

2. 提高学生的实践创新能力

通过毕业设计(论文),学生可以培养自己的实践和创新能力,不断体验和升华,将课堂所学知识应用于问题的研究或实际项目的设计与开发中。毕业设计(论文)对学生实践创新能力的培养，主要体现在以下两个方面。

1）经过科研训练，提高科研素养

在毕业设计（论文）过程中，学生对所学专业的某一个专题进行较为深入的研究工作，必须亲身体验假设形成、实验设计、假设测试和数据分析等过程，进行基本的科研训练和实践，综合运用并深化所学的知识，以提高科研能力和创新能力。

在进行毕业设计（论文）时，必须对课题进行相关的信息检索和利用相关方法和开发工具来进行分析和研究。在对各种方法和工具熟练应用的基础之上，才能很好地解决毕业设计（论文）的课题，因此也提高了使用这些方法和工具的能力。

2）通过项目开发实践，积累规范的系统开发经验

计算机专业的学生在学习专业课程期间，都有过课程设计或者是课程实验的经历。某一具体的课程设计（实验）作业，侧重于某一方面的训练，而不是一种较完整的系统的实现。毕业设计（论文）不同于课程设计，它是一种全方位的几门课程的综合知识的运用过程。

通过毕业设计（论文），可以使学生掌握规范化的系统开发方法，逐渐积累分析设计开发项目的经验。搜集资料、需求分析、可行性研究、开发设计文档、具体实现、测试及投入运行的整个过程都由学生独立完成，指导教师是教练，负责规范方法和过程的指导，学生才是主体，也是主要负责人，这在客观上使学生必须通过实践动手，才能完成毕业设计。

3. 提高学生的沟通技能

1）通过撰写论文，培养书面交流思想的能力

毕业设计（论文）过程中要形成一系列的书面材料，如开题报告、中期报告、文献综述，以及最后的毕业论文等，通过这些书面材料的撰写，锻炼了书面表达能力，提高了论文写作能力。

论文写作能力反映出一个人的专业素质和知识水平。毕业论文必须按照科技论文的要求撰写，应该做到逻辑清晰、内容充实，规范系统地阐明论文所要说明的问题。毕业论文的写作是一件严肃的事情，它应该符合规范流程。因此，毕业论文的撰写，通常需要反复修改，而这种修改过程，正是写作水平逐步提高的过程。

2）经过论文答辩，提高发表见解或提出建设性意见的口头表述能力

通过毕业设计（论文）答辩，学生能够发表自己的见解或提出建设性的意见，提高口头表述能力。毕业论文答辩虽然是以回答问题为主，但答辩除了“答”之外，也会有“辩”。

论文答辩并不等于宣读论文，而是要抓住自己论文的要点予以简明扼要、生动地表述，对答辩小组成员的提问做出全面正确的回答。当自己的观点与主答辩老师观点相左时，既要尊重答辩老师，又要发表自己的见解，让答辩老师接受自己的观点，就得学会运用各类辩论的技巧及口头表述方法。

4. 提高学生的职业素养

无论是硬件项目还是软件项目，通常由一个具有一定规模的项目组（团队）来完成。因此，计算机专业的学生将有效的团队责任感、合作技能和协作能力作为本科教育的一部分来进行培养。

通过在企业实习或在学校的实习工作，通过参加一个大型项目或者一个实际课题研究

小组的工作，可以培养团队工作的能力。团队中的成员彼此分工合作，沟通协调，齐心协力，共同承担项目成败的责任，为顺利进入工作角色打下坚实的基础。

1.3.3 毕业设计(论文)的要求

在毕业设计（论文）的过程中，对学生的要求有如下几点。

（1）坚持求实的科学态度。学生必须充分认识毕业设计（论文）的重要性，要求学生坚持求实的作风、科学的态度、协作的风格和钻研的精神。

（2）锻炼独立的工作能力。毕业设计（论文）任务要求由学生本人在指导教师指导下独立完成所选课题的内容，着重培养独立工作能力和动手能力。

（3）提高无师自通的学习能力。要求学生根据课题的需要自学一些新知识，掌握文献检索、资料查询的基本方法，培养获取新知识和运用新知识的能力，并将它们用于实践，锻炼自学能力。

（4）积累系统的规范方法。强调毕业设计（论文）的全过程训练，使学生体验完成一项科研任务的系统的规范过程。全过程包括选择课题、论证其可行性、通过调查研究和阅读资料来确定完成课题的具体方案、编写并调试程序、完成课题要求或者论述某些观点、写出论文报告、完成论文答辩等。

（5）掌握项目的基本管理方法。毕业设计（论文）必须按照学校的相关要求，按照项目管理的思路，保证进度要求和工作质量的要求，有明确的阶段成果，并定期进行检查。

1.4 毕业论文的特点

1.4.1 学位论文的定义

根据中华人民共和国国家标准 GB 7713—87《科学技术报告、学位论文和学术论文的编写格式》中的定义内容如下。

1. 科学技术报告

科学技术报告是描述一项科学技术研究的结果或进展或一项技术研制试验和评价的结果；或是论述某项科学技术问题的现状和发展的文件。

科学技术报告是为了呈送科学技术工作主管机构或科学基金会等组织或主持研究的人等。科学技术报告中一般应该提供系统的或按工作进程的充分信息，可以包括正反两方面的结果和经验，以便有关人员和读者判断和评价，以及对报告中的结论和建议提出修正意见。

2. 学位论文

学位论文是表明作者从事科学研究取得创造性的结果或有了新的见解，并以此为内容撰写而成、作为提出申请授予相应的学位时评审用的学术论文。

学士论文应能表明作者确已较好地掌握了本门学科的基础理论、专门知识和基本技能，并具有从事科学研究工作或担负专门技术工作的初步能力。

硕士论文应能表明作者确已在本门学科上掌握了坚实的基础理论和系统的专门知识，并对所研究课题有新的见解，有从事科学研究工作或独立担负专门技术工作的能力。

博士论文应能表明作者确已在本门学科上掌握了坚实宽广的基础理论和系统深入的专门知识，并具有独立从事科学研究工作的能力，在科学或专门技术上做出了创造性的成果。

3. 学术论文

学术论文是某一学术课题在实验性、理论性或观测性上具有新的科学研究成果或创新见解和知识的科学记录；或是某种已知原理应用于实际中取得新进展的科学总结，用以提供学术会议上宣读、交流或讨论；或在学术刊物上发表；或作其他用途的书面文件。

1.4.2 学位论文的总体原则要求

学位论文应提供新的科技信息，其内容应有所发现、有所发明、有所创造、有所前进，而不是重复、模仿、抄袭前人的工作。学位论文的总体原则要求如下。

（1）立论客观，具有独创性。文章的基本观点必须来自具体材料的分析和研究中，所提出的问题在本专业学科领域内有一定的理论意义或实际意义，并通过独立研究，提出了自己一定的认知和看法。

（2）论据翔实，富有确证性。论文能够做到旁征博引，多方佐证，所用论据自己持何看法，有主证和旁证。论文中所用的材料应做到言必有据，准确可靠，精确无误。

（3）论证严密，富有逻辑性。作者提出问题、分析问题和解决问题，要符合客观事物的发展规律，全篇论文形成一个有机的整体，使判断与推理言之有序，天衣无缝。

（4）体式明确，标注规范。论文必须以论点的形成构成全文的结构格局，以多方论证的内容组成文章丰满的整体，以较深的理论分析辉映全篇。此外，论文的整体结构和标注要求规范得体。

（5）语言准确、表达简明。论文最基本的要求是读者能看懂。因此，要求文章想得清，说得明，想得深，说得透，做到深入浅出，言简意赅。

1.4.3 毕业论文的特点

本书中提到的毕业论文均指学士论文，作为提出申请授予学士学位时评审用的学术论文，和其他学术论文相比，具有自己的特点。

1. 指导性

毕业论文是在导师指导下独立完成的科学研究成果。毕业论文作为大学毕业前的最后一次作业，离不开教师的帮助和指导。对于如何进行科学研究、如何撰写论文等，教师都要给予具体的方法论指导。

在学生写作毕业论文的过程中，教师要启发引导学生独立进行工作，注意发挥学生的主动创造精神，帮助学生最后确定题目，指定参考文献和调查线索，审定论文提纲，解答疑难问题，指导学生修改论文初稿等。学生为了写好毕业论文，必须主动地发挥自己的聪明才智，刻苦钻研，独立完成毕业论文的写作任务。

2. 习作性

根据教学计划的规定，在大学阶段的前期，学生要集中精力学好本学科的基础理论、专门知识和基本技能；在大学的最后一个学期，学生要集中精力做好毕业设计、写好毕业论文。学好专业知识和写好毕业论文是统一的，专业基础知识的学习为写作毕业论文打下坚实的基础；毕业论文的写作是对所学专业基础知识的运用和深化。

大学生撰写毕业论文就是运用已有的专业基础知识，独立进行科学研究活动，分析和解决一个理论问题或实际问题，把知识转化为能力的实际训练。写作的主要目的是为了培养学生具有综合运用所学知识解决实际问题的能力，为将来作为专业人员写学术论文做好准备，它实际上是一种习作性的学术论文。

3. 层次性

毕业论文与专业人员的学术论文相比要求比较低。专业人员的学术论文是指专业人员进行科学研究和表述科研成果而撰写的论文，一般反映某专业领域的最新学术成果，具有较高的学术价值，对科学事业的发展起一定的推动作用。大学生的毕业论文由于受各种条件的限制，在文章的质量方面要求相对低一些。这是因为：

(1) 大学生缺乏写作经验，多数大学生是第一次撰写论文，对撰写论文的知识和技巧知之甚少。

(2) 多数大学生的科研能力还处在培养形成之中，大学期间主要是学习专业基础理论知识，缺乏运用知识独立进行科学研究的训练。

(3) 撰写毕业论文受时间限制，一般学校都把毕业论文安排在最后一个学期，而实际上停课写毕业论文的时间仅为10周左右，在如此短的时间内要写出高质量的学术论文是比较困难的。当然，这并不排除少数大学生通过自己的平时积累和充分准备写出较高质量的学术论文。

1.5 相关Web资源

1. 中国精品课程导航

网址：http://www.core.org.cn/core/localcourse/course_subject.aspx

2. 微软亚洲研究院

网址：http://www.msra.cn/

3. 开复学生网

网址：http://www.5xue.com/

4. 麻省理工学院开放式课件中国境像

网址：http://ocw.zju.edu.cn

第2章

计算机学科方法论

要解决学科的认识问题，必须有一套科学的方法，就哲学方法论而言，学科方法论是认知学科的方法和工具，有助于人们对学科认识的逻辑化、程序化、理性化和具体化。

计算机学科是研究计算机的设计、制造和利用计算机进行信息获取、表示、存储、处理、控制等的理论、原则、方法和技术的学科。它包括科学与技术两方面。科学侧重于研究现象，揭示规律；技术侧重于研制计算机和研究使用计算机进行信息处理的方法与技术手段。科学是技术的依据，技术是科学的体现，技术得益于科学，又向科学提出新的课题。科学与技术相辅相成，相互作用，二者高度融合是计算机学科的突出特点。

计算机学科方法论对于促进学科发展和培养高素质人才都是非常重要的，本章介绍了计算机学科方法论的相关内容。通过本章内容的学习，使学生更好地掌握计算机学科的本质，有利于总结和深化大学阶段的学习，也有利于日后的科学研究和技术开发工作。

2.1 计算机学科方法论简介

2.1.1 计算机学科的发展

今天的计算机学科与10年前相比，已经有了很大的差别。人们认为，计算机科学(CS)已经难以完全覆盖学科新的发展，因此，将扩展后的学科称为计算学科(Computing Discipline)。目前大多数人认为，计算学科包括计算机科学、计算机工程、软件工程、信息技术和信息系统5大分支。

计算机学科的教学知识体系也在发生着迅速的变化。在计算机学科发展的早期，数学、电子学、高级语言和程序设计是支撑学科发展的主要专业基础知识。

到了20世纪60～70年代，数据结构与算法、计算机原理、基本逻辑、编译技术、操作系统、高级语言和程序设计、数据库系统原理成为学科的主要专业基础知识。

从20世纪80年代开始，随着学科的深入发展，并行技术、分布计算、网络技术和软件工程等开始成为人们关注的内容，然而，直到目前，程序设计仍然是学科最基本的工具。

可以预计，直到21世纪20年代，在基础和开发技巧之间，加强基础是首要的，而基本的教育原理是“抽象第一”。可以认为，在允许交叉、覆盖的前提下，计算机学科的发展包含有7个年代：奠基年代、机器年代、算法年代、独立系统年代、分布式年代、应用年代和以人为本的年代。

除了学科知识的变化外,计算机学科方法论的内容逐渐丰富并被人们重视。因此,计算机学科方法论的内容在教学中应充分体现,要以知识为载体,在学习知识的同时注意方法论内容的学习和应用。

2.1.2 计算机专业教学的背景

最早的计算机科学学位课程是由美国普渡大学于1962年开设的。随后,斯坦福大学也开设了同样的学位课程。

国际上最有影响的计算机专业教学计划当属美国电气和电子工程师学会计算机分会(Institute of Electrical and Electronics Engineers-Computer Society,IEEE-CS)和美国计算机协会(Association for Computing Machinery,ACM)各个时期发表的指导性计划。下面介绍已发表的与计算机学科相关的主要报告。

1. Computing as a Discipline

1985年春,IEEE-CS和ACM联手组成攻关组,针对当时一直激烈争论的问题,开始了对"计算作为一门学科"的存在性证明。经过近4年的工作,ACM攻关组提交了《计算作为一门学科》(Computing as a Discipline)的报告。

报告从定义一个学科的要求,学科的简短定义,以及支撑一个学科所需要的足够的抽象、理论和设计的内容等方面,详细地阐述了计算作为一门学科的事实。

2. Computing Curricula 1991(CC 1991)

1990年,ACM和IEEE-CS联合攻关组在《计算作为一门学科》报告的基础上,提交了关于计算学科教学计划的CC 1991报告,报告的主要成果是:

(1) 提取了计算学科中反复出现的12个核心概念。

(2) "社会的、道德的和职业的问题"主领域的提出,使计算学科方法论的研究更加完备。

3. Computing Curricula 2001(CC 2001)

1998年,ACM和IEEE-CS联合攻关组经过3年多的工作,提交了关于计算学科教学计划的CC 2001报告,报告的主要成果是:

(1) 提出了计算机科学知识体系的新概念。

(2) 从领域、单元和主题三个不同的层次给出了知识体系的内容,为整个学科核心课程的详细设计奠定了基础。

(3) 不仅包含了更详细的课程设计内容,还给出了详细的课程描述。

4. 中国计算机科学与技术学科教程2002

为了搞好计算机学科本科教学工作,我国组织了"中国计算机科学与技术学科教程2002"研究小组,结合国内计算机教学实践,借鉴CC 2001的成果,形成了《中国计算机科学

与技术学科教程2002》,主要成果是:

(1) 依据计算机科学与技术学科的特点,结合我国教学和应用现状,给出了知识领域、知识单元、知识点的科学分析与描述,设计了覆盖知识点的核心课程,并制定了相应的教学计划。

(2) 注重了课程体系的组织与学生能力培养和素质提高的密切结合,明确地将实践教学摆到了重要的位置。

(3) 提出了通过拓宽知识面和强化理性教育来实现创新能力培养的观点。

5. Computing Curricula 2005(CC 2005)

继CC 2001推出后,经过几年的跟踪研究、意见反馈和计划评议,IEEE-CS /ACM在总结前期工作的基础上,对CC 2001给出的4个专业方向(即计算机科学、计算机工程、软件工程和信息系统)进行了修改和扩充,并给出了新的评述,于2005年4月发布了CC 2005草案,并于2005年9月30日发布了最终版的CC 2005。

IEEE-CS /ACM在CC 2005中将计算学科分为5个专业,分别是计算机工程(Computer Engineering,CE)、计算机科学(Computer Science,CS)、信息系统(Information System,IS)、信息技术(InformationTechnology,IT)和软件工程(Software Engineering,SE)。

与CC 2001相比,在CC 2005中第一次出现了"IT信息技术"专业。

针对每个专业的特点和要求,CC 2005提出了支撑每个专业的知识构架,由底向上分别有5个层次,即计算机硬件与结构(Computer Hardwareand Architecture)、系统基础(System Infrastructure)、软件方法与技术(Software Methods and Technologies)、应用技术(Application Technologies)和信息系统结构(Organizational Issues & Information Systems)。

每一个层次又分为"趋于理论"与"趋于应用"两个方向。基于上述层次,CC 2005对每个知识层次的课程体系、知识点进行了详细的规划。

2.2　计算机学科的方法论

2.2.1　计算机学科方法论的定义

计算机学科方法论是对计算领域认识和实践过程中一般方法及其性质、特点、内在联系和变化发展进行系统研究的学问。计算机学科方法论是认知计算学科的方法和工具,也是计算学科认知领域的理论体系。

在计算领域中,"认识"指的是抽象过程(感性认识)和理论过程(理性认识),"实践"指的是学科中的设计过程。抽象、理论和设计是具有方法论意义的三个过程,这三个过程是计算机学科方法论中最重要的研究内容。

目前研究认为,计算机学科的方法论主要包含三个方面,如图2-1所示。

(1) 学科的三个形态。又称为学科中问题求解的三个过程,主要描述了认识和实践的过程。

(2) 典型的学科方法。描述了贯穿于认识和实践过程中问题求解的基本方法,主要有数学方法和系统科学方法。

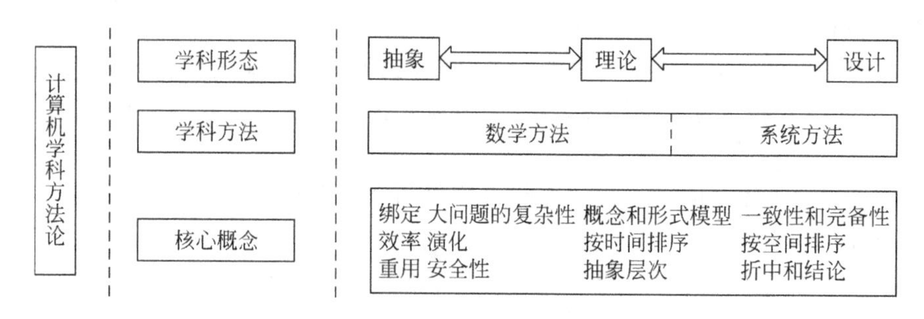

图 2-1 计算机学科方法论的主要内容

(3) 重复出现的 12 个核心概念。描述了贯穿于认识和实践过程中问题求解的基本方面(要点)。

2.2.2 计算机学科的三个形态

方法论在层次上有哲学方法论、一般科学技术方法论、具体科学技术方法论之分,它们相互依存、互为作用。在一般科学技术方法论中,抽象、理论和设计是其研究的主要内容。

抽象、理论和设计三个学科形态(或过程)概括了计算学科中的基本内容,是计算学科认知领域中最基本(原始)的三个概念。不仅如此,它还反映了人们的认识是从感性认识(抽象)到理性认识(理论),再由理性认识(理论)回到实践中来的科学思维方法。

毕业设计过程也是三个学科形态的体现,主要通过抽象的方法,主要有侧重理论和侧重设计两大类型,本科阶段的毕业设计以设计为主。

1. 抽象形态

抽象是指在思维中对同类事物去除其现象的、次要的方面,抽取其共同的、主要的方面,从而做到从个别中把握一般,从现象中把握本质的认知过程和思维方法。

抽象或称模型化,源于实验科学,主要要素为数据采集方法和架设的形式说明、模型的构造与预测、实验分析、结果分析。

在为可能的算法、数据结构和系统结构等构造模型时使用此过程,然后对所建立的模型和假设、不同的设计策略以及所依据的理论进行实验。用于和实验相关的研究,包括分析和探索计算的局限性、有效性、新计算模型的特性,以及对未加以证明的理论的预测的验证。抽象的结果是概念、符号、模型。

按客观现象的研究过程,抽象形态包括以下 4 个步骤的内容。

(1) 形成假设。

(2) 建造模型并做出预测。

(3) 设计实验并收集数据。

(4) 分析结果。

2. 理论形态

科学认识由感性阶段上升为理性阶段,就形成了科学理论。科学理论是经过实践检验的系统化了的科学知识体系，它是由科学概念、科学原理以及对这些概念、原理的理论论证所组成的体系。

理论源于数学，是从抽象到抽象的升华，它们已经完全脱离现实事物，不受现实事物的限制，具有精确的、优美的特征，因而更能把握事物的本质。

计算机科学与技术学科的理论与数学所用的方法类似，主要要素为定义和公理、定理、证明、结果的解释。用这一过程来建立和理解计算机科学与技术学科所依据的数学原理。其研究内容的基本特征是构造性数学特征。

在计算学科中，从统一合理的理论发展过程来看，理论形态包括以下4个步骤的内容。

(1) 表述研究对象的特征(定义和公理)。

(2) 假设对象之间的基本性质和对象之间可能存在的关系(定理)。

(3) 确定这些关系是否为真(证明)。

(4) 结果的解释。

3. 设计形态

源于工程学，用来开发求解给定问题的系统和设备。主要要素为需求说明、规格说明、设计和实现方法、测试和分析。用来开发求解给定问题的系统。

在计算学科中，从为解决某个问题而实现系统或装置的过程来看，设计形态包括以下4个步骤的内容。

(1) 需求分析。

(2) 建立规格说明。

(3) 设计并实现该系统。

(4) 对系统进行测试与分析。

4. 三个学科形态的内部联系

1) 抽象源于现实世界

它的研究内容表现在两个方面：一是建立对客观事物进行抽象描述的方法；二是要采用现有的抽象方法，建立具体问题的概念模型，实现对客观世界的感性认识。

2) 理论源于数学

它的研究内容表现在两个方面：一是建立完整的理论体系；二是在现有理论的指导下，建立具体问题的数学模型，从而实现对客观世界的理性认识。

3) 设计源于工程

它的研究内容表现在两个方面：一是在对客观世界的感性认识和理性认识的基础上，完成一个具体的任务；二是要对工程设计中所遇到的问题进行总结，提出问题，由理论界去解决它。同时，也要将工程设计中所积累的经验和教训进行总结，最后形成方法，以便以后的工程设计使用。

5. 三个学科形态的两种理解方式

在计算机学科方法论中，从认识过程的角度，抽象、理论、设计三个学科形态又可以看成是学科活动的三个过程，或者称为三个阶段。这表明了兼顾的必要性。直观地看，有两种理解方式。

1）从宏观的角度理解

按照认识论的基本原理，可以粗略地将这三个过程与人类认识与实践的三个阶段对应起来。抽象对应于初期的实践，在这个阶段获得感性认识，人们取得对事物的感性认识，表示要首先获取对客观世界的认识；理论则表示对事物本身的认识，是通过总结、提高，去伪存真、去粗取精后得到的，是人类对客观世界的理性认识；设计对应于在正确理论指导下的新实践，由于这个阶段的实践是在理论的指导下进行的，所以是理性实践。从而三个过程呈现出抽象、理论、设计的顺序。

2）从微观的角度理解

作为人才的培养，首先让学生集中精力学习一些理论知识，培养学生的抽象描述能力、抽象思维能力、逻辑思维能力和基本设计能力，在这一前提下，去进行问题的求解、参与工程设计与实现。所以，除了极特殊的情况外，都是先安排学生学习相应的理论知识，培养其抽象描述、抽象思维、逻辑思维的基本能力，使其掌握一些基本的方法，然后再参加实际的科学研究和工程开发，培养学生将所学的知识用于实践，并在实践中锻炼自己，丰富自身知识的能力，同时引导学生在问题求解中寻求新的实践、新的理论。与从宏观的角度理解方式下的抽象、理论、设计的顺序不同，这里呈现出的是理论、抽象、设计的顺序。一般来讲，对于作为个体的人，特别是在具体问题求解中，绝大多数情况下都是这一顺序：先有适当的理论知识，然后在这些理论知识的指导下对实际进行抽象描述，最后设计出相应的系统。

从这两种理解方式来看，作为计算学科的高级人才，必须具有横跨三个阶段的能力。因此，受学科本身的三种形态所限，无论是科学型、工程型还是应用型，对于绝大多数学生，都需要具有理科特征和工科特征，只不过这两种特征强弱不同。无论什么类型的人才，都必须"在本学科上掌握坚实的基础理论和系统的专门知识"，这样才能真正"具有从事科学研究工作或独立担任专业技术工作的能力"，能够取得"有新见解"的成果。没有坚实的理论基础，所进行的只能是系统的基本使用者所从事的简单工作。当然，对于不同类型的人，所要求的不同方面的知识和能力的侧重点是不同的。

6. 各领域中三个学科形态的主要内容

《计算作为一门学科》报告给出了最初划分的 9 个领域中的抽象、理论和设计三个学科动态的主要内容，本书在此基础上，进一步给出了 CC 2001 报告的 14 个主领域中有关抽象、理论和设计三个学科形态的主要内容。

1）离散结构

该主领域包括集合论、数理逻辑、近世代数、图论和组合数学等主要内容，它属于学科理论形态方面的内容。同时，它又具有广泛的应用价值，为计算学科各分支领域基本问题（或具体问题）的感性认识（抽象）和理性认识（理论）提供强有力的数学工具。

2）程序设计基础

该主领域主要包括程序设计结构、算法和问题求解、数据结构等内容，它考虑的是如何对问题进行抽象。它属于学科抽象形态方面的内容，并为计算学科各分支领域基本问题的感性认识（抽象）提供方法。

3）社会和职业的问题

该主领域属于学科设计形态方面的内容。根据一般科学技术方法论的划分，该领域中的价值观、道德观属于设计形态中技术评估方面的内容，知识产权属于设计形态中技术保护方面的内容，而 CC 1991 提到的美学问题则属于设计形态中技术美学方面的内容。

4）算法与复杂性

抽象形态的主要内容包括算法分析、算法策略（如蛮干算法、贪婪算法、启发式算法和分治法等）、并行和分布式算法等。

理论形态的主要内容包括可计算性理论、计算复杂性理论、P 和 NP 类问题、并行计算理论、密码学等。

设计形态的主要内容包括对重要问题类的算法的选择、实现和测试，对通用算法的实现和测试（如哈希法、图和树的实现与测试），对并行和分布式算法的实现和测试，对组合问题启发式算法的大量实验测试，密码协议等。

5）体系结构

抽象形态的主要内容包括布尔代数模型，基本组件合成系统的通用方法，电路模型和在有限领域内计算算术函数的有限状态机，数据路径和控制结构模型，不同的模型和工作负载的优化指令集，硬件可靠性（如冗余、错误检测、恢复与测试），VLSI 装置设计中的空间、时间和组织的折中，不同的计算模型的机器组织（如时序、数据流、表处理、阵列处理、向量处理和报文传递），分级设计的确定，即系统级、程序、指令级、寄存器级和门级等。

理论形态的主要内容包括布尔代数、开关理论、编码理论和有限自动机理论等。

设计形态的主要内容包括快速计算的硬件单元（如算术功能单元、高速存储器），冯·诺依曼机（单指令顺序存储程序式计算机），RISC 和 CISC 的实现、存储和记录信息，以及检测与纠正错误的有效方法，对差错处理的具体方法（如恢复、诊断、重构和备份过程），为 VLSI 电路设计和计算机辅助设计（CAD）系统以及逻辑模拟、故障诊断等程序，在不同计算模型上的机器实现（如数据流、树、LISP、超立方结构、向量和多处理器），超级计算机等。

6）操作系统

抽象形态的主要内容包括不考虑物理细节（如面向进程而不是处理器，面向文件而不是磁盘），而对同一类资源进行操作的抽象原则，用户可以察觉的对象与内部计算机结构的绑定（Binding），重要的子问题模型（如进程管理、内存管理、作业调度、两级存储管理和性能分析），安全计算模型（如访问控制和验证）等。

理论形态的主要内容包括并发理论、调度理论（特别是处理机调度）、程序行为及存储管理和理论（如存储分配的优化策略）、性能模型化与分析等。

设计形态的主要内容包括分时系统、自动存储分配器、多级调度器、内存管理器、分层文件系统和其他作为商业系统基础和重要系统组件、构建系统（如 UNIX、DOS 和 Windows）的技术、建立实用程序库的技术（如编译器、文件形式程序、编译器、连接器和设备驱动器）、文件和文件系统等内容。

7）网络计算

抽象形态的主要内容包括分布式计算模型（如 C/S 模式，合作时序进程、消息传递和远方过程调用）、组网（如分层协议、命名、远程资源利用、帮助服务和局域网协议）和网络安全模型（如通信、访问控制和验证）等。

理论形态的主要内容包括数据通信理论、排队理论、密码学、协议的形式化验证等。

设计形态的主要内容包括排队网络建模和实际系统性能评估的模拟程序包、网络体系结构(如以太网、FDDI 和令牌网)、包含在 TCP/IP 中的协议技术、虚拟电路协议、Internet 和实时会议等。

8) 程序设计语言

抽象形态的主要内容包括基于语法和动态语义模型的语言分类(如静态型、动态型、函数式、过程式、面向对象的、逻辑、规格说明、报文传递和数据流),按照目标应用领域的语言分类(如商业数据处理、仿真、表处理和图形),程序结构的主要语法和语义模型的分类(如过程分层、函数合成、抽象数据类型和通信和并行处理),语言的每一种主要类型抽象实现模型、词法分析、编译、解释及代码优化和方法,词法分析器、扫描器、编译器组件及编译器和自动生成方法等。

理论形态的主要内容包括形式语言和自动机、图灵机(过程式语言的基础)、POST 系统(字符串处理语言的基础)、λ-演算(函数式语言的基础)、形式主义学、谓词逻辑、逻辑和近世代数等。

设计形态的主要内容包括把一个特殊的抽象机器(语法)和语义结合在一起形成的统一的可实现的整体特定语言(如过程式的(COBOL、FORTURN、ALGOL、Pascal、Ada、C),函数式的(LISP),数据流的(SISAL、VAL),面向对象的(Smalltalk、CLU、C++、),逻辑的(Prolog),字符串(SNOBOL)和并发(CSP,Concurrent Pascal、Modula 2)),特定类型语言的指定实现方法,程序设计环境、词法分析器和扫描器的产生器(如 YACC、LEX)、编译产生器、语法和语义检查、成型、调试和追踪程序、程序设计语言方法在文件处理方面的应用(如制表、图、化学公式)、统计处理等。

9) 人机交互

抽象形态的主要内容包括人的表现模型(如理解、运动、认知、文件、通信和组织)、原型化、交互对象的描述、人机通信(含减少人为错误和提高人的生产力的交互模式心理学研究)等。

理论形态的主要内容包括认知心理学、社会交互科学等。

设计形态的主要内容包括交互设备(如键盘、语音识别器)、有关人机交互的常用子程序库、图形专用语言、原形工具、用户接口的主要形式(如子程序库、专用语言和交互命令)、交互技术(如选择、定向、定位和拖动等技术)、图形拾取技术、以“人为中心”的人机交互软件的标准等。

10) 图形学和可视化计算

抽象形态的主要内容包括显示图像的算法、计算机辅助设计模型、实体对象的计算机表示、图像处理和加强的方法。

理论形态的主要内容包括二维和高维几何(包括解析、投影、仿射和计算几何)、颜色理论、认知心理学、傅里叶分析、线性代数和图论等。

设计形态的主要内容包括不同的图形设备上图形算法的实现、不断增多的模型和现象的实验性图形算法的设计与实现、在显示中彩色图的恰当使用、在显示器和硬备份设备上彩色的精确再现、图形标准、图形语言和特殊的图形包、不同用户接口技术的实现(含位图设备上的直接操作和字符设备的屏幕技术)、用于不同的系统和机器之间信息转换的各种标准文件互换格式的实现、CAD 系统、图像增强系统等。

11）人工智能

抽象形态的主要内容包括知识表示（如规则、框架和逻辑）以及处理知识的方法（如演绎、推理）、自然语言理解和自然语言表示的模型（包括音素表示和机器翻译）、语音识别与合成、从文本到语音和翻译、推理与学习模型（如不确定、非单调逻辑和 Bayesian 推理）、启发式搜索方法、分支界限法、控制搜索、模仿生物系统的机器体系结构（如神经网络）、人类的记忆模型以及自动学习和机器人系统的其他元素等。

理论形态的主要内容包括逻辑（如单调、非单调和模糊逻辑）、概念依赖性、认知、自然语言理解的语法和语义模型、机器人动作和机器人使用的外部世界模型的运动学和力学原理，以及相关支持领域（如结构力学、图论、形式语法、语言学、哲学与心理学）等。

设计形态的主要内容包括逻辑程序设计软件系统的设计技巧、定理证明、规则评估，在小范围领域中使用专家系统的技术、专家系统外壳程序、逻辑程序设计的实现（如 PROLOG）、自然语言理解系统、神经网络的实现、国际象棋和其他策略性游戏的程序、语音合成器、识别器和机器人等。

12）信息系统

抽象形态的主要内容包括表示数据的逻辑结构和数据元素之间关系的模型（如 E-R 模型、关系模型、面向对象的模型），为快速检索的文件表示（如索引），保证更新时数据库完整性（一致性）的方法，防止非授权泄露或更改数据的方法，对不同类信息检索系统和数据库（如超文本、文本、空间的、图像、规则集）进行查询的语言，允许文档在多个层次上包含文本、视频、图像和声音的模型（如超文本），人的因素和接口问题等。

理论形态的主要内容包括关系代数、关系演算、数据依赖理论、并发理论、统计推理、排序与搜索、性能分析以及支持理论的密码学。

设计形态的主要内容包括关系、层次、网络、分布式和并行数据设计技术，信息检索系统的设计技术，安全数据库系统的设计技术，超文本系统的设计技术，把大型数据库映射到磁盘存储器的技术，把大型的只读数据库映射到光存储介质上的技术等。

13）软件工程

抽象形态的主要内容包括归约方法（如谓词转换器、程序设计演算、抽象数据类型和 Floyd-Hoare 公理化思想）、方法学（如逐步求精法、模块化设计）、程序开发自动化方法（如文本编辑器、面向语法的编辑器和屏幕编辑器）、可靠计算的方法学（如容错、可靠性、恢复、多路冗余）、软件工具与程序设计环境、程序和系统的测度与评价、软件系统到特定机器的相匹配问题域、软件研制的生命周期模型等。

理论形态的主要内容包括程序验证与证明、时态逻辑、可靠性理论以及支持领域（如谓词演算、公理语义学和认知心理学等）。

设计形态的主要内容包括归约语言，配置管理系统，版本修改系统，面向语法的编辑器，行编辑器，屏幕编辑器和字处理系统，实际使用并得到支持的特定软件开发方法（如 HDM、Dijkstra、Jockson、Mills 和 Yourdon 倡导的方法），测试的过程与实践（如遍历、手工仿真、模块间接口的检查），质量保证与工程管理，程序开发和调试、成型、文本格式化和数据库操作的软件工具，安全系统的标准等级与确认过程的描述，用户接口设计，可靠、容错的大型系统的设计方法，“以公众利益为中心”的软件从业人员认证体系。

14）科学计算

抽象形态的主要内容包括物理问题的数学模型（连续或离散）的形式化表示，连续问题的离散化技术，有限元模型等。

理论形态的主要内容包括数论、线性代数、数值分析以及支持领域，包括微积分、实数分析、复数分析和代数等。

设计形态的主要内容包括用于线性代数的函数库与函数包、常微分方程、统计、非线性方程和优化的函数库与函数包、把有限元算法映射到特定结构上的方法等。

2.2.3 计算机学科中的学科方法

1. 数学方法

数学方法是指解决数学问题的策略、途径和步骤，它是计算机学科中最根本的研究方法。理论上，凡能被计算机处理的问题均可以转换为一个数学问题，换言之，所有能被计算机处理的问题均可以用数学方法解决；反之，凡能以离散数学为代表的构造性数学方法描述的问题，当该问题所涉及的论域为有穷，或虽为无穷但存在有穷表示时，这个问题也一定能用计算机来处理。

数学是研究现实世界的空间形式和数量关系的一门科学，它具有三个基本特征：高度的抽象性、严密的逻辑性和普遍的适用性。数学方法在计算机学科方法论中的作用主要表现在以下三个方面。

（1）为科学技术研究提供简洁精确的形式化语言。

（2）为科学技术研究提供定量分析和计算的方法。

（3）为科学技术研究提供严密的逻辑推理工具。

计算机学科对数学具有很大的依赖性，计算机的硬件制造的基础是电子科学和技术，计算机的系统设计、算法设计的基础则是数学。

数学方法主要有以下几种。

（1）证明方法。

（2）递归方法和迭代方法。

（3）公理化方法。

（4）形式化方法。

2. 系统科学方法

系统科学方法是研究系统工程的思考问题和处理问题的方法论。系统工程是组织管理系统的规划、研究、设计、制造、试验和使用的科学方法，是一种对所有系统具有普遍意义的科学方法。系统工程也是一门组织管理的技术。

1）系统科学的基本思想

系统方法的要点是系统的思想、数学的方法和计算机的技术。系统的思想即把研究对象作为整体来考虑，着眼于整体最优运行；数学的方法就是用定量技术，即数学方法研究系统通过建立系统的数学模型和运行模型，将得到的结果进行分析，再用到原来的系统中；计算机的技术是求解数学模型的工具，在系统的数学模型上进行模拟，以实现系统的最优化。

建立在系统科学基础之上的系统科学方法开辟了探索科学技术的新思路，它是认识、调控、改造和创造复杂系统的有效手段，为系统形式化模型的构建提供了有效的中间过渡模式。

系统科学研究主要采用的是符号模型而非实物模型。符号模型包括概念模型、逻辑模型和数学模型，其中最重要的是数学模型。

用计算机程序定义的模型称为基于计算机的模型(Computer-Based Model)。所有数学模型均可转化为基于计算机的模型，并通过计算来研究系统。而一些复杂的、无法建立数学模型的系统，如生物、社会和行为过程等，也可建立基于计算机的模型。计算实验对一些无法用真实实验来检验的系统是惟一可行的检验手段。

人们从实践中总结出来的开发大型软件的软件工程方法，就坚持了系统科学方法的上述原则。划分子系统、分析子系统的目的就是为了更好地理解整个系统；系统分析和设计时要考虑到系统可能的变化，在功能结构、数据库结构等方面留有余地，便于将来实际情况发生变化后，对软件系统的修改和完善；要充分考虑到各子系统的功能要求，实现整体最优设计；要充分利用各种模型工具(E-R 图、数据流图和数据字典等)，简洁、准确地对系统进行描述。

2) 系统的特征

(1) 整体性：一个系统由多个要素所组成，所有要素的集合构成一个有机整体，缺一不可。

(2) 目的性：系统的发生和发展有着强烈的目的性，是系统的主导，决定着系统要素的组成和结构。

(3) 关联性：各要素之间存在着密切的联系，这种联系决定了整个系统的机制，它在一定时期相对稳定。

(4) 层次性：一个系统被包含在更大的系统(Environment)内，其要素本身也可能是一个小系统(Subsystem)。

(5) 环境适应性：系统与环境相互作用、相互影响，进行物质、能量、信息交换，不适应环境变化的系统没有生命力。

3) 系统的一般模型

在图 2-2 所示模型中，可以看到系统由如下部分组成。

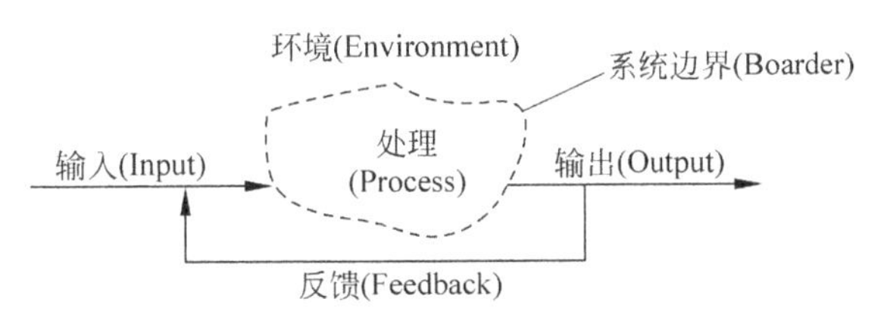

图 2-2 系统的模型

(1) 系统环境：环境和系统应互有一定影响。

(2) 边界：系统与环境分开的假想线。实现物质、能量和信息交换。

(3) 输入输出：与环境发生联系。

(4) 组成要素(Element):完成特定功能而必不可少的工作单元(子系统,Subsystem)。

(5) 系统结构(System Structure):系统的组成要素和要素之间的关系。

(6) 接口(Interface):子系统之间的信息交换。

4) 系统的处理方法

根据系统的层次性功能(Hierarchical Function)的特性,将整个复杂系统分解为多个易于理解的子系统,直到所得到的子系统的规模易于处理为止,实质是"分而治之"。

系统处理方法的步骤如下。

(1) 分析(Analysis):将整个复杂问题分解成一系列子问题,并显示出它们之间的结构,从而得到一个问题结构图。

(2) 综合(Synthesis):按照问题结构图将每个子问题的解综合起来,组成整个问题的一个解决方案。

5) 系统的评价

(1) 目标明确:每个系统均为一个目标而运动。目标可能由一组子目标组成。系统的好坏要看它运动后对目标的贡献。

(2) 结构合理:一个系统由若干个子系统组成,子系统又可划分为更细的子系统。子系统的联结方式组成系统的结构。联结清晰、路径畅通、冗余少等,以达到合理实现系统目标的目的。

(3) 接口清楚:子系统之间有接口,系统和外部的联结也有接口,好的接口,其定义应十分清楚。

(4) 能观能控:通过接口,外界可以输入信息,控制系统的行为,也可以通过输出观测系统的行为。只有系统能观能控,系统才会有用,才会对目标做出贡献。

6) 系统的基本概念

计算机学科中一些重要的系统方法,如结构化方法、软件项目管理、面向对象方法都沿用了系统科学的思想方法。了解系统科学的基本概念和方法是我们自觉运用系统科学方法的基础。

(1) 系统和子系统

系统是指由相互联系、相互作用的若干元素构成的,具有特定功能的统一整体。系统由三个要素组成:元素、联系和功能。

(2) 结构和结构分析

结构是指系统内各组成部分(元素和子系统)之间相互联系、相互作用的框架。结构分析的重要内容就是划分子系统,并研究各子系统的结构以及各子系统之间的相互关系。

在大型软件开发中,如果结构分析不正确(子系统划分不合理),将会导致整个系统开发的失败。

(3) 层次和层次分析

层次是划分系统结构的一个重要工具,也是结构分析的主要方式。系统的结构可以表示为各级子系统和系统要素的层次结构形式。一般来说,在系统中,高层次包含和支配低层次,低层次隶属和支撑高层次。明确所研究的问题处在哪一层次上,可以避免因混淆层次而造成的概念混乱。

计算机网络设计中把通信协议分为 7 层(应用层、表示层、会话层、传输层、网络层、数据链路层和物理层)，数据库设计中的分层 E-R 图都是层次概念的体现。

(4) 环境、行为和功能

系统的环境是指一个系统之外的一切与它有联系的事物组成的集合。系统要发挥它应有的作用，达到应有的目标，系统自身一定要适应环境的要求。系统的行为是指系统相对于它的环境所表现出来的一切变化。系统的功能是指系统在一定环境下能完成的工作。

在开发应用软件时，环境的正确分析和行为与功能的合理设计是保证软件开发成功的重要基础性工作。

(5) 状态、演化和过程

状态是指系统的那些可以观察和识别的形态特征。状态一般可以用系统的定量特征来表示，如温度、体积、计算机硬件的型号和计算机软件的版本等。演化是指系统的结构、状态、特征、行为和功能等随着时间的推移而发生的变化。过程是指系统的演化所经过的发展阶段，它由若干子过程组成。

从 ENIAC 诞生到现在，计算机硬件、软件(包括系统软件和应用软件)都在经历着状态演化的过程。只说微软的操作系统，先是 MS-DOS 从 1.0 演化到 7.x，后来是从 Windows 1.0 演化到 2000 系列，而且还一直演化着。

7) 系统遵循的一般原则

(1) 整体性原则。这一原则要求在研究系统时，应从整体出发，立足于整体来分析其局部以及局部之间的关系，进而达到对系统整体的更深刻理解。分析局部的目的是为了更好地把握和理解整体，分析局部时要想到整体的存在。

(2) 动态性原则。现实中的系统总是处于或快或慢的变化之中，这种变化可能是系统内部各组成部分之间的，也可能是系统和外部环境之间的。在研究系统时，应了解系统的动态性，以准确把握其发展过程及未来趋势。

(3) 最优化原则。也称整体优化原则，就是运用各种有效方法，从系统多种目标或多种可能的途径中选择最优系统、最优方案、最优功能、最优运动状态，达到整体优化的目的。

(4) 模型化原则。模型化原则就是根据系统模型说明的原因和真实系统提供的依据，提出以模型代替真实系统进行模拟实验，达到认识真实系统特性和规律性的方法。模型方法是系统科学的基本方法，研究系统具体来说就是研究它的模型。

模型是对系统原型的抽象，是科学认识的基础和决定性环节。模型与实现是认识与实践的一种具体体现，在计算机学科中，它反映了抽象、理论和设计三个过程的基本内容。模型与实现包括建模、验证和实现三方面的内容。其中，建模主要属于学科抽象形态方面的内容，模型的验证主要属于学科理论形态方面的内容，而模型的实现则主要属于学科设计形态方面的内容。

建立模型的一般步骤如下。

① 客观、正确地调查和分析所要解决的问题。

② 在明确问题的性质和关键所在后，根据知识进行归纳和总结。

③ 抽象地建立起求解问题的模型。

④ 考察和证实模型是否准确地反映了实际问题运行的规律。

8) 系统科学方法

(1) 系统分析法。系统分析法是以运筹学和计算机为主要工具，通过对系统各种要素、过程和关系的考察,确定系统的组成、结构、功能和效用的方法。系统分析法广泛应用于计算机硬件的研制和软件的开发,技术产品的革新,环境科学和生态系统的研究,以及城市管理规划等方面。

(2) 信息方法。信息方法是以信息论为基础,通过获取、传递、加工、处理、利用信息来认识和改造对象的方法。

(3) 功能模拟方法。功能模拟方法是以控制论为基础,根据两个系统功能的相同或相似性,应用模型来模拟原型功能的方法。

(4) 黑箱方法。黑箱是指内部要素和结构尚不清楚的系统。黑箱方法就是通过研究黑箱的输入和输出的动态系统,确定可供选择的黑箱模型进行检验和筛选,最后推测出系统内部结构和运动规律的方法。

(5) 整体优化方法。整体优化方法是指从系统的总体出发,运用自然选择或人工技术等手段,从系统多种目标或多种可能的途径中选择最优系统、最优方案、最优功能、最优运动状态,使系统达到最优化的方法。

2.2.4 计算机学科中的核心概念

认知学科终究是通过概念来实现的,而掌握和应用学科中具有方法论性质的核心概念正是毕业生成为成熟的计算机科学家和工程师的重要标志之一。核心概念是 CC1991 报告首次提出的,是具有普遍性、持久性的重要思想、原则和方法。它的基本特征如下。

(1) 在学科中多处出现。

(2) 在各分支领域及抽象、理论和设计的各个层面上都有很多示例。

(3) 在技术上有高度的独立性。

(4) 一般都在数学、科学和工程中出现。

计算机学科中具有方法论性质的 12 个反复出现的核心概念,分别介绍如下。

1. 绑定(Binding)

绑定指的是通过将一个对象(或事物)与其某种属性相联系,使抽象的概念具体化的过程,是理论和实际联系的过程。例如,将一个进程与一个处理机,一个变量与其类型或值分别联系起来。这种联系的建立,实际上就是建立了某种约束。

2. 大问题的复杂性(Complexity of Large Problems)

大问题的复杂性是指随着问题规模的增长而使问题的复杂性呈非线性增加的效应。这种非线性增加的效应是区分和选择各种方法和技术的重要因素,以此来度量不同的数据规模、问题空间和程序规模。

3. 概念和形式模型(Conceptual and Format Models)

概念和形式模型是对一个想法或问题进行形式化、特征化、可视化思维的方法。这是实现计算机问题求解的最典型、最有效的途径。抽象数据类型、语义数据类型以及指定系统的图形语言,如数据流图和 E-R 图等都属于概念模型。而逻辑、开关理论和计算理论中的模型大都属于形式模型。概念模型和形式模型以及形式证明是将计算学科各分支统一起来的重要的核心概念。

4. 一致性和完备性(Consistency and Completeness)

一致性包括用于形式说明的一组公理的一致性、事实和理论的一致性,以及一种语言或接口设计的内部一致性。从某种意义上说,这是一个计算机系统所追求的。完备性包括给出的一组公理,使其能获得预期行为的充分性、软件和硬件系统功能的充分性,以及系统处于出错和非预期情况下保持正常行为的能力等。在计算机系统设计中,正确性、健壮性和可靠性就是一致性和完备性的具体体现。

5. 效率(Efficiency)

效率是关于空间、时间、人力和财力等资源消耗的度量。在计算机软硬件的设计中,要充分考虑某种预期结果所达到的效率,以及一个给定的实现过程较之替代的实现过程的效率。

6. 演化(Evolution)

演化指的是系统的结构、状态、特征、行为和功能等随着时间的推移而发生的更改。这里主要是指了解系统更改的事实和意义及应采取的对策。在软件进行更改时,不仅要充分考虑更改时对系统各层次造成的冲击,还要充分考虑到软件的有关抽象、技术和系统的适应性问题。

7. 抽象层次(Levels of Abstraction)

抽象层次指的是通过对不同层次的细节和指标的抽象对一个系统或实体进行表述,是问题由复杂到简单的基本方法,是计算中抽象的本质和使用。在复杂系统的设计中,隐藏细节,对系统各层次进行描述(抽象),从而控制系统的复杂程度。例如,在软件工程中,从规则说明到编码各个阶段(层次)的详细说明,计算机系统的分层思想,计算机网络的分层思想等。

8. 按空间排序(Ordering in Space)

在计算机学科中局部性和近邻性的概念,按空间排序指的是各种定位方式,如物理上的定位(如网络和存储中的定位)、组织方式上的定位(如处理机进程、类型定义和有关操作的定位)以及概念上的定位(如软件的辖域、耦合和内聚等)。按空间排序是计算技术中一个局部性和相邻性的概念。

9. 按时间排序(Ordering in Time)

按时间排序指的是事件的执行对时间的依赖性,是排序的时间概念。例如,在具有时态逻辑的系统中,要考虑与时间有关的时序问题;在分布式系统中,要考虑进程同步的时间问题;在依赖于时间的算法执行中,要考虑其基本的组成要素。

10. 重用(Reuse)

重用指的是在新的环境下，系统中各类实体、技术和概念等可被再次使用的能力。如软件库和硬件部件的重用等。

11. 安全性(Security)

安全性指的是计算机软硬件系统对合法用户的响应及对非法请求的抗拒，以保护自己不受外部影响和攻击的能力。如为防止数据的丢失、泄密而在数据库管理系统中提供的口令更换、操作员授权等功能。

12. 折中和结论(Tradeoff and Consequences)

折中指的是为满足系统的可实施性而对系统设计中的技术、方案所作出的一种合理的取舍。结论是折中的结论，即选择一种方案代替另一种方案所产生的技术、经济、文化及其他方面的影响。折中和结论是经过比较、鉴别的一个选择过程，是存在于计算学科领域各层次上的基本事实。

如在算法的研究中，要考虑空间和时间的折中；对于矛盾的设计目标，要考虑诸如易用性和完备性、灵活性和简单性、低成本和高可靠性等方面所采取的折中等。

2.3 计算机学科专业能力的培养

2.3.1 基本学科能力

计算机专业本科人才的基本学科能力包括以下 4 个方面。

(1) 计算思维能力。主要包括形式化、模型化描述和抽象思维与逻辑思维能力。系统设计者要在计算机系统“独立”实现对问题的求解之前，在头脑中“构建”并“执行”相应的处理，这主要靠计算思维能力支撑。

(2) 算法设计与分析能力。算法对计算机专业人员是非常重要的。要想成为一名优秀的计算机专业人才，其关键之一就是建立算法的概念，具备算法设计与分析的能力。

(3) 程序设计与实现能力。程序设计与实现包括硬件和软件的实现，特别是当将问题的求解看成表示和处理时，硬件系统相关的实现也可以部分地含在这里面。

(4) 系统分析、开发与应用能力。程序设计与实现是基础，而系统的分析开发主要指“系统能力”，研究人员要站在系统的全局去看问题、分析问题和解决问题，并实现系统优化。

虽然上述 4 大能力是本学科高级人才的基本学科能力，但学科的不同形态确定了不同类型的人才需要强调不同方面的能力。例如，科学性人才强调“理论形态”的内容，需要强化前两种能力的培养；工程型和应用型人才强调“设计形态”的内容，要求强化后两种能力的培养。另外，可以对这 4 大能力进一步细分，并且注意根据学生未来的工作平台主要是哪一层虚拟机来确定强调哪种能力或者哪些部分能力的培养。

2.3.2 系统能力

对分析和构建各种计算机系统的人来说，以系统的全局观点去看问题，用系统的一致性、完备性、健壮性、稳定性、开放性等基本特性去构造、分析和考核系统是非常重要的。

1. 计算观念的迁移

完成一类问题系统求解的"类计算"，是计算机专业学生的重要特征之一，也是与其他专业学生使用计算机进行问题求解的重要区别。"类计算"将使得相应系统的适应面更宽，更具有完备性和一致性。因此，培养学生的系统能力，使学生摆脱完成单一具体问题求解的"实例计算"的思维限制，培养学生的"类计算"能力是着力点之一。

2. 强调系统设计

这里的系统设计是广义的，指要把"设计"作为对问题求解的基础，特别强调要使学生养成一个良好的习惯。当弄清楚一个问题后，首先要考虑问题的数据表示与处理基本过程，而不是提笔开始"编程"。提笔就开始"编程"，将自己的思路一开始就引导到细节上，是初学程序设计者最易犯的错误，也是学生感到"编程"非常困难、无从下手的根本原因。所以，对一个程序设计的初学者来说，一定要强调其中的"设计"，而只将"编程"看作翻译。为此，本科教学要强调"程序设计"，而不是"编程"。

2.3.3 创新能力

创新能力的培养已经成为高等教育的重要内容，并将在未来的教育中占有重要地位。要促进创新能力的培养，首先要强化学生的创新意识，不断激发他们的创新欲望。创新意识和创新精神的建立重点在于鼓励学生，还要教育学生能够进行自我鼓励，自觉地寻求顶峰体验。问题的求解方法一般都不是惟一的，鼓励学生多问为什么，教会学生不要墨守成规，多寻找更合乎情理的答案。教师在传授知识的同时，更要注重思想、方法的传授，教会学生怎样去发现问题、提炼问题、抽象问题，然后去解决问题。只有这样，学生才会养成不断探索的习惯，从而形成创新的强烈意识，树立创新的精神。

除了有创新意识外，还必须强调对学生进行创新能力的培养。为此，要强调学习、工作、探索中的"理性"成分。所谓"理性"，就是要求人们在明确的思想指导下，沿着较清晰的运行路线，按照一定的规律进行特定的活动。只有有了"理性"，行为才能是更有效的、瞄准目标的行为。这也是工作和研究等活动在高水平上进行并且最终取得成功的关键和基础。

通过理论教学环节和实践教学环节，在学生中大力倡导对学科的好奇心和批判精神，树立在学业上的自信，鼓励和引导学生实现研究为本的学习。要挖掘深层的内容，通过解题思路去培养自己的探索兴趣与能力。对学有余力的学生，鼓励他们在有了一定的基础后，深入到课题组去参加实际的科学研究；鼓励他们将眼光放得长远一些，防止过早地让优秀的学生限于低层次的开发工作。

2.3.4 可持续发展能力

本科教育的基础性确定了“本科教育不能是产品教育”。对于飞速发展的计算机学科，对教育中的基础性要求更为强烈。只有打好了适当的基础，毕业生才能够较好地应对不断更新的产品和快速变化的技术。计算机专业的本科教育，通过一些基本原理、基本方法和基本技术的传授，实现对学生基本学科能力的培养。

自从1991年ACM、IEEE-CS发布计算机科学的课程体系以来，计算机学科有了很大的发展，一批新技术得到了推广应用。但是，计算机学科课程体系中的核心课程、关键的核心知识单元并没有很大的变化。即使对应用型人才的培养，教育的重点也是计算机应用软、硬件系统的设计、开发和维护，而不是“使用”。在重视基础的同时，考虑对新技术的覆盖，而且是先基础、后技术。

实验环境、实验工具的选择是对新技术、新产品实施覆盖的有效途径。受计算机学科发展的限制，为了更好地紧跟学科的发展，并使毕业生能较好地满足用人单位的当前需要，可以将优秀的产品作为实例、作为实验环境的一部分、作为相应的开发工具，还可以通过安排适当的讲座、选修课、第二课堂的科技活动，实现对一些新技术的跟踪，加上基本原理的教育，以应对计算机学科的飞速发展。

2.4 相关Web资源

1. CC2001

网址：http://www.sigcse.org/cc2001/

2. CC2005

网址：http://www.acm.org/education/curric_vols/CC2005-March06Final.pdf

3. 中国计算机学会

网址：http://www.ccf.org.cn

4. 美国计算机协会

网址：http://www.acm.org

第3章

毕业设计(论文)过程

毕业设计(论文)是大学生在整个大学期间最重大的一项作业,完成了这项作业,学生才可以顺利毕业,表明学生已较好地掌握了本门学科的基础理论、专门知识和基本技能,并具有从事科学研究工作或担负专门技术工作的初步能力。同时,毕业设计(论文)也是高校严格把守高等教育质量的最后一道关卡。所以,无论是从学生本人还是从高校来说,只有加强毕业设计(论文)过程的规范管理,才能保证毕业设计的质量。

本章介绍了毕业设计(论文)的多种模式,并针对一整套完整的毕业设计(论文)流程,给出了工作组织与管理的方式,同时对通过毕业设计(论文)的学生创新能力的培养进行了阐述。

3.1 毕业设计(论文)模式

在毕业设计(论文)教学环节中,与其他的教学工作相比,导师的灵活性较大,应该不断改变教育思想和观念,进一步探索和完善毕业设计(论文)多元化模式,逐步向素质教育转变,创造更有利于创新能力培养的毕业设计教学方法。

为了充分发挥学生的个性优势,以大学生专业实践能力发展为中心,寻求多样化的教学模式组合方式,采取选择合适的教学模式,激发学生的学习兴趣和创新能力,使学生在走向社会前的专业训练中,具备解决实际问题的能力,充满自信地走向工作岗位。

建构主义认为,知识的建构来源于活动,因而知识存在于活动之中。根据教学模式的研究,有效促进专业实践能力发展的教学模式,由传统的"坐中学"扩展为"例中学、做中学、探中学、评中学"4种教学模式,各种教学模式的要素特点如下所述。

(1)"例中学"教学模式。主要通过一定的实例/案例,与所要发展的专业实践能力整合起来,让学生在模仿中学习。

(2)"做中学"教学模式。主要通过创设真实的情境,以项目或任务为驱动,使学生在各种各样的活动中(包括思维和操作)获得丰富的学习体验,从体验中学习。

(3)"探中学"教学模式。主要通过主题、问题、专题的引动,学生运用各种工具和方法,开展探究性、研究性学习活动,从发现中学习。

(4)"评中学"教学模式。针对学习活动的作品,在与同伴、教师或学习群体的交流中,从反思中学习,培养和发展元认知能力。

上述“例中学、做中学、探中学、评中学”4 种教学模式，对促进学习者专业实践能力的发展各有功能侧重或优势，在具体的教学实践活动中，它们常常相互渗透和相互交叠。从整体的教学模式功能来说，它们综合作用，产生合力，促进学生的专业实践能力发展。

在毕业设计(论文)环节主要的教学模式有 6 种，大家也可以在实际工作中进行新的探索。

1. 与教师科研相结合的模式

大学教师通过科学研究工作，在理论研究和实践方面积累了较丰富的经验，鼓励这些教师结合自己的科研项目指导毕业设计(论文)。在毕业设计(论文)安排上，教师根据课题研究内容，筛选部分内容，让学生参与课题研究工作。

毕业设计(论文)与科研相结合模式属于“互动式”教学模式，它既能提高教师的综合素质，又能培养学生的创造能力，形成师生的创新意识和能力的良性互动。毕业设计(论文)与教师的科研相结合，可以使教师引导学生从事创新思维，进行创造活动，在科研课题转化为毕业设计(论文)课题时，承担指导毕业设计(论文)的教师必须根据本专业培养目标和教学基本要求，在了解和分析学生实际情况的基础上，将科研内容合理地分解成若干个难度适中，且又有一定探索性和创新性的毕业设计(论文)课题。一般可将这类毕业设计(论文)工作提前到三年级开始进行，可以使学生有更多的时间进行毕业设计(论文)，更加深入地完成课题。

2. 校企联合的模式

学校与企业联合培养的方式指导学生毕业设计(论文)，是一种开放式的教学模式。这种培养模式，允许学生结合实习单位，针对自己的就业方向，认真选择合适的毕业设计题目，同时提交可行性报告，向院系申报。院系组织专家组对题目进行评审，确定题目既覆盖大学 4 年所学知识，又服务于学生的就业方向，而且有新意，同意选题。然后学生根据自己的选题，选择合适的教师进行指导。学生既可在校内，也可在校外进行毕业设计(论文)，毕业设计(论文)情况按有关规定向院系定期汇报，接受学校检查，按时提交设计成果，按时接受毕业答辩委员会组织的答辩。

通过上述管理程序，同意将企业的工程项目作为毕业设计(论文)课题，同时对这部分学生的毕业设计(论文)采用开放式毕业设计(论文)管理模式，能够提高学生的学习兴趣和解决实际问题的能力。校企良性互动之后，会形成一个优化三角关系，三者之间会相互影响，共同受益，如图 3-1 所示。

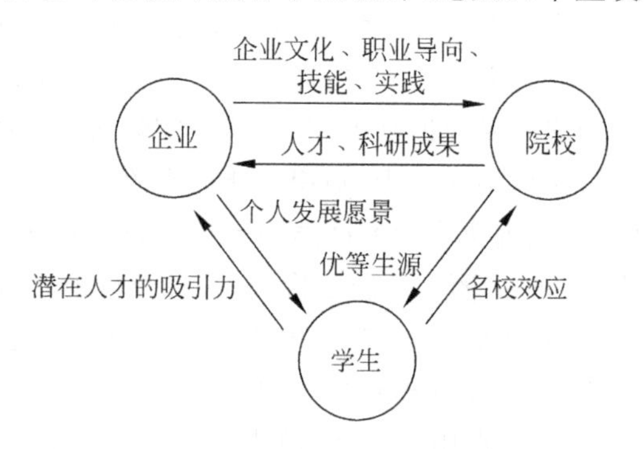

图 3-1　院校、企业和学生三者良性互动关系

3. 与大型竞赛相结合的模式

大学生学科竞赛是培养学生创新精神和动手能力的有效载体，对培养和提高学生的创新思维、创新能力、团队合作精神、解决实际问题和实践动手能力具有极为重要的作用。学

科竞赛现在越来越受到各高校的重视及社会的认可，特别是国际、国家级和省级的竞赛，例如ACM国际大学生程序设计竞赛、大学生"挑战杯"、电子竞赛、机器人大赛、网页设计竞赛和电子商务竞赛等。一般可以从大学二、三年级做起，鼓励学生跨专业、跨系、跨学院多学科综合组建团队，通过赛前的积极备战，可以极大地提高学生的创新思维，锻炼学生刻苦钻研的品质，培养团队协作的精神，培养积极向上、顽强拼搏、不屈不挠的毅力。

有一部分学生可结合已参与的电子竞赛、机器人大赛等方面的题目，不断延展科技竞赛平台的宽度和深度，作为学生毕业设计(论文)的选题，继续发挥创造性，提出新观点，创新内容，把课题做大、做活。学生在毕业设计(论文)过程中，既有团结协作的精神，又有相对的独立性，这种团队合作意识和创新能力的培养，对他们今后走向工作岗位至关重要。通过学科竞赛与毕业设计(论文)的有机结合，可以增强学生的动手能力和工程训练，提高学生的创新能力和分析问题、解决问题的能力，是培养创新型人才的有效途径。

4. 多学科交叉综合性模式

当今世界，科技前沿的重大突破、重大原创性科研成果的产生，大多是多学科交叉融合的结果。如计量经济学、计量地理学、管理科学、生物信息学、生物医学、纳米科学与技术、生态学、人口学、环境伦理学、空间与海洋科学等都是多学科交叉融合的产物。社会的不断发展，对高校毕业生的要求也进一步提高，过去的单一教学和毕业设计(论文)已经不能更好地适应社会需求。

多学科交叉综合性毕业设计(论文)题目综合性强，涉及多学科专业知识，内容丰富、广泛。采用多门类学科的交叉和综合的思路，培养学生的综合能力，即在学好专业课程的同时，能够归纳、吸收和掌握相关知识。

在多学科交叉综合毕业设计(论文)过程中，将整个课题分成相关子课题，一方面可以让不同学院、不同专业学生互相学习、取长补短，学生在完成本身子课题的同时，也要了解整个课题的思想和解决方法，增强了学生的团结协作意识，更好地体现了科研团队精神；另一方面对于指导教师来说，也需融合多学科知识及了解目前科技的前沿动态，从而为申报高质量的科研课题打下基础。因此，多学科交叉综合毕业设计(论文)对师生双方都是一个挑战。

5. 保留毕业设计经典课题的模式

保留传统的毕业设计(论文)实施方式，沿用一部分经典选题。这些选题是多年的经验流传下来的学科经典项目，其特点是命题规范，资料齐全，能较好地培养学生的专业素质。即便题目有一定难度，教师指导、学生完成设计都相对容易。此类选题应控制数量，在布置和指导时，应强调方案创新，老题目新方案，指导教师必须把好毕业设计(论文)的质量关，避免抄袭和雷同现象的出现。

6. 团队模式

毕业设计(论文)的团队模式就是多个学生在毕业设计(论文)中角色分工，相互合作的一种模式。他们既分工明确，又团结协作、优势互补、目标一致，在拥有各自的专业知识修养之外，还必须拥有高度的团队合作素质。

团队模式要求满足以下几个要求。

(1) 题目是综合性的题目,能满足培养学生综合能力、创新能力的要求,符合培养方案。任务可以分解(具有多个小题目),各个分任务的工作量、难易度基本平衡,内容、要求不能相同,多个分任务(小题目)是一个完整的组合。

(2) 题目的来源多样化、自由化。既可以结合指导教师课题,由教师来命题,也可以结合学生的想法、思路,由学生自主命题。

(3) 学生人数必须满足三个人以上,不满足三人不能称之为"团队模式",学生人数要和分任务(小题目)数目一致,保证每个人拥有单独的分任务(小题目),具有自己独立的任务。

(4) 指导教师的配备也必须遵循团队模式,即具有第一指导教师和分任务指导教师。分任务指导教师根据分任务(小题目)来分别对学生进行指导,第一指导教师负责所有教师、学生工作的协调、分配。

(5) 素质上要求学生明确团队任务目标,勇于承担自己的责任,富有团队协作精神。

合作完成毕业设计(论文),可促使学生相互促进,共同提高,克服傲慢心理,学会尊重、信任其他成员。在毕业设计(论文)过程中,学会并进一步改善与人沟通的技巧,提高人际交往的能力,以便与团队中的其他成员相处更融洽、更和谐。通过毕业设计(论文),既提高了学生的独立创新能力,又促进了学生团队意识的培养。

3.2 毕业设计(论文)流程

大学本科毕业设计(论文)一般安排在大学最后一个学期,即四年级春季学期。为了避免由于时间过短、学生找工作等原因造成的毕业设计(论文)有效时间不多,影响完成毕业设计(论文)的质量,可以将毕业设计(论文)的准备阶段提前到大学四年级秋季学期末。这样,学生有足够时间大量查阅资料,书写开题报告,制定方案。指导教师与学生讨论、修改后,确定最佳方案毕业设计(论文)。如果遇到了难题,可以有足够的时间思考。整个过程以学生为主体,教师适时给予启发指导,使学生的独立性得到很好的培养和发挥。

大学本科毕业设计(论文)从大学四年级秋学期末开始到春学期末结束,全过程分为4个阶段:准备阶段、指导检查阶段、评阅答辩阶段和评估总结阶段,如图3-2所示,具体工作程序如表3-1所示。为强调在整个毕业设计(论文)过程中的经验获得,应该把每一阶段的成果都记录下来,形成一些文档和表格,如开题报告、指导记录、文献综述、中期报告和毕业论文等。

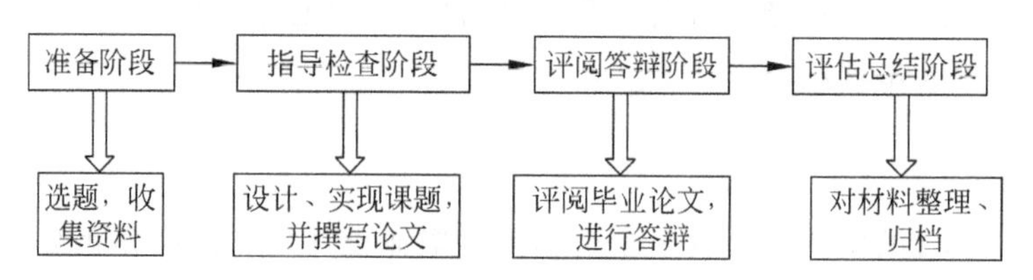

图3-2 毕业设计(论文)的4个阶段

表 3-1　毕业设计(论文)工作程序

<table>
<tr><th>工作阶段</th><th>参考时间</th><th>工作内容</th><th>负责人</th></tr>
<tr><td rowspan="6">准备阶段</td><td rowspan="3">前一学期
16～19 周</td><td>成立毕业设计(论文)工作领导小组
制订本科生毕业设计(论文)工作计划</td><td>主管院长</td></tr>
<tr><td>作好毕业论文选题工作
确定毕业论文题目和指导教师,学生选题</td><td>主管院长
系主任</td></tr>
<tr><td>做好指导教师及有关人员的思想动员工作
公布毕业设计(论文)工作要求</td><td>主管院长
系主任</td></tr>
<tr><td rowspan="3">1～6 周</td><td>毕业设计(论文)环节开始运行
做好学生的思想动员工作,向学生下达任务书,公布毕业设计(论文)评分标准等有关管理规定</td><td>主管院长
系主任</td></tr>
<tr><td>指导教师向学生提出毕业设计(论文)要求及有关规定
指导学生作好开题报告书</td><td>指导教师
教学秘书</td></tr>
<tr><td>学院工作领导小组检查以上各项工作的完成情况</td><td>主管院长</td></tr>
<tr><td rowspan="4">指导检查阶段</td><td>全程</td><td>指导教师定期和学生见面,指导和检查学生的论文进度和论文质量,填写指导记录书</td><td>指导教师</td></tr>
<tr><td>8～10 周</td><td>中期检查,学院组织教学院长,各系组织检查,学生写出中期报告书
对达不到教学要求的学生应给予警告;对优秀学生予以重点培养。各学院检查日程报教务处备案,教务处组织随机抽查</td><td>系主任、院教学
秘书、教学院长、教务处</td></tr>
<tr><td>第 9 周</td><td>学院成立本科生毕业设计(论文)答辩委员会及答辩小组</td><td>主管院长</td></tr>
<tr><td>第 10 周</td><td>学院将答辩委员会、答辩小组、答辩日程安排交教务处</td><td>教学秘书</td></tr>
<tr><td rowspan="6">评阅答辩阶段</td><td>第 13 周</td><td>指导教师、评阅教师对毕业设计(论文)进行评阅</td><td>指导教师
评阅教师</td></tr>
<tr><td>第 13 周</td><td>学校组织学校教学督导组成员对学生毕业设计(论文)工作进行抽查,并将抽查信息及时反馈到相关学院</td><td>教务处</td></tr>
<tr><td>第 14 周</td><td>学院对本科生毕业设计(论文)工作存在的问题进行限期整改</td><td>主管院长</td></tr>
<tr><td>第 14 周</td><td>学院工作领导小组对毕业设计(论文)进行检查,审查学生答辩资格,对不符合要求者,无法按时完成者,不准参加答辩。同时确定准予参加答辩的学生名单并公示</td><td>主管院长</td></tr>
<tr><td>第 15 周</td><td>组织学生进行答辩,对毕业设计(论文)给出评定成绩,逐项填写《××大学本科生毕业设计(论文)成绩评定表》</td><td>指导教师、评阅教师、答辩小组、答辩委员会</td></tr>
<tr><td>第 16 周</td><td>学院将学生《××大学本科生毕业设计(论文)一览表》及时交教务处</td><td>教学秘书</td></tr>
<tr><td rowspan="4">评估总结阶段</td><td>第 16 周</td><td>《学院本科生毕业设计(论文)总结报告》交教务处</td><td>主管院长</td></tr>
<tr><td>第 17、18 周</td><td>学院对学生的毕业设计(论文)等有关材料进行整理、归档、装订</td><td>教学秘书</td></tr>
<tr><td>下学期 1～4 周</td><td>学校对毕业设计(论文)工作进行评估及总结</td><td>教务处</td></tr>
<tr><td>下学期第 4 周</td><td>上交总结报告</td><td>主管院长</td></tr>
</table>

3.3 毕业设计(论文)的组织与管理

3.3.1 毕业设计(论文)的组织

围绕毕业设计(论文)管理工作,设计了从管理制度入手,以评估为突破口,学校、学院、系三级各负其责,层层监控的管理模式,如图 3-3 所示。

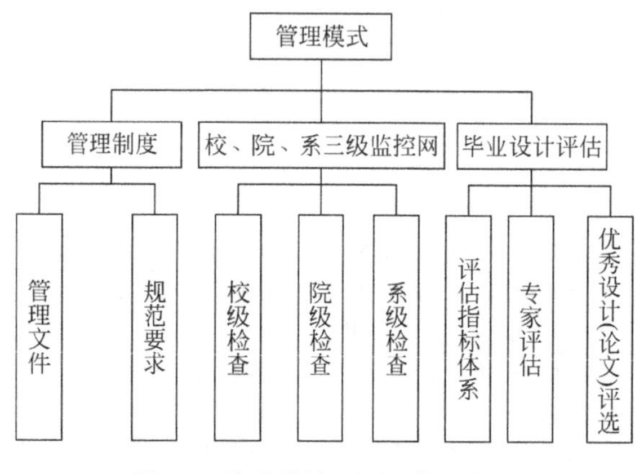

图 3-3 毕业设计(论文)管理模式

(1) 教务处在主管校长的领导下,负责毕业设计(论文)工作的宏观组织管理工作。

主要职责是贯彻落实教育部及省教育厅指导性文件的要求和精神,制订毕业设计(论文)管理规章制度;负责组织毕业设计(论文)工作的检查、评估和总结,协调解决学院在毕业设计(论文)工作过程中出现的问题;编印《××大学本科生优秀毕业设计(论文)选集》;组织开展毕业设计(论文)工作的教学研究与改革。

(2) 学院成立由主管教学副院长任组长的毕业设计(论文)工作领导小组,负责本院毕业设计(论文)工作的全过程管理。

主要职责是组织贯彻执行学校有关毕业设计(论文)管理规定和要求,结合本学院专业培养目标和特点,拟订毕业设计(论文)具体工作计划和实施措施;布置毕业设计(论文)任务,进行毕业设计(论文)动员;审定毕业设计(论文)指导教师、毕业设计(论文)题目,组织学生的选题工作;定期组织检查毕业设计(论文)工作进展情况,抓好初期检查、中期检查、评阅和答辩等环节,开展质量检查与工作评估;组织毕业设计(论文)工作总结,做好毕业设计(论文)归档工作,负责向学校推荐优秀毕业设计(论文)。

(3) 系成立由系主任任组长的毕业设计(论文)指导小组,负责毕业设计(论文)工作的具体组织和实施。

主要职责是贯彻执行学校、学院毕业设计(论文)的规定和要求;选配毕业设计(论文)指导教师,召开指导教师会议,就指导要求、日程安排、评阅标准等统一思想和认识;组织毕业设计(论文)题目的选定和编写毕业设计(论文)任务书;检查毕业设计(论文)的进度和质量,按照学院评估工作要求和部署开展工作,进行毕业设计(论文)工作的总结,并及时将学生毕业设计(论文)及相关材料整理上交学院等。

3.3.2　毕业设计(论文)的指导

毕业设计(论文)实行指导教师负责制。指导教师对毕业设计(论文)工作的各阶段教学活动全面负责。

1. 对指导教师的要求

毕业设计(论文)期间,教师在设计(论文)的完成过程中起引导性作用,对指导教师的要求如下。

(1) 毕业设计(论文)的指导教师由具有较丰富的理论和实践教学经验的中级及以上职称或有硕士及以上学位并经学院批准的教师担任。聘请校外指导教师必须符合学校规定,由学院审查、批准。每位指导教师指导的学生原则上不超过 6 人。

(2) 指导教师要端正指导思想,把培养人才放在首位,注重培养学生的创造能力、创新能力和实践能力。严格要求学生,培养学生严谨的科学态度和实事求是的工作作风。

(3) 指导教师应定期安排时间与学生见面,对每位学生的指导和答疑时间,每周应不少于 2 次,每次不少于 2 学时。每次指导需进行指导记录,并填写《××大学本科生毕业设计(论文)指导记录》,如表 3-2 所示。

表 3-2　××大学本科生毕业设计(论文)指导记录

××大学本科生毕业设计(论文)指导记录

(指导教师用表)

学院：　　　　　　　专业：　　　　　　　年级：

姓名		学号		指导教师		职称	
毕业设计(论文)题目							
日　期		指导内容		存在问题		教师、学生签字	

注：本表由指导教师根据毕业设计(论文)指导工作方案和实际指导情况填写,在指导工作完成后交学院保存。

(4) 指导教师在指导毕业设计(论文)期间一般不得外出。因公或因病请假,应事先向学生布置好任务或委托他人代为指导。请假一周以上者,须经学院毕业设计(论文)领导小组组长批准同意;超过 4 周者,应向学院申请及时调整指导教师。

2. 指导教师的职责和角色

(1) 负责确定学生的职业发展方向。

(2) 帮助学生制定毕业设计计划。

(3) 负责对学生职业道德和敬业精神的培养。

(4) 指导学生完整开发一个中型软件项目,为学生安排、指导并调整与该项目有关的学业计划,使之熟悉工程规范的各个流程及相关工具,要使学生初步具备独立开发中型项目的基本能力。

和正常的教学不同，指导教师要转变角色，教师要转变成教练，主要角色定位如下。

(1) 指导和支持：能有效指导学生理论知识学习和具体专业实践能力的发展。

(2) 交流：能与学生、同伴、管理者和共同体等进行有效的交流和沟通。

(3) 专业技能、技术/工具：能够研究、学习、理解和应用合适技术/工具。

(4) 内容知识：能熟练理解和掌握学科领域知识及其在真实世界的应用。

(5) 管理和监控学习：能促进学生团队的发展。

(6) 专业发展：能够不断地寻求发展，适应变化。

3. 对学生的要求

学生实际参与设计(论文)的每一个步骤，对整个工作起关键作用，学生是毕业设计(论文)的主体。学生在整个大学期间所学到的专业内知识，是进行毕业设计(论文)的必要知识储备。毕业设计(论文)的完成过程中可能用到方方面面的知识，因此要求学生扎实的基本功，即具备相应的专业能力。另外，积极、严谨、认真的态度同样必不可少。学生必须发挥主体的积极作用，配合教师的指导，才能做出优秀的设计(论文)。毕业设计(论文)期间对学生的要求如下。

(1) 申请做毕业设计(论文)的学生必须修完所学专业教学计划规定的全部课程，并达到规定的学分。

(2) 学生要高度重视毕业设计(论文)工作，严格遵守学校、院、系及实验室的各项规章制度，在校外进行设计(论文)工作的要遵守所在单位的有关规章制度，按时完成各个阶段的任务，保质保量完成毕业设计(论文)的任务。

(3) 学生接受毕业设计(论文)任务后，应在指导教师指导下制定工作计划，进行文献查阅、资料收集、实习调研、实验研究、撰写开题报告、论文或设计说明书等。学生应主动并定期(每周1～2次)向指导教师汇报毕业设计(论文)工作情况，主动接受指导教师的检查和指导。完成毕业设计(论文)之后，应按统一规范将毕业设计(论文)整理好交由指导教师评阅，并按时参加答辩。

(4) 在毕业设计(论文)期间，实行考勤制度。学生请假要经指导教师同意，并按学校有关规定办理手续。学生缺勤(包括病、事假)累计超过毕业设计(论文)时间1/3以上者，取消答辩资格，不予评定成绩，须重新补做。

(5) 学生必须独立完成毕业设计(论文)工作，严禁抄袭他人毕业设计(论文)和已发表的成果或请人代替完成，违犯者按作弊论处。

4. 学生的角色

作为实习者，必须适应专业实践能力培养的需要，促进学习方式的转变，发展专业实践能力，不断提高解决问题的能力。

(1) 积极参与。在真实的实践环境中，了解学习的意义，积极参与本领域专业技能实践，通过观察、领会、模仿和实践等方式将有关本领域的问题解决和专家实践的内在的认知过程纳入到自己的心智模型当中，从新手逐渐走向成熟。

(2) 主动探究。学习者是学习过程的主体，在学习过程中对问题要主动地进行探索和研究。

(3) 有效协作与交流。知识和技能是一个社会性建构的过程，学习者在一个学习/实践的共同体中与教师/专家和同伴一起工作和学习。在团队成员之间的社会支持、示范和观察的基础上，实现知识和技能的共享，并通过协作解决问题，完成任务。

(4) 持续观察、反思。学习者应当做个积极的反思者。在观察他人实践过程及与他人交流的过程中，将自己的思维过程与他人的问题解决过程进行比较，在此基础上进行反思，以修正自己的内在心智模式，提升专业实践技能。

(5) 自我表达与展示。学习者应该充分享受思考和探究的自由、大量的表达与展现的机会。在平时的学习中，通过讨论、交流、演讲的形式进行自我表达，还可以通过展示学习者作品的方式，促进学习风气和实践氛围的提升。

3.4　毕业设计(论文)中创新能力的培养

创新能力的培养是时代的需要，是适应国家创新工程的需要，已经成为高等教育的重要内容，并将在未来的教育中占有重要地位。毕业设计(论文)具有与创新能力培养相一致的目的，通过工程、科研训练全面培养学生的创新能力，是计算机专业大学生教学创新能力培养的重要突破口。

计算机专业类毕业设计(论文)需要在一定程度上调动学生的创新意识，可将毕业设计(论文)与学生的兴趣、各种专业竞赛相结合，充分发挥学生的自主能力和创新能力，在教师的指导下完成创新性强、自主性大的高水平毕业设计(论文)。创新性毕业设计(论文)能极大地发挥学生的积极性、主动性、创造性和责任感，可避免目前毕业设计(论文)中存在的诸多问题。

1. 选题是毕业设计(论文)能否创新的关键

一个过时的、没有生命力、没有前瞻性的选题，将很难有创新的空间。当然，选题必须考虑毕业生整体基础水平和各方面能力，并有适当难度的创新余地。选题是指导教师和学生共同的事，一个很好的毕业设计(论文)题目交给一个不感兴趣和不具备完成该选题基本素质的学生去做，是不合适的。

学生对毕业设计(论文)题目应该感兴趣并有“创作”冲动，只有这样才有创新的可能。可采取多次双向选择的方法，首先由指导教师提出课题，学生自由选择，有些课题可能学生比较集中，指导教师确定人选后，剩余人员再进行第二次选题。有些课题如果没有学生愿意做，则可以根据学生兴趣，在不降低难度及创新度的前提下适当修改题目。

2. 一般指导与启发引导是激发大学生创新能力的重要手段

毕业设计(论文)的一般指导就是指导教师应该与学生一起制定设计主攻方向、研究路线、研究内容、预期成果等，并且告诉学生选题的前沿、创新点及阶段性成果，并将毕业设计(论文)按不同完成等级提出不同的要求。这样做有利于学生迅速进入角色，找到毕业设计(论文)的恰当切入点，发挥自己的能动作用，为创新提供理论准备和欲望。当然，过分具体的指导不利于学生创新，它只是指导教师带着学生在自己完全熟悉的领域转了一圈而已。

毕业设计(论文)不是课程设计，课程设计强调“学”字，毕业设计(论文)则更应强调创新性与实践性,那种越俎代庖式具体的指导是无法培养学生具有创新能力的。一般指导原则应该贯穿毕业设计(论文)的始终,对毕业设计(论文)中学生提出的问题,有些是可以解答的,有些不必解答。解答也只能是提供思路、参考书籍和指出需要解决的问题。

3. 构建有利于创新能力培养的毕业设计(论文)考核体系

毕业设计(论文)考核管理应从规范管理入手,以质量评价为突破口,以"强化管理、规范组织、精心指导、全面监控、科学评价"的思想为指导,坚持过程管理与目标管理相结合的原则。

在实施过程中,在评分规则中应优先考虑学生的创新内容。一个便于操作的办法是在评分规则中加大创造性得分权重,这种评分办法一方面促进学生在毕业设计中发挥创造性,另一方面也会更合乎时代要求。

4. 实施有利于创新能力培养的学生科研激励措施

科研激励对学生的科研活动起着导向作用。应鼓励学生选择参加教师的团队科研项目,学生可以做一些力所能及的工作。这样既能让学生了解如何进行科研,形成科研的基本概念,又能使科研与学习相长。

其次,学报可开辟学生论文专栏,鼓励学生积极投稿或专门出版学生科研刊物或学生论文集,可以让学生交流科研成果。学校要将学生科研作为综合素质考核的条件之一,与学生的补助和奖励挂钩,开展学生科研创新能力评价。

最后,根据社会和用人单位普遍重视学生的综合素质和创新能力的新特点,在毕业生中开展综合素质和学生科研创新测评,测评指标做到能全面反映学生在校期间的学业成绩,参加科研活动和取得科研成果以及潜在创新能力的基本情况,测评结果与毕业评优和就业挂钩,对测评结果优良的学生优先向用人单位推荐。

第4章

毕业设计(论文)的选题与开题报告的撰写

在进行毕业设计(论文)的过程中,首先遇到的问题就是如何选择一个合适的题目来进行毕业设计(论文)工作,即确定科学研究或课题设计的方向,这就是毕业设计(论文)的选题。选题正确与否涉及到学生专业兴趣点的培养,决定了毕业设计(论文)的新颖性和毕业设计(论文)的意义,甚至决定着能否成功完成毕业论文的撰写。因此,选题时要注意题目具有科学性、创造性、可行性和实用性。

选定课题之后,在调查研究的基础上,需要形成阶段性的成果——开题报告,包括课题研究的背景、国内外现状、存在的问题,在此基础上说明课题研究的必要性、进行研究具备的条件以及准备如何开展研究等内容。

本章介绍了毕业设计(论文)选题及开题报告的撰写,主要内容有选题原则、选题程序、选题类型、选题方法、选题常见问题、开题报告撰写方法及写作实例等。

4.1 毕业设计(论文)的选题

4.1.1 选题原则

毕业设计(论文)的选题不仅确定了科学实践的范围和目标,而且确定了科学实践工作的内容和方法。因此,毕业设计(论文)的选题规定了整个科学实践的内容和类型,也就在一定程度上确定了科学实践的成果和最后撰写本科毕业论文的类型。

要能够正确而恰当地选题,首先要明确选题的原则,明确了选题原则,就能比较容易地选定一个既有一定学术价值,又符合自己志趣,适合个人研究能力,有成功把握的题目。一般来说,选择毕业论文题目要遵循以下几条原则。

1. 符合专业培养目标的要求

为了达到综合训练的目的,研究内容或设计有利于学生巩固、深化、扩大和消化所学知识,使学生在毕业设计(论文)中得到创新意识、科学研究能力的培养和工程设计能力的基本训练。

2. 体现理论联系实际的原则

密切联系科研、生产、实验室建设或社会实际需求，促进学、研、产的结合，提升课题的应用价值。理论类题目应具有一定的理论和现实意义，有一定学术价值，设计类题目应具有实用价值，切忌脱离实际。计算机类专业的毕业设计（论文）更要求与生产实际相结合，满足实际的需求。

3. 贯彻因材施教的原则

结合学生的专业兴趣点或以后的发展方向，针对学生的性格和需要提高的方面，因材施教，以充分发挥不同水平学生的创造潜能。

4. 题目的难度要适中

建议课题的选择和系统的设计分两步做：第一步，保证能够满足毕业的基本条件，符合毕业设计（论文）的要求；第二步，如果学生在完成第一步的基础上，还有时间和精力，可以提高毕业设计（论文）的范围和难度，以给学生发展提高的空间。

4.1.2 选题程序

课题一般来源于指导教师的科研或学术探讨课题、企事业单位的社会委托课题、教师或学生富有创新和有实际意义的自拟课题等。课题类型分为理论研究类和工程设计类。

1. 指导教师提出课题(也可由学生提出，但须经指导教师审核同意)

填写《××大学本科生毕业设计（论文）课题申请表》，系毕业论文（设计）指导小组组织专家进行审题，并填写审题意见，汇总后报学院毕业设计（论文）领导小组审批，批准通过者方可列入课题计划。

2. 学生根据自己的实际情况和兴趣，申报选题意向

课题分配采取师生双向选择的方法进行，对双向选择不能落实的课题由毕业设计（论文）领导小组负责协调落实。课题分配原则上一人一题，独立完成。如课题内容过多，需若干名学生共同完成的，须明确每个学生的具体任务，并应力争使每个学生经历该课题的全过程，但设计（论文）内容不能相同。

3. 学生确定毕业设计(论文)题目

指导教师填写《××大学本科生毕业设计（论文）任务书》，经系审核，学院审批后向学生下发执行。已经批准的课题不得随意更改，确实需要更换题目必须按相应程序审批。

4. 选题结束

由学院汇总情况并填写《××大学本科生毕业设计（论文）课题落实情况统计表》报教务处备案。

4.1.3 选题的类型

计算机领域的专业活动可分为三种类型：科学研究、技术研究与开发、工程设计与应用，即“科学—技术—工程”这一根轴线。对于计算机专业，毕业设计(论文)的常规选题通常有软件开发型课题、硬件设计型课题、理论研究型课题和工程设计型课题等多种，如图 4-1 所示。下面针对这些选题类型作简要介绍。

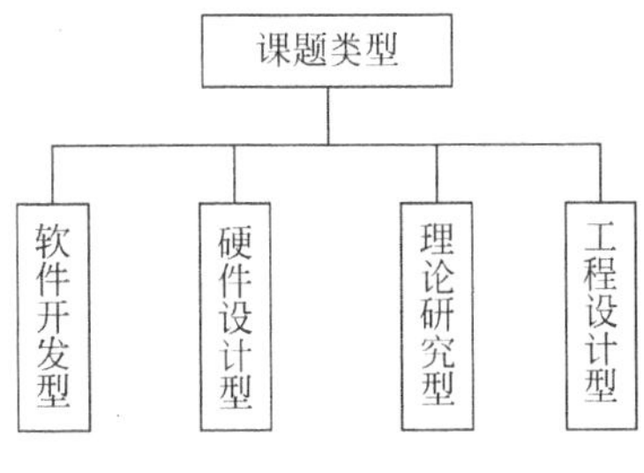

图 4-1　课题类型

1. 软件开发型

软件开发型课题对一个应用软件或大型项目的一部分进行系统分析、设计与实现，如信息管理系统、数据库系统、嵌入式系统、电子商务、网络管理和网站设计等。

毕业设计(论文)选择最多的就是这类题目，这类题目研究方向很多，开发工具也很多。学生选择时要注意选择自己熟悉的开发工具及适合自己和感兴趣的题目，另外还要考虑题目的工作量和难度。

2. 硬件设计型课题

硬件设计型课题既可以是整机设计，也可以是设备中某一个部件的设计。其目的或是为了将开发研究的成果向现实产品转化，或是为了适应市场需要而对原有的产品加以改造，或是为了对引进技术进行消化、吸收和开发，使性能进一步改善及成本得到降低等。

这类题目要求学生动手能力强，对计算机硬件有浓厚的兴趣。另外，对选择的题目必须有一定的实验条件和设备作支撑。

3. 理论科研型课题

理论科研型课题需要对计算机科学中的某一个理论问题有一定见解，包括计算机并行处理技术、计算机通信、网络技术、计算机信息、系统与网络安全技术、多媒体信息处理技术、生物计算、网格计算和电子商务等所涉及的最新理论、数学模型、算法研究以及软件仿真等。

这类题目对于本科生来说一般难度较大，因为大学的几年学习对学生来讲只是掌握了一些基本理论，而要独立地研究和分析一些理论方面的问题，还显得理论准备不足。学生在完成此类题目时，应在吸收前人成果的基础上有所改进。

4. 工程设计型课题

工程设计按特征可划分为产品设计、部件设计、布线设计、机房设计、网络规划、控制系统的设计、监测系统的设计、信息管理系统设计、办公自动化系统设计等若干种。例如，某单位的计算机网的建设规划；某个机房、某个站、某个大楼的布局设计乃至布线设计；某一生产过程的控制系统设计等。

这类题目需完成一个实际项目设计或在某一个较大的项目中设计并完成一个模块，针对项目展开调研、分析和设计等，这类工作可以没有具体编程，但应得到有关方面的初步认可,有一定的工作量。这类题目一般在教师的指导下进行,必须有一个实际的工程设计项目作为研究对象。要求学生的综合素质较高,学生需反复多次深入现场作细致的调查或试验,对现有的技术条件和技术实力进行可行性分析,比较各种方案的优缺点,最终给出一个切实可行的方案。

以理论科研型课题为例,《××大学本科生毕业设计(论文)课题申请表》和《××大学本科生毕业设计(论文)任务书》如表 4-1 和表 4-2 所示。

表 4-1 ××大学本科生毕业设计(论文)课题申请表

××大学本科生毕业设计(论文)课题申请表

(指导教师用表)

学院:　　　　　　　　　　　　　　　　　　　　时间:　　年　月　日

课题情况	课题名称	基于系统调用序列的异常检测研究				
	教师姓名		职称		学位	
	课题来源	A. 教学　B. √科研课题　C. 生产实际　D. 学生自拟				
	课题类别	A. √设计　B. √论文				
主要研究内容	设计基于系统调用序列进行异常检测的方法,并测试该方法检测异常的准确率。主要内容包括:确定符合条件的正常和异常数据集;提取系统调用序列;生成系统调用短序列;使用 C4.5 算法提取规则;测试检测异常的准确率;使用局部统计法进行异常检测。					
目标和要求	目标:设计基于系统调用序列进行异常检测的方法并验证方法的有效性。学生通过对这一课题的研究和设计,能够基本掌握进行异常检测的设计方法和需要实现的功能,并提高 VC 环境下的编程能力。 要求:学生熟悉 VC 编程环境和入侵检测基础知识。					
系指导小组审题意见	组长签字:　　年　月　日					
学院领导小组意见	组长签字:　　年　月　日					

表 4-2　××大学本科生毕业设计(论文)任务书

××大学本科生毕业设计(论文)任务书

(指导教师用表)

学生姓名		指导教师	
设计(论文)题目	基于系统调用序列的异常检测研究		
主要研究内容	设计基于系统调用序列进行异常检测的方法,并测试该方法检测异常的准确率。主要内容包括:确定符合条件的正常和异常数据集;提取系统调用序列;生成系统调用短序列;使用 C4.5 算法提取规则;测试检测异常的准确率;使用局部统计法进行异常检测。		
研究方法	在 VC 环境下编程生成系统调用短序列及检测异常的测试程序,使用 C4.5 算法提取规则,并用局部统计法进行异常检测。		
主要任务及目标	设计基于系统调用序列进行异常检测的方法并验证方法的有效性。学生通过对这一课题的研究和设计,能够基本掌握进行异常检测的设计方法和需要实现的功能,提高 VC 环境下的编程能力。		
主要参考文献	[1] Forrest S,Perelson A,Allen L,et al. Self-Nonself Discrimination in a Computer. In Proceedings of the 1994 IEEE Symposium on Research in Security and Privacy,1994: 202～212. [2] Stephanie Forrest. Computer Immune System. http://www.cs.unm.edu/～immsec/, 2005.		
进度安排	设计(论文)各阶段名称	日期(教学周)	
	熟悉编程环境及查找资料	第 1 周～第 2 周	
	异常检测的分析设计	第 3 周～第 6 周	
	异常检测方法的验证	第 7 周～第 10 周	
	撰写论文及答辩	第 11 周～第 16 周	

注:本表一式两份,学生、学院各存档一份。

指导教师签字:

系指导小组组长签字:

学院领导小组组长签字:

4.1.4 选题的方法

1. 提前公布选题,实行双向选择

在大学四年级上半学年,由指导教师向所在学院提交毕业设计(论文)选题申报表,提出毕业设计(论文)题目及研究内容和要求。原则上一个学生一个题目,即使多个学生做同一个题目,侧重点也应有所不同,教师所准备的选题数要多于当年所带的毕业生数,以便给学生留出选择的余地。学院对上报的选题组织评审,通过后下发给学生,让学生选择各自感兴趣的题目,并通过师生交流,实现双向选择。在充分尊重学生意愿的前提下,由学院针对选题过分集中或较少的现象进行平衡协调。

2. 结合专业兴趣点，选择科研项目

毕业设计(论文)的选题在符合专业基本教学要求的前提下，应与社会、生产、科研和实验室建设等实际任务相结合。"实战型"毕业设计(论文)选题既能够为科研生产服务，又能接受生产实际的检验，同时项目经费还可以补充学生毕业设计(论文)经费的不足。真题真做，有利于培养学生严谨的科学态度和认真负责、一丝不苟的工作精神，当毕业设计(论文)成果被科研项目或生产单位所采用时，学生的创造性劳动得到承认，成果价值得以体现，可以有效地激发学生的科研激情和创新欲望。

3. 结合工作方向或报考研究生的方向，进行选题

目前，许多高校在学生进入毕业设计(论文)时，部分学生已确定了工作去向。对于保研并确定了导师的学生，由研究生导师指导其本科毕业设计(论文)，以便导师统筹考虑，把研究生、本科生的研究内容有机结合起来；对于工作单位与专业对口的学生来讲，自然愿意选择与自己将来工作相关的题目；但对于所签工作与所学专业相去甚远的学生而言，导师在不能调整毕业设计(论文)的内容和侧重点的情况下，特别要向其说明毕业设计(论文)的意义，避免其在以后的毕业设计(论文)过程中敷衍了事。

4. 在初步调查研究的基础上，选定毕业论文的具体题目

在选题的方向确定以后，还要经过一定的调查和研究，来进一步确定选题的范围，最后选定具体题目。下面介绍两种常见的选题方法。

1) 浏览捕捉法

这种方法就是通过对具体的文献资料快速地、大量地阅读，在比较中确定题目的方法。浏览，一般是在资料占有达到一定数量时集中一段时间进行，这样便于对资料做集中的比较和鉴别。浏览的目的是在咀嚼消化已有资料的过程中，提出问题，寻找自己的研究课题。这就需要对收集到的材料进行全面的阅读研究，主要的、次要的、不同角度的、不同观点的都应了解，不能看了一些资料，有了一点看法，就到此为止，急于动笔。也不能"先入为主"，以自己头脑中原有的观点或看了第一篇资料后得到的看法去决定取舍。而应冷静地、客观地对所有资料作认真的分析思考。在浩如烟海、内容丰富的资料中汲取营养，反复思考，善于提取有价值的信息，必然会有所发现，这是搞科学研究的人时常会碰到的情形。

浏览捕捉法一般可按以下步骤进行。

(1) 广泛地浏览资料。在浏览中要注意勤作笔录，随时记下资料的纲目，记下资料中对自己影响最深刻的观点、论据和论证方法等，记下脑海中涌现的点滴体会。当然，手抄笔录并不等于有言必录，有文必录，而是要做细心的选择，有目的、有重点地摘录，当详则详，当略则略，一些相同的或类似的观点和材料则不必重复摘录，只需记下资料来源及页码就行，以避免浪费时间和精力。

(2) 将阅读所得到的方方面面的内容，进行分类、排列、组合，从中寻找问题、发现问题。材料可按纲目分类，如分成系统介绍有关问题研究发展概况的资料；对某一个问题研究情况的资料；对同一问题几种不同观点的资料；对某一问题研究最新的资料和成果等。

(3) 将自己在研究中的体会与资料分别加以比较，找出哪些体会在资料中没有或部分

没有；哪些体会虽然资料已有，但自己对此有不同看法；哪些体会和资料是基本一致的；哪些体会是在资料基础上的深化和发挥等。经过几番深思熟虑的思考过程，就容易萌生自己的想法。把这种想法及时捕捉住，再作进一步的思考，选题的目标也就会渐渐明确起来。

2）追溯验证法

这是一种先有拟想，然后再通过阅读资料加以验证来确定选题的方法。这种选题方法必须先有一定的想法，即根据自己平时的积累，初步确定准备研究的方向、题目或选题范围。但这种想法是否真正可行，心中没有太大的把握，故还需按照预想的研究方向，跟踪追溯。追溯可从以下几方面考虑。

(1) 看自己的“预想”是否对别人的观点有补充作用，自己的“预想”别人没有论及或者论及的较少。如果得到肯定的答复，再具体分析一下主客观条件，只要通过努力，能够对这一题目作出比较圆满的回答，则可以把“预想”确定下来，作为毕业设计(论文)的题目。

(2) 如果自己的“预想”虽然别人还没有谈到，但自己尚缺乏足够的理由来加以论证，考虑到写作时间的限制，那就应该中止，再作重新构思。

(3) 看“预想”是否与别人重复。如果自己的想法与别人完全一样，就应马上改变“预想”，再作考虑；如果自己的想法只是部分地与别人的研究成果重复，就应再缩小范围，在非重复方面深入研究。

(4) 要善于捕捉一闪之念，抓住不放，深入研究。在阅读文献资料或调查研究中，有时会突然产生一些思想火花，尽管这种想法很简单、很朦胧，也未成型，但千万不可轻易放弃。因为这种思想火花往往是在对某一问题作了大量研究之后的理性升华，如果能及时捕捉，并顺势追溯下去，最终形成自己的观点，这是很有价值的。

追溯验证的选题方法，是以主观的“预想”为出发点，沿着一定方向对已有研究成果步步紧跟，一追到底，从中获得“一己之见”的方法。但这种主观的“预想”绝不是“凭空想象”，必须以客观事实、客观需要等作为依据。

4.1.5 选题中常见的问题

选题得当与否直接影响论文的质量，关系论文的成败。在选题过程中，常见的问题有下面几种。

1. 选题过大

有的同学有这样一种想法：既然是写论文，就应该好好论它一番。所以选题的范围很大。有的初稿洋洋洒洒几万字，仍然没有论述清楚。

例如，论文题目为“论防火墙技术”，题目太大，不适合本科生做，选此题目很难保证论文的质量。因此选题应该小一点，具体一点，确保一定的工作量(如编程量)要求，以保证有明确的工作成果。

2. 选题过难

学生除了时间、精力的限制，在资料方面也有局限。课题的难易程度应与自己的能力相适应，不要出现脱节现象。选择的课题研究分量要合理，过程要完整，要符合学生的实际水平和现有条件,尽可能做到既有连续性又有阶段性,使学生在教学计划规定的时间内完成。题目一旦确定,不要随意改变。要贯彻因材施教的原则,对学有余力的优秀学生,在选题和内容上提出较高要求,以充分发挥其才能。

3. 选题陈旧

毕业设计(论文)可以具有理论性的研究,更重要的是它的实践性和实际操作性。计算机学科发展非常之快,有些内容在学生毕业时,可能已淘汰。所以学生选题时要注意所用知识不能陈旧,缺乏创新精神,照搬别人的材料和结论,缺乏新意。

例如,论文题目为"学生成绩管理系统",计算机行业发展至今,在诸如成绩管理等方面已经有成熟的应用,众多的成绩管理系统已经投入实际运用,此课题研究势必会缺乏力度。类似这样的陈旧选题,虽然可适当沿用一部分经典选题,但应强调方案创新,老题目新方案,指导教师必须把好毕业设计(论文)的质量关,避免抄袭和雷同现象的出现。

选题要能跟上学科的发展,应该在前人的基础上,敢于面对前人没有提出过或尚未能完全解决的问题。提倡不同专业(学科)互相结合和协作,扩大专业面,开阔学生眼界,实现学科之间的相互渗透,可以根据专业培养目标的要求,跨专业(学科)进行选题。

4.2 开题报告的撰写

选定课题后,在调查研究的基础上,撰写一份开题报告。开题报告作为阶段性的成果,用来说明课题研究的必要性、进行研究所具备的条件以及研究计划等问题。

4.2.1 开题报告的内容要求

开题报告作为毕业设计(论文)答辩委员会对学生答辩资格审查的依据资料之一,应在指导教师指导下,由学生在毕业设计(论文)工作的前期完成,学生在毕业设计和论文写作期间,基本上应按照开题报告的要求来进行毕业设计和论文写作的工作。

开题报告内容主要包括:

(1) 课题的来源及意义。

(2) 国内外发展状况。

(3) 课题的研究目标。

(4) 课题的研究内容。

(5) 课题研究的方法、手段。

(6) 课题研究的进度安排。

(7) 实验方案的可行性分析。

(8) 已具备的实验条件。

(9) 具体参考文献。

撰写要求:字数不少于1500字。

4.2.2 开题报告的写作实例

1. 实例一

表 4-3 ××大学本科生毕业设计(论文)开题报告实例一

××大学本科生毕业设计(论文)开题报告

(学生用表)

课题	基于系统调用序列的异常检测研究				
学院		专业		学科	
学生		指导教师			

(内容包括:课题的来源及意义,国内外发展状况,本课题的研究目标、内容、方法、手段及进度安排,实验方案的可行性分析和已具备的实验条件,具体参考文献等。撰写要求:字数不少于1500字。)

一、课题来源及意义

根据仿生学原理,模拟生物系统的免疫机理,新墨西哥大学Forrest等研究人员提出了用免疫系统来解决计算机系统的安全问题,通过监视特权进程的系统调用序列来实现入侵检测。其原理是模仿生物免疫系统来区分计算机系统中的"自我"和外来的"非我",并对"非我"进行有效的分类消除。

生物免疫系统是一个具有很强自我保护功能的复杂系统。在计算机安全领域,计算机安全系统具有和生物免疫系统同样的目标和功能,模仿生物免疫系统来设计计算机和计算机网络安全系统具有十分重要的意义和广阔的应用前景。

由于系统调用是应用程序使用硬件设备的必经之路,因此入侵者无法绕过系统调用进行攻击。系统调用序列就是应用程序在执行过程中对系统调用访问的顺序。应用程序产生的系统调用短序列具有很好的稳定性,可作为计算机安全系统中的审计数据。一个系统调用的出现与其前面多个系统调用是相关的,因此通过分析多个系统调用之间的关系,可以分析是否存在异常,检测出是否存在入侵。

二、国内外的发展状况

1. 国内

武汉大学提出了基于多代理的计算机安全免疫系统检测模型和对"自我"集构造和演化的方法,并对"自我"、"非我"的识别规则进行研究,提出用演化挖掘方法提取规则;北方交通大学提出了一种基于免疫的入侵检测模型,并将随机过程引入计算机免疫的研究中;国防科技大学提出了一种基于人工免疫模型的入侵检测方法;北京邮电大学和西安交通大学分别提出了基于免疫原理的网络入侵检测模型;北京理工大学自动控制系从控制论的角度论述了计算机免疫和生物免疫的相似性,讨论了在计算机防病毒领域中应用多代理控制技术构筑计算机仿生物免疫系统的可行性和实用性。

2. 国外

国外起主导作用的是美国新墨西哥大学的Stephanie Forrest教授领导的研究小组。从20世纪90年代中期开始研究计算机中的"自我"与"非我",提出了计算机中的"自我"、"非我"概念并在底层进行了定义,并在1996年提出了一个通过监测特权进程的系统调用来检测入侵的方法。Wespi等在Forrest的定长短序列思想基础上,提出用变长的序列来刻画进程的运行状态,并用实验证明了该模型有更好的检测效果。

IBM公司的J. O. Kephart通过模拟生物免疫系统的各个功能部件及对外来抗原的识别、分析和消除过程,设计了一种计算机免疫模型和系统,用于计算机病毒的识别和消除。

续表

另外,巴西 Campinas 大学的 De Castro 博士最早在其博士论文中总结了人工免疫系统,并试图建立人工免疫系统的统一框架结构。

三、课题研究的目标、内容、方法及手段

本课题的研究目标是采用基于系统调用序列的方法进行异常检测,测试其准确率,并验证其有效性。

主要内容包括从给定的数据集提取系统调用序列,划分短序列,建立正常短序列库记为 N(Normal)库、异常短序列记入 A(Abnormal)库,提取规则,并测试按此规则进行入侵检测的准确率。

首先,从给定网站上下载正常情况和异常情况下的数据集,提取系统调用序列。然后,编写程序,将已提取出的系统调用序列划分成短序列。将这些数据集作为训练集,利用 See5 软件,使用 C4.5 算法提取规则。最后,测试集根据规则进行检测,测试进行异常检测的准确率。

由于入侵行为的发生是具有突发性的,在系统调用序列上表现为"非我"短序列的出现具有聚集性。所以检测"非我"不能仅仅依靠"非我"短序列在短序列总数中的比例来确定是否为"非我"进程,采用局部统计方法来进行异常检测。

四、课题研究的进度安排

本课题研究具体进度安排计划如下。

1～2 周：查找与课题相关的资料。

3～4 周：仔细学习研读找到的论文以及其他相关资料；了解 See5 的用法以及 C4.5 算法。

5～6 周：对功能进行设计,熟悉 VC 编程环境。

7～8 周：开始程序编写,通过编写具体代码实现相应功能及课题目标。

9～10 周：基本完成代码编写工作；实现所要求的功能,开始撰写毕业论文。

11～12 周：完成论文初稿,向老师提交课题成品。

13～14 周：在老师指导下,对本课题作品及论文进行修改和完善,并做最后的总结整理；提交最后审查。

15～16 周：毕业答辩。

五、可行性分析

通过在网上所收集的资料及老师所给的提示,我已经熟悉了该课题,能够运用 See5 软件,了解了 C4.5 算法。我们在 VC 环境下编程,该实验条件已经具备,并且对 VC 有了一定程度的了解,这些都是帮助我完成该任务的有利条件。我们只要认真按照进度安排去工作,该任务就能按时完成。综上所述,该课题在现有的条件下确实可行。

六、已具备的实验条件

目前,前期实验条件已准备就绪,已经找到多篇相关学术报告及论文作为参考,并找到一数据集来源网站。实验过程中所需要用到的 VC 6.0 编程环境及 See5 软件已成功安装。

七、参考文献

[1] Stephanie Forrest,Steven,A. Hofmeyr,et al. A Sence of Self for Unix Processes. IEEE Symposium on Security and Privacy,1996：120～128.

[2] 李珍. 基于安全相关系统调用的"非我"检测与分类. 计算机工程与设计,2005,25(7).

[3] 戴志锋,何军. 一种基于主机分布式安全扫描的计算机免疫系统模型. 计算机应用,2001,21(10)：24～26.

[4] 励晓健,黄勇,黄厚宽. 基于 Poisson 过程和 Rough 包含的计算免疫模型. 计算机学报,2003,26(1)：71～76.

[5] 白晓冰,曹阳,张维明等. 基于人工免疫模型的网络入侵检测系统. 计算机工程与应用,2002(9)：133～135.

[6] 张彦超,阙喜戎,王文东. 一种基于免疫原理的网络入侵检测模型. 计算机工程与应用,2002(10)：159～161.

续表

[7] 杨向荣,沈钧毅,罗浩.人工免疫原理在网络入侵检测中的应用.计算机工程,2003,29(6):27～29.
[8] Stephanie Forrest, Alan S. Perelson, Lawrence Allen, et al. Self-Nonself Discrimination in a Computer. In Proceedings of 1994 IEEE Symposium on Research in Security and Privacy,1994.
[9] Wespi A,Dacier M. Intrusion detection using variable-length audit trail patterns. Proceedings of the 3rd International Workshop on the Recent Advances in Intrusion Detection (RAID'2000), Toulouse,France,2000:110～129.
[10] Kephart JO. Sorkin GB. Biologically inspired defenses against computer viruses. Proceedings of IJCAI'95,1995,8:19～25.
[11] Celada F, SeidenP E. A Computer Model of Cellular Interactions in the Immune System. Immunology Today. 1992.

选题是否合适:是 □否 □ 课题能否实现:能 □不能 □ 指导教师(签字) 年 月 日	选题是否合适:是 □否 □ 课题能否实现:能 □不能 □ 指导小组组长(签字) 年 月 日

2. 实例二

表 4-4 ××大学本科生毕业设计(论文)开题报告实例二

××大学本科生毕业设计(论文)开题报告

(学生用表)

课题	企业管理系统中采购管理模块的设计与实现				
学院		专业		学科	
学生		指导教师			

(内容包括:课题的来源及意义,国内外发展状况,本课题的研究目标、内容、方法、手段及进度安排,实验方案的可行性分析和已具备的实验条件,具体参考文献等。撰写要求:字数不少于1500字。)

一、课题来源及意义

企业管理系统是一种面向制造行业的企业信息管理系统,是对物质资源、资金资源和信息资源进行一体化管理。企业资源规划(Enterprise Resource Planning,ERP)在现代企业管理中是一种比较重要的管理手段,它的基本思想是将企业的业务流程视为建立在企业价值链上的供需链,把企业内部各个部门划分为相对独立的子系统,但这些子系统又是相互协同作业的,相互之间有很多业务联系,如生产计划管理、采购管理、销售管理、财务管理等。

采购管理模块作为企业资源流通的重要环节,是企业资源规划的重要组成部分。它主要由两个部分组成:一方面,采购管理模块根据企业的需要来进行采购,其流程包括下计划单、下订单及采购物料入库;另一方面,该模块对采购的物料进行结算,实现物流和资金流的统一。采购在企业中占有十分重要的地位,它是企业资金周转流畅、企业生产顺利的重要保证。所以采购数据进行科学分析和决策,可以为企业经营管理者提供可靠、合理的决策数据,是企业管理的重要方面。

二、国内外发展状况

综合观察国内外许多成功实施ERP的企业,他们在实施ERP的过程中,首先从需求出发,结合本企业的实际情况,总体规划,分步实施。尤为重要的是:企业必须重视建立现代化的企业管理模式并优

续表

化调整；技术方面的基础工作与从业人员的培训必须同步落实，这样才最终达到提升企业竞争优势的目的。一个企业的健康发展，离不开客户的满意程度和市场的发育，同时也离不开其内部高效的管理，所以经营与管理缺一不可。采购管理作为ERP系统中的重要组成部分，其功能和作用日趋重要。

美国采购协会出版的供应链年报每年都会公布一些全球最大的几百家采购者的采购数据，经过一定的数据处理后结果显示，在这些企业中，有超过70%的企业，采购金额占销售收入的百分比大于50%，而且很多行业的数据趋向一致。美国采购协会出版的《采购》杂志中显示了IBM公司在过去几年中采购金额占销售额的比例增大的趋势。IBM公司不断地强化采购的战略地位和战略管理，使其获得了比竞争对手更多更强的竞争优势。由此可见，采购管理部门可以给一个公司带来额外的利润和竞争优势。

国内企业相对起步较晚，并且还没有把采购放在足够重视的战略地位。采购活动一般来说分为以下几类：生产型采购、通用型采购、客户服务型采购和物流运输采购等。这样的采购内容基本上覆盖了公司所有的财务支出，而公司的对外投资以及不动产投资不在采购金额的统计之内。很多公司在年底统计的时候，对于财务支出的具体情况都掌握不清楚，主要原因就是花钱的出口太多。公司内各部门经理都有财务支出的决定权，根本不需要采购部门管理。支出没有得到管理，钱花得痛快，并且烂账、糊涂账、解释不清楚支出就会比较多，所以统计起来很困难。财务部门的会计人员是很难统计的，他们没有权利和能力过问详细花费情况，所以只能一律按费用下账。如果加强了采购部门的战略地位和管理性能，采购部门的经理就可以知道这些费用是哪个部门的哪个人花费的，并且可以说清楚每一笔费用的流向，还能给出相应的明细账目。

因此可见，国内大部分公司系统的采购部门急需完善和提高。这种进步是要以整个ERP体系的管理理念和管理方法为基础的。虽然我们的ERP发展目前仍然处在起步阶段，但是我们可以利用和引进国外的先进理念、管理经验和系统化的方法，再结合我国企业的自身情况和特有国情，开辟出一条具有社会主义特色的ERP发展之路。

三、课题的研究目标、内容

1. 研究目标

由于采购业务的完成需要企业的采购部门、仓库管理部门、财会部门等协调工作，目前的信息的手工传递无法满足采购业务的实时性要求。所以，在如今采购业务变化大，日常数据处理频繁且实时性要求增高，业务更复杂，与其他系统模块之间的数据交换也日益增多的诸多要求和前提下，企业必须建立一个采购业务和核算为一体的系统管理模块，从而保证能够完成各个时期和阶段的采购业务的处理和管理。

2. 研究内容

企业的采购管理主要包括以下内容：进行采购的录入、维护，并可按采购单号、采购日期、供应商、采购员等条件查询每一张采购单；处理采购，采购退货等各种业务；可以由采购直接生成采购货物入库的收料统计单，简化仓库人员的作业；可查询供应商开给本单位的各种费用发票和采购发票，以便于账款管理，减轻财务人员的重复性工作，确保数据的一致性；可在已完成采购入库的采购单中追加采购明细；可修改采购单明细中的未出货部分；提供采购状况统计表和分析，提供多角度的数据查询和汇总功能，使管理人员可以随时掌握采购的最新情况。

四、设计方法及手段

首先，认真分析本模块所要达到的功能要求，做出需求分析(通过运用UML面向对象的分析方法)。然后从整体架构上进行总体设计，例如模块各部分功能的整体设计及流程、菜单界面等。

其次，在以上工作的基础上，开始对各功能的详细设计。主要包括：用户、用户权限的分配；安全策略；找出各种类，并设计出相应的类图、顺序图、流程图等；对各功能细化并作出详细设计；还要进行数据库的设计。

最后，通过以上分析和设计，应用C#进行实际的代码编写，实现所设计的模块功能，达到本次课题的目标。

续表

五、课题研究的进度安排

本课题研究具体进度安排计划如下。

1～2 周：查找课题相关资料。

3～4 周：仔细学习研读相关资料；进行需求分析和总体设计。

5～6 周：对各功能进行详细设计；数据库设计；熟悉 C#.net。

7～8 周：开始程序编写，通过编写具体代码实现本模块的功能。

9～10 周：系统测试并完成代码编写工作；开始撰写毕业论文。

11～12 周：完成论文初稿，向老师提交课题作品。

13～14 周：在老师指导下，对本课题作品及论文进行修改和完善，并做最后的总结整理；提交最后审查。

15～16 周：毕业答辩。

六、可行性分析

(1) 技术可行性：目前国内很多软件公司都在从事 ERP 系统的开发及研究，为各行各业的公司及单位提供可靠、可行的企业管理系统。通过大学期间对编程语言和基础课程的学习，应用已有的编程软件是可以编写出适当的采购管理模块的。

(2) 经济可行性：前文已经提及了采购模块的作用及优点——能够给公司节省开支、增加竞争优势。所以，开发或者使用企业管理系统中的采购模块可以给公司带来丰厚利润，利润远超过它的开发成本。

(3) 操作可行性：根据使用部门处理的流程和习惯，从操作方式或操作过程看，采用了用户能够接受的方案。

七、已具备的实验条件

目前，前期实验条件已准备就绪，已经准备好了本次课题有关 C# 的书籍和资料，找到多篇相关学术报告及论文和商品化的演示系统作为参考。实验室内的工作用机也已分配妥当，实验过程中所需要用到的 C#.net 相关软件工具也准备就绪。

八、参考文献

[1] F. Robert Jacobs, Elliot Bendoly. Enterprise resource planning Developments and directions for operations management research. In: European Journal of Operational Research 146 (2003) 233～240.

[2] 范罡. 采购管理在企业中的应用. 厦门大学学位论文，2002.

[3] 袁华伟. ERP 模式下的采购及库存管理系统设计与实现. 东北大学学位论文，2005.

[4] 张利，王庆余，张建军. ERP 环境下的采购管理系统的设计与实现. 信息技术与信息化，2006，1.

[5] 杨路. 钢铁企业 ERP 采购管理系统实现及其供应商选择方法研究. 东北大学学位论文，2006.

[6] 纪兆毅. 中小企业 ERP 生产计划管理与采购管理系统的研究与开发. 西华大学学位论文，2005.

[7] 冯桂荣. 采购管理中若干问题研究. 东北大学学位论文，2005.

[8] 王晟. Visual C#.NET 数据库开发经典案例解析. 北京：清华大学出版社. 2005.

[9] 赵克立. C#.NET 编程培训教程. 北京：清华大学出版社，2005.

[10] Ira Pohl，周靖. C# 解析教程. 北京：清华大学出版社，2005.

[11] 张龙卿，欧洋. Visual C#.NET 应用精彩 50 例. 北京：清华大学出版社，2005.

选题是否合适：是 □否 □ 课题能否实现：能 □不能 □ 指导教师(签字) 年　月　日	选题是否合适：是 □否 □ 课题能否实现：能 □不能 □ 指导小组组长(签字) 年　月　日

第5章 文献资料的搜集

文献资料是学习和研究工作的基础，文献检索与应用是一个大学毕业生应具备的基本素质。在进行毕业设计和撰写毕业论文的过程中，必须占有与课题相关的、充分的、准确的信息资料，才能拓展思路，启发灵感。怎样获得所需要的信息资料呢？这些信息资料需要通过文献检索来实现。通过毕业设计(论文)，学生能够提高检索、搜集与应用文献的能力，尤其是在Internet时代，信息的检索和应用能力比掌握知识更重要。

本章介绍文献资料的作用、分类、检索、筛选与利用，详细阐述中国网络数据库检索和Internet信息资源检索，并介绍作为资料搜集的阶段性成果——文献综述的撰写方法。

5.1 文献资料

5.1.1 文献资料的作用

查阅文献资料的作用主要体现在以下几个方面。

1. 了解前人成果

科研人员拟对某一课题进行研究时，首先要进行文献资料的搜集、调研和整理，包括自己将要进行的研究工作已经有哪些科技人员曾进行过这方面的工作、做了些什么工作、是怎样做的、做到什么程度、还存在什么问题等，进行周密的调查，以便自己制定的实施方案和设计规划切实可行。

2. 了解进行中的工作

自己所要开展的项目，可能别人也正在进行。通过文献调研，可以直接或间接地了解到该项目目前研究进展情况，从而避免进行低水平的重复研究工作，同时可以站在更新的高度进行研究工作。

3. 扩大知识面

学生从一些通用课程的学习直接转入到专题性很强的毕业设计(论文)时，往往会感到无所适从，这需要有一个过渡的过程。其中最为有效的就是查阅文献。这一过程不但可以进一步丰富自己的基础知识，而且可以深入理解开展此工作的目的。

4. 避免低水平重复和走不必要的弯路

对于同一种工作，如果已有人做过扎实的基础性研究，自己仍然从基础性工作做起，势必造成低水平重复。对于某些工作，虽然目前尚无丰硕成果，但别人已做过类似的研究，有过一些失败的教训，通过文献查阅加以了解之后，一般可以避免不必要的弯路。

5. 避免无效或侵权性的行为

通过文献检索可以得知该课题是否有人完成，倘若已有人取得成绩，则可以将精力投入到别的课题上。这样既避免了侵权，又不致造成人力和财力的浪费。

5.1.2　文献资料的分类

文献资料根据其出版形式、载体形式、内容结构和记录手段等，通常有以下各种不同形式的分类。

（1）按照编辑出版的不同形式分类，文献可以分为图书、期刊、报纸、科研报告、会议文件、学位论文、政府出版物、档案、统计资料和内部资料等。

（2）按照文献资料的形式分类，文献可分为文字文献、数字文献、图像文献和有声文献4类。

（3）按照对文献内容的加工程度或按其所包含的知识与信息的内容结构分类，文献可以分为原始文献（或一次文献）、二次文献和三次文献等。

（4）按照文献载体形式和记录手段分类，文献可分为手工型、印刷型、微缩型、机读型和声像型等。

此外，文献还可按学科领域划分为社会科学文献、自然科学文献、综合型文献；按密级划分为公开文献、内部文献和秘密文献等。

下面针对文献内容的加工程度或所包含的知识与信息的内容结构进行的分类进行说明。

1. 原始文献

原始文献是科研人员根据其科研成果撰写而成的。由于它是科技成果的直接体现，所以原始文献所包含的内容明显具有创造性、新颖性和先进性，往往成为科技人员进行文献检索时的主要对象。主要有6种类型：科技期刊、科技报告、会议文献、学位论文、专利文献和政府出版物。

2. 二次文献

二次文献是将分散的原始文献用一定规则和方法进行加工、归纳和简化后，组织成为系统的便于查找利用的有序资料，常以目录、题录、文摘和索引等检索工具的面目出现。其目的是向读者提供文献线索，二次文献是检索原始文献的辅助工具。

3. 三次文献

三次文献是对原始文献所包含的知识和信息,进行综合归纳、核对鉴定、浓缩提炼、重新组织后形成的综合性的文献资料,它的时效性和针对性当然不及原始资料,但其系统性好,对最初接触某一研究课题,而又想尽快全面了解课题情况的人来说,是颇有帮助的。三次文献通常包括教科书、专著、论丛、译文、词典、年鉴、技术手册、综述报告和评论等。

5.2 文献资料的检索、筛选与利用

5.2.1 文献资料检索的途径

二次文献是一种向读者提供快速检索原始文献的辅助工具,因此文献检索的有效途径就是正确利用检索工具。检索途径按特征分为以下两种,如图 5-1 所示。

(1) 按照文献外形特征标记的检索途径,如书(篇)名途径、作者姓名途径和文献序号途径等。

(2) 按照文献内容特征标记的检索途径,如分类途径、主题词途径和关键词途径等。

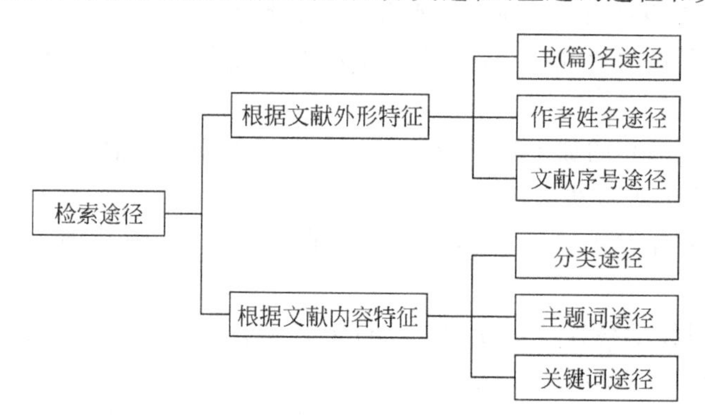

图 5-1 文献资料检索途径

1. 书(篇)名途径

根据所要查找的图书的书名或文章的篇名(题目),在相应的目录(索引)工具书中按字顺查找。中文书名或篇名的字顺,有的按首字笔画多少排列;有的按首字拼音音序排列;西文书名或篇名的字顺则按首字字母顺序(A～Z)排列。在首字相同时,再按第二、第三个字顺排列。按此途径,只要读者准确地记住了所要查找的文献的书名,即可像查字典一样,快速查到所需要的文献。

2. 作者姓名途径

作者姓名途径指的是根据作者目录或作者索引查阅文献。这里所述的作者包括个人作者、团体作者、专利发明人、专利受让人、研究合作者和学术会议主办单位等。作者名字的排序方法与书名排序方法相同,也是根据笔画多少或音序、字母顺序排列的。由于现代从事科

研工作的个人或团体一般都有其相对稳定的专业范围，而研究课题往往也具有延续性，所以根据作者姓名检索时，常常可以在同一目标下，查阅到一批同类或相关的文献资料，甚至该作者的其他著作。

3. 文献序号途径

有些文献，每篇都有一个互不重复的编号，称为文献序号。例如，技术标准篇有标准号、科技报告片有报告号、专利说明书篇有专利号等。只要准确记住所查阅文献的编号，即可按照文献序号途径查阅到相应的文献。如果该序号既有字母又有数字，其一般规律是字母在前，数字在后。

4. 分类途径

这是利用分类目录或分类索引来检索文献的途径。对于文献的学科分类体系，世界各国都有自己编织的分类法。按分类途径检索文献时，首先要熟悉学科分类法，确定自己所研究的课题或所需的资料属于什么“类”，然后查明代表该类的符号和数字，再按此分类号检查分类目录或分类索引。按此途径便可以获得所需文献的线索。

5. 主题词途径

主题词指的是该文献的中心思想所用的规范化名词或词组。主题目录和主题索引则是按主题词字顺编排的检索系统，例如美国的《工程索引》(Engineering Index，EI)就是一部按主题词顺序编排的文摘性刊物，是目前国际上使用较多的以主题词途径标记文献的典型。主题词途径优于分类途径的地方在于它是概念名词，检索者可以从课题的概念名词直接查找线索，而不必考虑学科的分类体系，因此显得更加灵活。

6. 关键词途径

关键词是指从文献的篇名、正文文摘中选出的、具有实意的、能反映文献内容的词汇。由于主题词是经过规范化了的，而关键词知识根据原文献的用词定出，不进行严格规范，故而更接近于习惯使用的专业词汇，因此，通过关键词途径查阅文献一般更为灵活。遗憾的是，由于关键词的词汇量太大，编排困难，因此，书面的关键词索引较少，目前多用于计算机系统。

在上述6种检索途径中，前3种是根据文献的外形特征来检索的，常用于对已知文献的检索(例如已知某作者发表了某文章，即可根据该作者姓名或该文章的篇名查阅此文)。后3种是根据文献的内容特征来检索的，常用于对未知文献进行检索(例如，刚开始接触某项研究课题时，根本不知道有哪些文献可供参考，那就只好根据课题的专业类别去查阅文献)。

5.2.2 文献资料检索的方法

搜集资料要有所为有所不为，既要广泛查阅资料，又不可贪多求全。研究一个课题的精力、时间有限，必须以自己的课题为中心，有重点地深入地搜索与之密切相关、具有典型意义的最有用的材料。在搜集资料时,一是要注意搜集那些本专业与课题有关的核心信息资料,即第一手准确的信息资料;二是要注意所收集资料的学术水准。

文献检索究竟要采用什么方法,还应根据课题性质和研究目的而定,同时也要根据是否能获得检索工具而定。归纳起来,常见的文献资料搜集与检索的方法一般有以下几种。

1. 浏览法

通过检索工具搜索文献是科技人员获得文献的主要途径,只要方法得当,往往可以事半功倍,在短时间内获得大量切合课题需要的文献。但是,由于任何一种检索工具都只能收录有限的期刊和图书,而且检索工具与原始文献之间往往有半年左右的时间差,为了弥补这些缺陷,必须借助其他方法来收集文献。

浏览法就是科技人员平时获取信息的重要方法。具体地说,就是对本专业或本学科的核心期刊每到一期便浏览阅读的方法。该方法的优点是能最快地获取信息;能直接阅读原文内容;基本上能获取本学科发展的动态和水平。缺点是必须事先知道本学科的核心期刊;检索的范畴不够宽,因而漏检率较大。因此,在开题或鉴定时还必须进行系统的检索。

2. 追溯法

追溯法又称为参考文献查找法或回溯法。这是一种传统的查找文献的方法,即利用某一文章、专著末尾所开列的参考文献目录,或者是文章、专著中提到的文献目录,追踪查找有关文献资料的方法。当查找到一篇参考价值较大的新文献后,该文献的后面所附的参考文献可以作为线索来查找相关文献。这是一种扩大信息来源最简单的方法,在没有检索工具或检索工具不完整时可借此获得相关文献。由于参考文献的局限性和相关文献的不同,会产生漏检。同时,由近及远的回溯法无法获得最新信息,而利用引文索引进行追溯查找则可弥补这一缺点。

3. 常规法

常规法也叫检索工具法,是利用检索工具查找文献的方法,即以主题、分类和著作等途径通过已有的检索工具来查找所需文献资料的一种方法。这种方法包括机读检索和手工检索两大类。它是一种先利用检索工具书确定所需文献的具体篇目,然后再予以查找的方法。此法适合搜集保存在图书馆系统的文献,这种方法又可分为顺查法、倒查法、抽查法和分段法 4 种。

(1) 顺查法。顺查法是由远及近的查找法。如果已知某创造发明或研究成果最初产生的年代,现在需要了解它的全面发展情况,即可从最初年代开始,按时间的先后顺序,一年一年地往近期查找。用这种方法所查得的文献较为系统全面,基本上可反映该学科专业或该课题发展的全貌,能达到一定的查全率。在较长的检索过程中,可不断完善检索策略,得到较高的查准率。此法的缺点是费时费力,工作量较大。一般在申请专利的查新调查和新开课题时采用这种方法。

(2) 倒查法。倒查法是由近及远,由新到旧的查找方法。此法多用于查找新课题或有新内容的老课题,在基本上获得所需信息时即可终止检索。此法有时可保证情报的新颖性,但易于漏检而影响查全率。

(3) 抽查法。这是利用学科发展通常是波浪式的特点查找文献的一种方法。当学科处于兴旺发展时期,科技成果和发表的文献一般也很多。因此,只要针对发展高潮进行抽查,就能查获较多的文献资料。这种方法针对性强,节省时间,但必须是在熟悉学科发展阶段的基础上才能使用,有一定的局限性。

(4) 分段法。又称循环法或综合法,是交替使用"追溯法"和"常规法"来进行检索的综合方法。即首先利用检索工具查出一批文献资料,再利用这些文献资料所附的参考文献追溯查找相关文献。如此交替、循环使用常规法和追溯法,不断扩检,直到满足检索要求为止。分段法的优点在于当检索工具缺期、缺卷时,也能连续获得所需年限以内的文献资料。

4. 上网查找法

随着因特网的广泛应用,使文献资料的查找又多了一条途径。上网查找法主要是通过网上的搜索引擎(如雅虎、百度等)来查找有关的文献资料。上网搜索和查找资料方便、快捷,且内容广泛,只要检索者在搜索引擎中输入自己想要查找的内容的关键词,马上就能查到相应的资料,但是网上搜集到的资料难以系统、全面,质量也难以保证。

以上各种检索方法在使用上各具特色,可根据检索的需要和所具备的条件灵活选用,以便达到较好的检索效果。一般来说,查阅文献可按照"四先四后":先近后远,先内后外,先专业后广泛,先综述后单篇。

(1) 先近后远:即查阅文献时要先查阅最近的文献资料,然后追溯到以往的文献资料。这样一方面可以迅速了解当代的水平和最先进的理论观点及方法手段;另一方面,近代文献资料常附有既往的文献目录,可以选择和扩大文献线索。

(2) 先内后外:既先查阅国内的文献资料,然后再查阅国外的文献资料。国内的文献一是易懂易找,查阅速度快,而且也应该先搞清国内情况;二是国内文献本身也引证了大量的国外资料目录,为进一步查阅文献提供线索。

(3) 先专业后广泛:即先查阅本专业或与本专业密切相关的资料,后查阅其他综合性刊物和边缘学科的刊物。因为专业资料较熟悉,能迅速收集所需的资料。有了这些资料,对有关边缘资料的内容也就清楚了,同时,专业资料也很可能引证其他有关科学杂志的文献。

(4) 先综述后单篇:即先查阅与题目有关的综述性的文献,再查阅单篇文献。因为综述性的文章往往对本题的历史现状及存在的争议和展望都会有较全面的综合性的论述,可较快地了解概况,对所研究的问题可较快地得到比较全面而深刻的认识。加之综述后多列有文献目录,是扩大文献资料来源的捷径。查阅文献资料要掌握关键词检索、主题词检索、题名检索和作者姓名检索等基本检索途径,灵活运用各种检索方法。

5.2.3 获取文献资料的途径

在因特网时代,获取文献资料的途径有以下几种,如图5-2所示。

1. 专业期刊、会议论文

在毕业设计(论文)期间，要注意检索收集本专业相关的中外文期刊杂志、会议论文的信息资料，尤其是本专业核心期刊的信息资料。

计算机科学与技术专业核心期刊有《计算机学报》、《软件学报》、《计算机研究与发展》、《计算机科学》、《小型微型计算机系统》、《计算机工程与设计》、《计算机工程》、《计算机工程与应用》等。

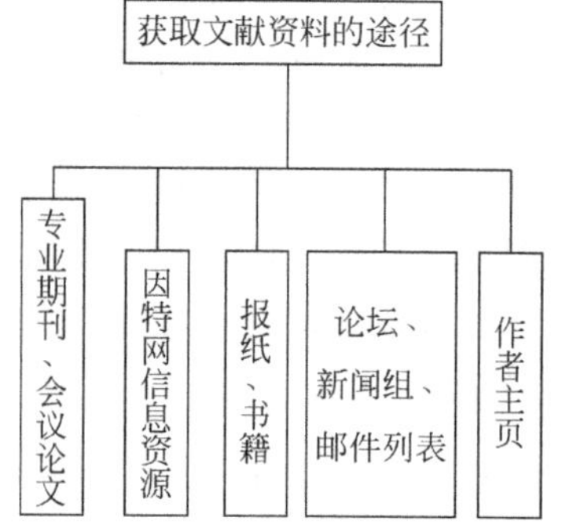

图 5-2 获取文献资料的途径

国外的期刊有 ACM Transactions on Computer Systems(《美国计算机学会计算机系统汇刊》)、ACM Transactions on Information Systems(《美国计算机学会信息系统汇刊》)、ACM Transactions on Programming Languages & Systems(《美国计算机学会程序设计语言与系统汇刊》)、Advances in Engineering Software (《工程软件进展》)、Computer(《计算机杂志》)、Software: Practice and Experience(《软件：实践与经验》)、IEEE/ACM Transactions on Networking(《IEEE/ACM 网络汇刊》)、IEEE Software Magazine(《IEEE 软件杂志》)等。

可以通过网络数据库进行检索，如期刊全文数据库存储的是文献的原文信息，可通过检索从中直接获取文献原文；文摘索引数据库检索最终结果的书目、索引或文摘，仅提供文献线索，读者还需根据线索再去查找文献原文。将在 5.3 节讲述中国期刊全文数据库及其检索方法。

2. 因特网信息资源

在 Internet 上，WWW 信息资源的一般查询方法有基于超文本的信息查询、基于目录的信息查询和基于搜索引擎的信息查询。利用 Internet 信息检索工具——搜索引擎搜索相关课题的信息资料。将在 5.4 节讲述 Internet 信息资源检索方法。

3. 报纸、书籍

本专业报纸的信息资料，如计算机专业的《计算机世界》、《中国计算机报》等。专业书籍，如计算机专业的系统分析与设计、软件工程、信息系统开发方面的书籍。

4. 论坛、新闻组和邮件列表

通过论坛、新闻组和邮件列表获取资料。论坛是网络环境下一种学习交流的环境，通过论坛和相关领域的研究开发人员进行交流，可以突破常规交流在时间和地域上的局限性，并能获取从其他途径难以得到的信息。

新闻组是一个电子讨论组，可以在这里与遍及全球的用户共享信息以及对某些问题的看法。在每个新闻组中都能找到大量与某一给定专题有关的文章，以及许多已讨论的专题。

邮件列表是 Internet 上的一种重要工具，用于各种群体之间的信息交流和信息发布。邮件列表具有传播范围广的特点，可以向 Internet 上数十万个用户迅速传递消息，传递的方式可以是主持人发言、自由讨论和授权发言人发言等方式。

5. 作者主页

从作者主页下载文献资料。有些文献难以从各种开放或免费的电子信息资源中获取，可以尝试从作者的主页中下载。以作者的姓名为关键字，使用 Google 搜索找到作者的主页，进入作者的主页后，查找作者的 publications 通常就可以下载到所需的文献。如果在作者的主页上也找不到，还可通过 E-mail 和作者取得联系，和作者进行交流。

5.2.4　文献资料检索的步骤

文献资料的检索是一项实践性很强的活动，要善于思考，通过经常性的实践，逐步掌握文献检索的规律，从而迅速、准确地获得所需文献。一般来说，文献资料检索可按以下步骤进行。

1. 分析研究课题，明确文献需求

当要研究和查找的课题确定之后，首先要明确检索目的，了解检索课题的内容及性质，明确其学科或专业范围等。这些主要通过对研究课题的分析来确定，在此基础上形成检索的主题概念，明确课题主要解决什么问题，需要什么性质和内容的文献。最后要分析哪些是已知检索线索，了解和掌握有关学科的专家学者以及研究机构等目前的有关课题，为检索提供充分而有利的条件。

2. 选择检索方法

文献资料的检索方法有多种，应选定一种费时少、查获信息多的有效方法。在什么情况下采用什么检索方法，应根据检索条件和学科特点来确定。其方法是：如一时没有检索工具可用，可用追溯法；如检索工具比较多，以采用常规法为好；如想获得某一课题系统而全面的资料，时间又充裕，可用顺查法；如只是为解决某一具体技术问题，时间又很紧，可用倒查法；如查找年代，若起始年代不长，有具体年月可考，一般用顺查法，若起始年代早，没有具体年月可考，宜用倒查法等。

3. 确定检索途径

根据自己掌握的所查文献的有关情况或文献信息的特征，选择一条好的途径检索，以节省时间和精力。

4. 查找文献线索

即寻找所需文献的收藏处。利用各种检索方法，通过不同的检索工具，就能查到所需的文献资料的线索。有时候，只要获得了线索，通过题录、索引和文摘等，就能满足课题研究的需要，也就完成了查找文献的工作。如不能满足课题研究的需要，有必要进一步了解和详细查阅原始文献资料时，则可根据检索工具提供的出处，分别到国内外有关图书馆或情报单位查阅，或通过计算机网络获取。

5. 索取原始文献

索取原始文献是文献检索的最后一步,应采用由近而远的方法。首先利用本单位、本地区图书馆和情报单位的馆藏目录查找所需文献资料,如本单位、本地区缺藏时,再利用全国图书、期刊联合目录或外单位、外地区的馆藏目录,了解各图书情报单位收藏的国内外文献的情况。当查知某单位收藏自己所需的资料后,再通过函借或馆际互借获得。如国内没有收藏,又十分需要时,也可以通过国家图书馆或有对外关系的情报单位,向国外有关情报机构借阅或进行复制。利用因特网查找和复制文献资料,更加快速和便利。

5.2.5 文献资料的筛选与利用

1. 文献资料的筛选

文献检索只是利用文献的第一步,如果要把死的文献变成能为自己所用的活资料,关键的一步是要把检索到的文献认真地加以筛选、消化和吸收。文献筛选的过程就是一个去粗取精、去伪存真的过程。虽然在文献检索时已经注意到了“准确性”的问题,但难免有一些貌似有关、实则无用的文献被检索下来,不加以筛选势必会造成时间和精力的浪费。

在筛选材料时,遵循以下基本原则:在充分的材料中,要选确凿的;在确凿的材料中,要选切题的;在切题的材料中,要选典型的;在典型的材料中,要选新颖的。同一类的文献较多时,建议做成文摘卡片,根据自己的需要对这些文献进行排序和编号。这样不仅有利于文献本身的归类和管理,而且有利于在文献的消化、吸收过程中整理自己的思路。

在文献的筛选、消化、吸收过程中,存在一个“由薄到厚”的积累过程和“由厚到薄”的分析整理过程。开始接触某一课题时,所知甚少,对文献的积累也少;随着研究工作的深入,接触到的问题不断地增加,文献资料的积累也越来越多,这就是“由薄到厚”的过程。随着对研究课题本质认识的深入,研究的思路也越来越清晰,对文献资料的筛选和辨别能力也越来越强,对大量的文献资料就会逐渐能够用自己的语言精练地加以表达,这就是“由厚到薄”的过程。

这两个过程可能是在自觉或不自觉的状态下完成的,对于进行毕业设计(论文)工作的学生而言,由于可供查阅的文献和消化吸收的时间有限,因此,应当在老师的指导下,自觉地、有意识地完善和加速这两个过程,以提高检索文献与利用文献的效率。

2. 文献资料的利用

在查阅文献并经过筛选、消化和吸收后,有些文献可能对研究工作的进行具有重要的参考作用。当把自己的研究成果写成书面文字(如毕业论文)时,应当注明所引用的文献。注明引用文献的目的,一般来说,主要有以下几个方面。

(1) 在说明自己的科研课题来源和主题思想时,通过引用文献,可说明前人工作的基础及作者将要开展的工作范围和意义。

(2) 在论证自己研究成果的结论时,可引用他人文献资料作为旁证。

(3) 在一些重要的学术观点上注明可参考的文献资料,为感兴趣的读者在检索同类文件时提供方便。

(4) 引用他人的成果时要客观地说明出处，不仅是作者旁征博引、学识渊博的体现，也是对别人研究成果的尊重和承认。这是职业道德的体现。

根据在论文中指明引用文献位置的不同，划分引用文献的方式。在毕业论文中引用文献的方式主要有以下几种。

(1) 文中注：行文中，在引用文献的地方，用括号说明引用文献的出处。

(2) 脚注：行文中，只在引用的地方写一个脚注标号，在当前页的最下方以脚注方式按标号顺序说明文献出处。

(3) 文末注：行文中，在引用的地方标号（一般以出现的先后次序编号，编号用方括号括起，放在某一个字或符号的右上角，如[1]、[2~4]），然后在全文最后单设“参考文献”一节，按编号顺序一一说明文献出处。科技文献一般大部分采用文末注的方式。

5.3　中文网络数据库及其检索

中文网络数据库有很多，如 CNKI 系列数据库、万方数据资源系统、维普资讯中文科技期刊数据库等。下面以 CNKI 系列数据库为例说明数据库的检索方法。

5.3.1　登录 CNKI 系列数据库

CNKI(China National Knowledge Infrastructure，中国知识基础设施)，简称 CNKI 工程。CNKI 工程是以实现全社会知识资源传播共享与增值利用为目标的信息化建设项目。采用自主开发并具有国际领先水平的数字图书馆技术，建成了世界上全文信息量规模最大的“CNKI 数字图书馆”，并启动建设《中国知识资源总库》及 CNKI 网络资源共享平台，通过产业化运作，为全社会知识资源高效共享提供最丰富的知识信息资源和最有效的知识传播与数字化学习平台。

CNKI 系列数据库包括源数据库和专业知识仓库。源数据库指以完整收录文献原有形态，经数字化加工，多重整序而成的专类文献数据库，如中国期刊全文数据库、中国优秀硕博士论文全文数据库、中国重要会议论文全文数据库和中国重要报纸全文数据库。

专业知识仓库是指针对某一行业特殊需求，从源数据库中提取出相关文献资源，再补充本行业专有资源共同组成的、根据行业特点重新整序的专业文献数据库，如中国医院知识仓库、中国企业知识仓库、中国城建规划知识仓库和中国基础教育知识仓库。

登录网址 http://www.cnki.net，进入 CNKI 首页。由于 CNKI 的全文数据库均为收费检索数据库，对于购买了使用权的用户可以从中国期刊网中心网站注册得到账号和密码，即可登录购买了使用权的全文数据库，进入全文数据库检索界面。

对于高校校园网上的用户，可以通过进入 CNKI 设在高校图书馆的中国期刊网开放式镜像站点，直接登录 CNKI 数据库，如图 5-3 所示，之后进入全文数据库检索界面。

在平台首页上提供了各类文献数据库列表，用户可根据自己的检索需求，选择并单击页面上的数据库名称进入相应数据库检索页进行检索。下面以中国期刊全文数据库为例，说明数据库的使用及检索方法。

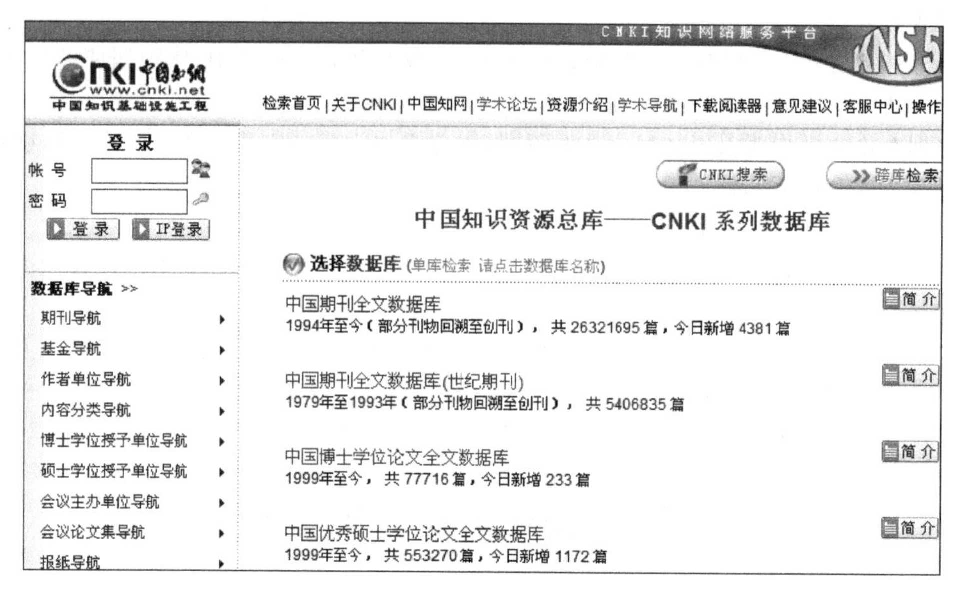

图 5-3 CNKI 数据库本地镜像登录界面

5.3.2 中国期刊全文数据库的检索

中国期刊全文数据库是 CNKI 知识创新网中最具特色的一个文献数据库，是目前世界上最大的连续动态更新的中国期刊全文数据库，收录国内 8200 多种重要期刊，以学术、技术、政策指导、高等科普及教育类为主，同时收录部分基础教育、大众科普、大众文化和文艺作品类刊物，内容覆盖自然科学、工程技术、农业、哲学、医学、人文社会科学等各个领域，全文文献总量 2200 多万篇，网上数据每日更新。

在中国期刊全文数据库检索中，系统提供了以下基本检索方式：初级检索、高级检索和专业检索。各种检索方式的检索功能有所差异，基本上遵循向下兼容原则，即高级检索中包含初级检索的全部功能，专业检索中包括高级检索的全部功能。各种检索方式所支持的检索操作均需通过以下几部分实现：检索项、检索词和检索控制。

1. 初级检索方式

登录中国期刊网全文数据库后，系统默认的检索方式即为初级检索方式，如图 5-4 所示，在主页面左侧的导航栏中进行检索。

(1) 选取检索范围。层层单击导航栏中类目名称，可层层展开显示各层类目名称和类级，直到要找的类目范围。在要选择的类目范围前打"√"。例如，单击"电子技术及信息科学"，出现计算机硬件技术、计算机软件及计算机应用等类目。再单击"计算机硬件技术"，又出现相应的下级类目，依次下去，直到出现最末的类目。单击过程中的目录，返回其上一层目录。单击"全选"按钮，则每个类目都被选择；单击"清除"按钮，清空所选的专题类目。

(2) 选取检索字段。在"检索项"下拉列表里选取要进行检索的字段，这些字段有主题、篇名、关键词、摘要、作者、第一作者、单位、刊名、参考文献、全文、年、期、基金、中图分类号、

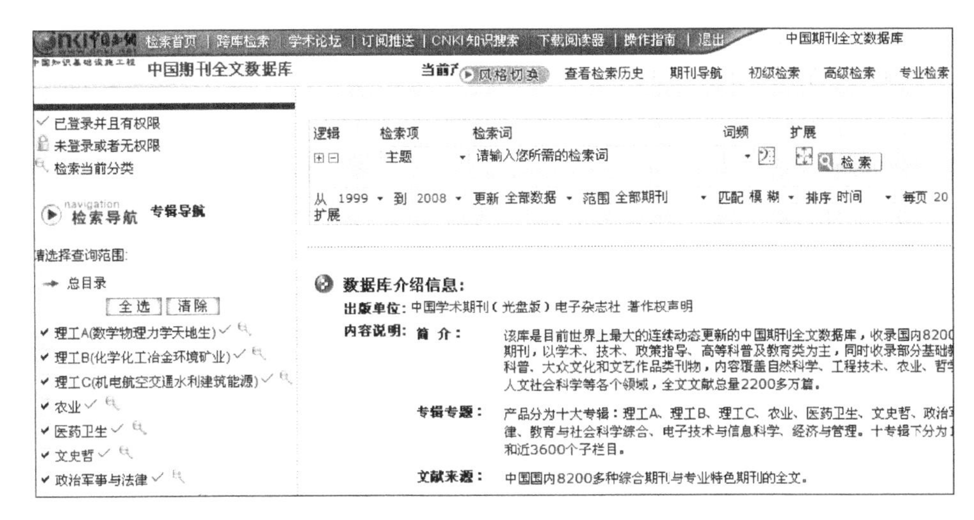

图 5-4 中国期刊全文数据库初级检索页面

ISSN 和统一刊号。选择后,以下的检索将在选中的字段中进行。

(3) 选择时间范围。可以选择一段时间进行检索(如选择从 2006—2008 年)。

(4) 选择匹配方式。提供"精确"与"模糊"两种选择。精确是检索结果完全等同或包含与检索字/词完全相同的词语;模糊是检索结果包含检索字/词或检索词中的词素。

(5) 选择排序方式。此为对检索结果的排列。有"时间"、"无"和"相关度"三个选项。

(6) 输入检索词。在"检索词"文本框里输入关键词。关键词为文章检索字段中出现的关键单词,按相关度排列时,其出现的词频越高,文献记录越靠前排列。

(7) 进行检索。单击"检索"按钮进行检索,在页面的右侧列出了检索结果。

(8) 二次检索。一次检索后可能会有很多记录是用户所不期望的文献,这时可在第一次检索的基础上进行二次检索,二次检索只是在上次检索结果的范围内进行检索,可以多次进行。

这样可逐步缩小检索范围,使检索结果越来越靠近自己想要的结果。二次检索输入框设在页面右侧前次检索结果显示的上方,如图 5-5 所示。在"检索词"文本框里输入新的关键词,选择"在结果中检索"复选框,单击"检索"按钮进行检索。

序号	篇名	作者	刊名	年/期
1	电子商务在网络中的应用	岳海峰	科技信息(学术研究)	2008/24
2	服务器可疑连接监测系统	白璐	计算机安全	2008/09
3	入侵防御系统研究	黎利辉	计算机安全	2008/09
4	基于人工免疫系统框架的SNMP入侵检测	石良武	计算机安全	2008/0

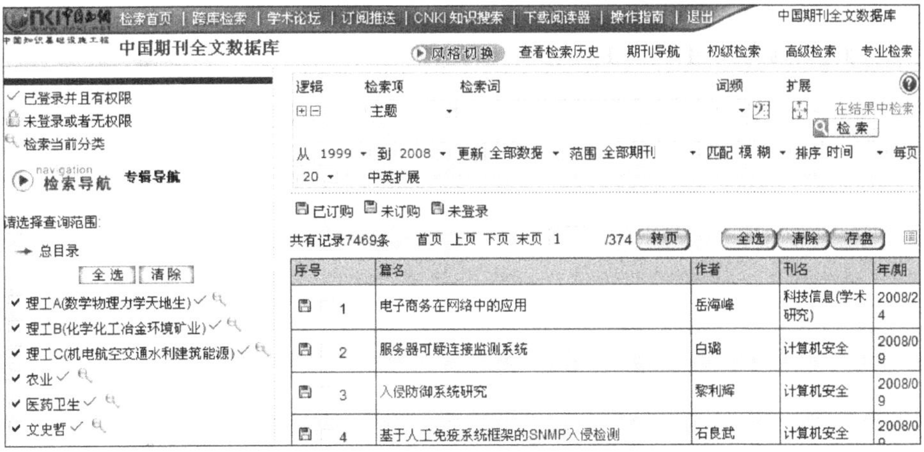

图 5-5 中国期刊全文数据库初级检索结果页面

2. 高级检索方式

登录中国期刊网全文数据库后，系统默认的检索方式为初级检索方式，要进行高级检索，单击主页右上方页面转换工具条中的“高级检索”，切换到高级检索方式界面。

(1) 选取检索范围。双击专题查看下一层的目录，同样步骤操作直到要找的类目范围。在要选择的范围前打“√”。

(2) 选取检索字段。在“检索项”下拉列表里选取要进行检索的字段，这些字段有主题、篇名、关键词、摘要、作者、第一作者、单位、刊名、参考文献、全文、年、期、基金、中图分类号、ISSN 和统一刊号。选择后，以下的检索将在该字段中进行。

(3) 输入检索词。用户可以依次在各检索词文本框里输入关键词，并选择要检索的字段及条件，进行快速准确的组合检索。

(4) 确定各检索词之间的逻辑关系。各个检索词输入框之间设有逻辑算符下拉框，其逻辑算符选项有“并且”、“或者”和“不包含”。用“并且”连接两个检索词(如 A 并且 B)，则检索结果为：既满足条件 A 的记录也满足条件 B 的记录。用“或者”连接两个检索词(如 A 或者 B)，则检索结果为：单独满足条件 A 的记录和单独满足条件 B 的记录。用“不包含”连接两个检索词(如 A 不包含 B)，则检索结果为：从满足条件 A 记录中排除具有条件 B 的记录。

(5) 选择时间范围和排序方式。从检索词文本框下面的时间范围和排序方式中选择需要的选项，选择方法与初级检索方式相同。

(6) 进行检索。单击“检索”按钮进行检索。出现检索结果显示页面，如图 5-6 所示。

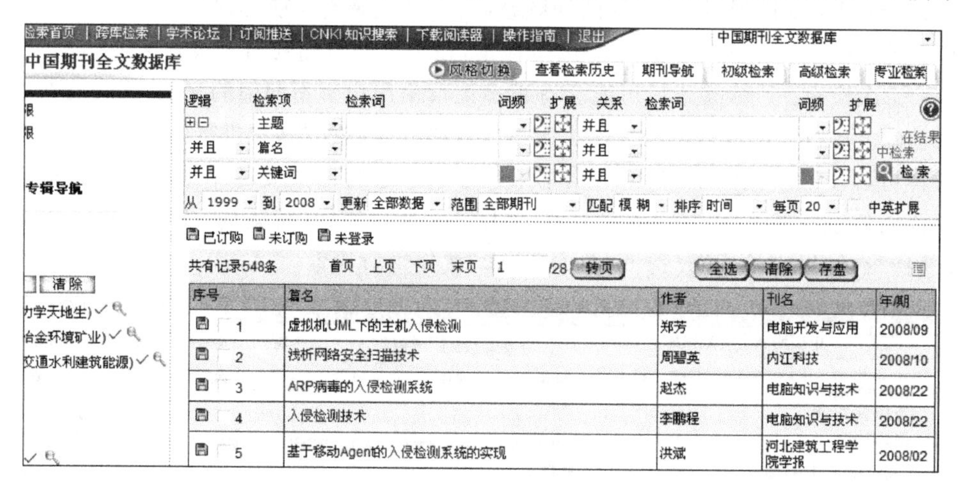

图 5-6　中国期刊全文数据库高级检索结果页面

(7) 二次检索。在高级检索方式中同样设置了二次检索功能。二次检索输入框设在检索结果显示页面上方，其形式与高级检索开始时一样，用户在各检索框里输入新的关键词，勾选“在结果中检索”复选框，单击“检索”按钮进行检索。二次检索只是在上次检索结果的范围内进行检索，可以多次进行。这样可逐步缩小检索范围，使检索结果越来越靠近自己想要的结果。

3. 专业检索方式

专业检索的页面如图5-7所示。专业检索可用下列17个检索项构造检索表达式，即主题、题名、关键词、摘要、作者、第一责任人、机构、中英文刊名、引文、全文、年、期、基金、分类号、ISSN和统一刊号。使用“专业检索语法表”中的运算符构造表达式，多个检索项的检索表达式可使用AND、OR和NOT逻辑运算符进行组合。

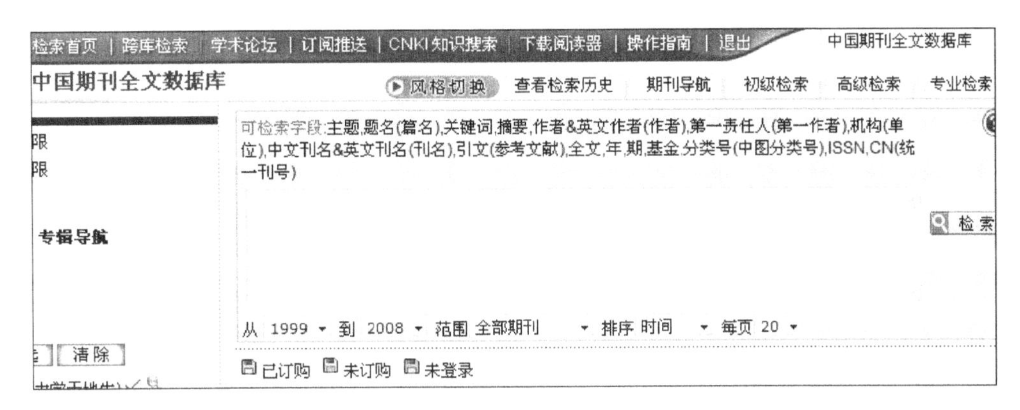

图5-7　中国期刊全文数据库专业检索页面

1）范例1

要求检索钱伟长在清华大学或上海大学时发表的文章。

检索式：作者＝钱伟长 and（单位＝清华大学 or 单位＝上海大学）

2）范例2

要求检索钱伟长在清华大学期间发表的题名或摘要中都包含“物理”的文章。

检索式：作者＝钱伟长 and 单位＝清华大学 and（题名＝物理 or 摘要＝物理）

4. 题录存盘及全文下载

在完成检索操作获得检索结果后，可以进行两类操作，一是选择保存题录，二是直接打开或下载文献全文。

1）选择保存题录

“题录”是指文献的基本信息，包括题名、作者、关键词、作者机构、文献来源和摘要等。如需要将检索结果的目录保存以供他用时，可在检索结果页选择条目进行保存。

选择题录可采取“全选”和“单选”。“全选”只要单击页面上的“全选”按钮，即可将当前页面的题录全部勾选；单选则是勾选所要保存的题录。

保存题录操作步骤：选择题录（全选、单选）—存盘—选择存盘格式（简单、详细、引文、自定义、查新）—预览—打印（或复制保存）。以默认格式（引文格式）保存题录，如图5-8所示。

2）原文浏览及下载

只有正常登录的正式用户才可以下载保存和浏览文献全文。

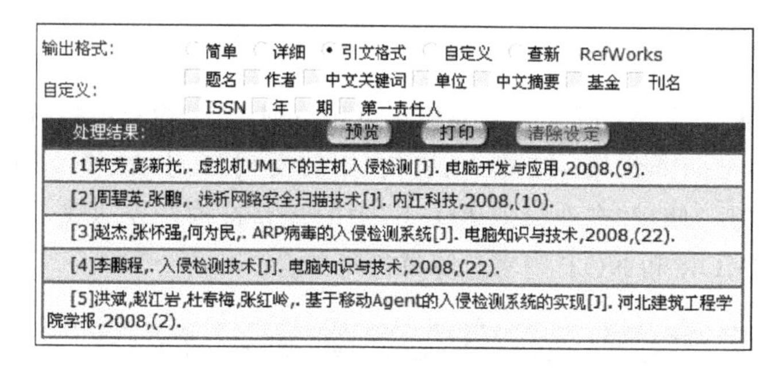

图 5-8 题录存盘——默认格式(引文格式)

5.4 Internet 信息资源检索

Internet 信息检索所具有的多样性、灵活性远远超出了传统的信息检索，我们要继承传统信息检索中形成的检索思维模式和检索方法，更要掌握 Internet 信息检索所具有的特点，通过实践提高获取信息的能力。

5.4.1 Internet 信息检索方法

在 Internet 上获得需要的信息，必须知道它们存储的位置，即提供这些信息的服务器在 Internet 上的地址，然后通过该地址去访问服务器。在 Internet 上，WWW 信息资源的一般查询方法有基于超文本的信息查询、基于目录的信息查询和基于搜索引擎的信息查询。

1. 基于超文本的信息查询

通过超文本链接逐步遍历 Internet，从一个 WWW 服务器到另一个 WWW 服务器，从一个目录到另一个目录，从一篇文章到另一篇文章，浏览查找所需信息的方法称为浏览，也称基于超文本的信息查询方法。

基于超文本的浏览模式是一种有别于传统信息检索技术的新型检索方式，它已成为 Internet 上最基本的查询模式。利用浏览模式进行检索时，用户只需以一个节点作为入口，根据节点中文本的内容了解嵌入其中的超链接指向的主题，然后选择自己感兴趣的节点进一步搜索。

随着 WWW 服务器的急剧增加，通过一步步浏览来查找所需信息已非常困难。为帮助用户快速方便地搜寻所需信息，各种 WWW 信息查询工具便应运而生，其中最有代表性的是基于目录和基于搜索引擎的信息查询工具，而利用这些工具来查找信息的方法就被称为基于目录和基于搜索引擎的信息查询方法。

2. 基于目录的信息查询

为了帮助 Internet 上用户方便地查询到所需要的信息，人们按照图书馆管理书目的方法设置了目录。网上目录一般以主题方式来组织，大主题下又包括若干小主题，这样一层一层地查下去，直到比较具体的信息标题。目录存放在 WWW 服务器里，各个主题通过超文本的方式组织在一起，用户通过目录最终可得到所需信息的网址，即可到相应的地方查找信息。

有许多机构专门收集 Internet 上的信息网站，并编制成目录提供给网上用户。例如，Yahoo 就是一个非常著名的基于目录帮助的网址，其目录按照一般主题组织，顶层按经济、计算机、教育、政治、新闻和科学等分成大类目录，每一大类又分成若干子类，层层递进。

3. 基于搜索引擎的信息查询

搜索引擎又称 WWW 检索工具，是 WWW 上的一种信息检索软件。WWW 检索工具的工作原理与传统的信息检索系统类似，都是对信息集合和用户信息需求集合的匹配和选择。基于搜索工具的检索方法：输入检索词以及各检索词之间的逻辑关系，然后检索软件根据输入信息在索引库中搜索，获得检索结果(在 Internet 上是一系列节点地址)并显示给用户。

搜索引擎实际上是 Internet 的服务站点，有免费为公众提供服务的，也有进行收费服务的。不同的检索服务可能会有不同界面，不同的侧重内容，但有一点是共同的，就是都有一个庞大的索引数据库。这个索引库是向用户提供检索结果的依据，其中收集了 Internet 上数百万甚至数千万主页信息，包括该主页的主题、地址，包含于其中的被链接文档主题，以及每个文档中出现的单词的频率、位置等。

5.4.2 Internet 信息检索工具——搜索引擎

搜索引擎是一种能够通过 Internet 接收用户的查询指令，并向用户提供符合其查询要求的信息资源网址的系统。它是一些在 Web 中主动搜索信息(网页上的单词和特定的描述内容)并将其自动索引的 Web 网站，其索引内容存储在可供检索的大型数据库中，建立索引和目录服务。

1. 搜索引擎的主要任务

各种搜索引擎的主要任务都包括以下三个方面。

(1) 信息搜集。搜索引擎都推出绰号为蜘蛛(Spider)或机器人(Robots)的“网页搜索软件”，在各网页中爬行，访问网络中公开区域的每一个站点并记录其网址，将它们带回搜索引擎，从而创建出一个详尽的网络目录。由于网络文档的不断变化，机器人也不断地把以前已经分类组织的目录更新。

(2) 信息处理。将“网页搜索软件”带回的信息进行分类整理，建立搜索引擎数据库，并定时更新数据库内容。在进行信息分类整理阶段，不同的搜索引擎会在搜索结果的数量和质量上产生明显的差异。

有的搜索引擎把“网页搜索软件”发往每一个站点，记录下每一页的所有文本内容，并收入到数据库中从而形成全文搜索引擎；而另一些搜索引擎只记录网页的地址、篇名、特点的段落和重要的词。

(3) 信息查询。搜索引擎都必须向用户提供一个良好的信息查询界面，一般包括分类目录及关键词两种信息查询途径。

分类目录查询是以资源结构为线索，将网上的信息资源按内容进行层次分类，使用户能依线性结构逐层逐类检索信息。

关键词查询是利用建立的网络资源索引数据库向网上用户提供查询"引擎"。用户只要把想要查找的关键词或短语输入查询框中，并单击"搜索"按钮，搜索引擎就会根据输入的提问，在索引数据库中查找相应的词语，并进行必要的逻辑运算，最后给出查询的命中结果(均为超文本链接形式)。用户只要通过搜索引擎提供的链接，就可以立刻访问到相关信息。

2. 主要英文搜索引擎

目前，Internet 上的搜索引擎有数百个，比较有影响的英文搜索引擎有 Yahoo!、Altavista、Excite、Infoseek 和 Lycos 等。掌握它们的使用方法，对快速有效地查询网上信息资源会有很大帮助。

(1) Yahoo! (http://www. Yahoo. com)。Yahoo! 是 Internet 上最受欢迎的搜索引擎，也是访问频率较高的一个门户网站。具有覆盖范围广、连接速度快、数据容量大、使用方法简单等特点，提供了两种模式的检索方式：分类目录检索和关键词检索。

(2) Altavista(http://www. altavista. com)。Altavista 是 Internet 上较大的搜索引擎，搜索范围非常大，搜索结果十分丰富。Altavista 主页提供两种检索模式：分类目录检索和关键词检索。关键词检索模式又分为简单检索与高级检索两种方式。

(3) Excite(http://www. excite. com)。Excite 是 Internet 上一个经典的搜索引擎，也是最受欢迎的搜索引擎之一，其网页索引是一个全文数据库。最大特点是提供概念检索，即搜索引擎不仅查找包含关键词的主页，还查找包含与关键词有关的概念的主页。Excite 主页提供两种检索方式：分类目录检索与关键词检索。

(4) Lycos(http://www. Lycos. com)。Lycos 创立于 1995 年，是 Internet 上资格最老的搜索引擎之一。它的特点是功能强大，搜索范围广。Lycos 几乎覆盖了 Internet 上 90%的主页，可以进行包括 WWW、FTP 与 Gopher 等多种服务的搜索。由于 Lycos 的学术背景，它可以搜索到其他搜索引擎找不到的偏僻站点，如一些面向教育或非赢利组织的站点。

(5) Google (http://ww. google. com)。Google 是从第一代搜索引擎中脱颖而出的第二代搜索引擎的代表。Google 开发出了世界上最大的搜索引擎，提供了便捷的网上信息查询方法。通过对 20 多亿网页进行整理，可为世界各地的用户提供适合需要的搜索结果，而且搜索时间通常不到半秒。

(6) Google 学术搜索(http://scholar. google. com)。搜索结果是来自 Google 索引数据库的一个子集。该学术专门在期刊论文、理论摘要及其他学术著作文献中进行搜索，内容从医学、物理学到经济学、计算机科学等，横跨多个学术领域以及大量书籍和整个网络中的学术性的文章。

3. 主要中文搜索引擎

(1) 中文雅虎(http://gbchinese. yahoo. com)。中文雅虎是美国 Yahoo! 公司于 1998 年 5 月推出的中文搜索引擎，提供中文简体与中文繁体两种版本。中文雅虎并非英文版的全文翻译，而是收录了数万个中文的 Internet 站点，按照英文版的分类方法以 14 个类目列出，提供 Internet 上的中文站点信息检索服务。中文雅虎主页提供和英文版相同的检索方法：分类目录检索与关键词检索。

（2）搜狐（http://www.sohu.com）。搜狐是爱特信公司创办的大型中文门户网站，从中国首家大型分类查询搜索引擎，发展成为最受用户喜爱的综合门户网站。规范、系统的分类目录与强大的全文检索为广大用户提供一个优秀的中文信息查询工具。

（3）新浪网（http://www.sina.com.cn）。新浪网搜索引擎是面向全球华人的网上资源查询系统，提供网站、网页、新闻、软件和游戏等查询服务。网站收录资源丰富，分类目录规范细致，遵循中文用户习惯，是因特网上最大规模的中文搜索引擎之一。

（4）天网搜索（http://e.pku.edu.cn）。天网搜索引擎是由北大计算机系网络与分布式系统研究室研制开发的，它是中国教育和科研计算机网示范工程应用系统课题之一，又是国家“九五”重点科技攻关项目“中文编码和分布式中英文信息发现”的研究成果，并于1997年10月29日正式在CERNET上向广大Internet用户提供Web信息导航服务。

5.5　如何阅读工程论文

如何对检索到的文章有效地阅读是获取信息的关键。由于时间有限，可能没有时间逐字逐句地阅读论文或者一篇论文读上很多遍也难以提取所有细节，所以阅读研究性论文需要特殊的方法。下面是William G. Griswold在《How to Read an Engineering Research Paper》一文中提出的方法。

为了以有效的方式阅读论文，需要先明确两件事：第一，应该从论文当中得到些什么？第二，这些信息都位于论文的什么位置？

首先描述一下一篇典型的研究性论文是如何组织的。

（1）引言部分（Introduction）不仅说明研究工作的动机，还会概述解决方案。这通常是所有专家学者所需要的。

（2）正文部分（Body）详细叙述作者解决问题的方法，并且通过论据或实验对解决方法进行细致的评价。

（3）结论部分以简明的总结结尾，包括对创新性成果的讨论以及相关工作。

阅读一篇论文，需要回答下列问题。

1. 这项研究工作的动机是什么

一篇研究性论文期望解决的问题是没有被其他人公开发表过的，问题在本质上包含两个部分。第一部分是人类问题。人类问题指全世界普遍渴求的利益，例如生活质量问题，如节省时间或提高安全性。第二部分是技术问题，即“为什么人类问题不能被合理地解决?”，它隐含的意思是，以前的解决方法是不到位的，“以前的解决方法是什么？它们为什么不到位?”最后，有关问题的动机和陈述被简化为可以放置在特定论文范围内的研究问题。

2. 提出的解决方案是什么

也被称为假设或构想。应该通过阅读论文回答下述问题：为什么这个解决方法优于以前的方法？解决方法是如何实现(设计和实施)的或至少是如何可实现的。

3. 解决方案的效果评价是什么

一篇研究论文要想发表，仅仅有一个构想是不够的。应该说明研究问题的具体实现：什么样的论据、手段或实验使得构想的价值得到体现？得出了什么样的成果或问题？

4. 对于得出的问题、构想和评价，你的分析是什么

这是一个出色的构想吗？从这项工作中发现了什么瑕疵？这真的可以实现吗？最吸引人的论点是什么？最具有争议的观点或论点是什么？对于有实际意义的工作来说，还需要回答：这真的会奏效吗？谁需要它呢？怎样让他们得到它呢？这什么时候能够成为现实？

5. 论文的贡献是什么

一篇论文中的贡献可能是丰富多样的。除了对研究问题本身的理解外，一些额外的可能包括创意、软件、实验技术，或一个领域的调查。

6. 该项研究的未来发展方向是什么

不仅仅是作者所指出的未来发展方向，还包括你在阅读论文过程中产生的一些想法。有时，这些会被定义为研究缺陷，或者是对当前工作的其他挑战。

7. 给你留下了哪些问题

在对研究工作进行开放讨论时，会提什么样的问题？发现哪里令你困惑或难以理解？花时间去罗列这些，就促使你更加深入地思考该项研究工作。

8. 你从论文里获得了哪些信息

从你的角度概括论文的主要含义，这有利于快速回顾并存储在头脑中，同时也促使你尝试明确该项研究工作的精髓。

当阅读或浏览一篇论文时，应该积极地尝试回答上述问题。一般来讲，引言会提供动机；引言和结论会在较高的层次上探讨方法和评价；未来的工作可能会出现在论文的结束部分；方法和评价的细节出现在论文的正文部分。同时，应该注意论文中涉及到本领域其他论文的内容，通常一篇论文会对早期的论文做出概述、新的说明或者反驳。

除了填写表格外，也可以尝试写一篇250字左右的论文摘要，这不是改写论文前面的摘要，而是写自己的摘要，从自己的视角捕捉上面的问题，摘要能够在上述问题之间建立起逻辑联系。

5.6 文献综述

为了提高学生搜集文献资料的能力，熟悉专业文献资料查找和资料整理的方法，提高对文献资料的归纳、分析、综合运用能力，提高独立工作能力和科研能力，为科研活动奠定扎实

的基础，本科学生毕业设计(论文)需要撰写文献综述，作为资料搜集的阶段性成果。

文献综述是针对某一研究领域或专题搜集大量文献资料的基础上，就国内外在该领域或专题的主要研究成果、最新进展、研究动态、前沿问题等进行综合分析而写成的，能比较全面地反映相关领域或专题历史背景、前人工作、争论焦点、研究现状和发展前景等内容的综述性文章。

"综"是要求对文献资料进行综合分析、归纳整理，使材料更精练明确、更有逻辑层次；"述"就是要求对综合整理后的文献进行比较专门的、全面的、深入的、系统的评述。

撰写文献综述时需注意以下几点。

(1) 要围绕毕业设计(论文)主题对文献的各种观点作比较分析，不要教科书式地将与研究课题有关的理论和学派观点简要地汇总陈述一遍。

(2) 文献综述在逻辑上要合理，可以按文献与毕业设计(论文)主题的关系由远而近进行综述，也可以按年代顺序综述，也可按不同的问题进行综述，还可按不同的观点进行比较综述。

(3) 评述(特别是批评前人不足时)要引用原作者的原文(防止对原作者论点的误解)，不要贬低别人抬高自己，不能从二手材料来判定原作者的"错误"。

(4) 文献综述结果要说清前人工作的不足，以说明进一步研究的必要性和理论价值。

(5) 采用了文献中的观点和内容应注明来源，模型、图表、数据应注明出处，不要含糊不清。

(6) 文献综述最后要有简要总结，并能准确地反映主题内容，表明前人为该领域研究打下的工作基础。

(7) 所有提到的参考文献都应和毕业设计(论文)研究问题直接相关。

(8) 文献综述所用的文献，应主要选自专业学术期刊或学术会议的文章，其次是教科书或其他书籍。至于大众传播媒介如报纸、广播、通俗杂志中的一些数据、事实可以引用，但其中的观点不能作为论证问题的依据。

5.7 相关 Web 资源

1. 万方数据知识服务平台

网址：http://www.wanfangdata.com.cn

2. SpringerLink

网址：http://www.springerlink.com

3. ScienceDirect

网址：http://www.sciencedirect.com

4. IEEE/IEE 全文数据库

网址：http://ieeexplore.ieee.org

5. CSDN.NET

网址：http://www.csdn.net

6. 得益网

网址：http://www.netyi.net

第6章

毕业论文的写作及撰写规范

毕业论文是高等院校毕业生提交的有一定学术价值的文章，是大学生完成学业的标志性作业，是论文答辩通过与否的主要依据。学生通过毕业设计和撰写毕业论文，能够综合运用大学期间所学知识去分析和解决问题，能够体现自己对某一专业领域的现实问题或理论问题进行科学研究和探索的过程。

论文是科学研究和应用系统开发方法和内容的总结，只有遵循科学规范，掌握科学研究和撰写论文的方法，才能为走上工作岗位后独立开展科学研究和撰写科技论文打下坚实的基础。本章根据中华人民共和国国家标准 GB 7713—87《科学技术报告、学位论文和学术论文的编写格式》，说明了毕业论文的撰写要求、写作方法及格式规范等相关内容。

6.1 毕业论文的撰写要求

毕业论文是综合运用所学知识解决问题的思路和方法的总结，是综合能力的体现。毕业论文的撰写有以下几点要求。

(1) 内容要正确充实。应突出中心，并贯穿全文，内容充实，立论正确，论据充分，结构严谨，结论正确。

(2) 格式要符合标准要求。一般由题名、中英文摘要、关键词、目录、正文、谢辞、参考文献、注释和附录几部分构成。

(3) 篇幅要满足要求。毕业论文全文一般在8000～12 000字。开题报告字数不少于1500字。本科论文的参考文献一般应不少于10篇，其中至少参考一篇外文文献(特殊选题除外)，并应完成一篇外文文献的翻译，译文要求准确，文字流畅。

6.2 毕业论文的结构及写作步骤

6.2.1 毕业论文的结构

毕业论文的结构一般包含两大部分：论文的前置部分和主体部分。

(1) 前置部分。通常由“封面”、“题名”、“中英文摘要”、“关键词”和“目录”等项目要素组成。

(2) 主体部分。通常由“正文”、“谢辞”、“参考文献”、“注释”和“附录”等项目要素组成。

这些项目要素构成了毕业论文的基本组成结构和框架。具体说明如下。

(1) 封面：含学校名称、毕业设计(论文)题目、学院名称、学科门类、专业、学号、学生姓名和指导教师姓名、写作日期等。多数情况下由学校统一印制。

(2) 题名：应简洁、明确、有概括性，字数不宜超过20个字。

(3) 摘要：要有高度的概括力，语言精练、明确。同时有中、英文对照，中文摘要约300～400个汉字；英文摘要约200～300个实词。

(4) 关键词：从论文标题或正文中挑选3～5个最能表达主要内容的词作为关键词，同时有中、英文对照，分别附于中、英文摘要后。

(5) 目录：论文的提纲，由毕业设计(论文)各部分内容的章节编号、章节名称和页码组成。目录可分为“一级目录、二级目录、三级目录……”，一般论文目录中拟安排显示到三级或四级目录为例，并以阿拉伯数字分级标出。

(6) 正文：毕业论文正文包括引言、本论和结论三个部分。

① 引言(前言)。是论文的开头部分，主要说明论文写作的目的、现实意义、对所研究问题的认识，并提出论文的中心论点等。前言要写得简明扼要，篇幅不要太长。

② 本论。是毕业论文的主体，包括研究内容与方法、实验材料、实验结果与分析(讨论)等。在本部分要运用各方面的研究方法和实验结果，分析问题，论证观点，尽量反映出自己的科研能力和学术水平。

③ 结论。是毕业论文的收尾部分，是围绕本论所作的结束语。其基本的要点就是总结全文，加深题意。

(7) 谢辞：简述自己通过做毕业设计(论文)的体会，并对指导教师和协助完成设计(论文)的有关人员表示谢意。

(8) 参考文献：在毕业论文(设计说明书)末尾要列出在设计(论文)中参考过的专著、论文及其他资料，所列参考文献应按文中参考或引证的先后顺序排列。

(9) 注释：在论文(设计说明书)写作过程中，有些问题需要在正文之外加以阐述和说明。

(10) 附录：对于一些不宜放在正文中，但有参考价值的内容，可编入附录中。例如，公式的推演、编写的算法和语言程序等。

6.2.2 毕业论文的写作步骤

1. 拟定论文的写作提纲

由于毕业论文的篇幅一般比较长，内容也相对比较复杂，因此在正式撰写毕业论文之前，需要先拟定一个论文的写作提纲。从写作程序上讲，它是作者动笔行文前的必要准备；从提纲本身来讲，它是作者构思谋篇的具体体现。

论文的写作提纲可以体现作者的总体思路，突出重点，易于组织材料；有利于根据纲目结构，科学安排时间，分阶段写作论文；同时也便于对论文进行修改和调整，避免出现遗漏和大返工。

编写提纲的步骤如下。

（1）确定论文的提要和插进材料。论文提要是内容提纲的雏型。一般书、教学参考书都有反映全书内容的提要，以便读者一翻提要就知道书的大概内容。我们写论文也需要先写出论文提要。在执笔前把论文的题目和大标题、小标题列出来，再把选用的材料插进去，就形成了全文的概要。

（2）论文页数和字数的大致分配。写好毕业论文的提要之后，要根据论文的内容考虑篇幅的长短，文章的各个部分大体上要写多少字。如计划写20页（每页600字）的论文，考虑引言用1～2页，本论用15～17页，结论用1～2页。

本论部分再进行分配，如本论共有4项，可以第一项3～4页，第二项4～5页，第三项3～4页，第四项6～7页。有这样的分配，便于资料的配备和安排，写作能更有计划。毕业论文的长短一般规定为8000～12 000字，因为过短，问题很难讲透。而作为毕业论文也不宜过长，这是由一般本科学生的理论基础、实践经验所决定的。

（3）编写提纲。论文提纲可分为简单提纲和详细提纲两种。简单提纲是高度概括的，只提示论文的要点，如何展开则不涉及。这种提纲虽然简单，但由于它是经过深思熟虑构成的，写作时能顺利进行。没有这种准备，边想边写很难顺利地写下去。

下面给出一个计算机专业毕业论文的简单提纲，供参考。

封面
摘要及关键词
Abstract and Keywords
目录
正文
第一章　引言
　　1.1　本课题的研究意义
　　1.2　本论文的目的、内容及作者的主要贡献
第二章　研究现状及设计目标
　　2.1　相近研究课题的特点及优缺点分析
　　2.2　现行研究存在的问题及解决办法
　　2.3　本课题要达到的设计目标
第三章　要解决的几个关键问题
　　3.1　研究设计中要解决的问题
　　3.2　具体实现中采用的关键技术及复杂性分析
第四章　系统结构与模型
　　4.1　设计实现的策略和算法描述
　　4.2　编程模型及数据结构
第五章　系统实现技术
　　5.1　分模块详述系统各部分的实现方法
　　5.2　程序流程
第六章　性能测试与分析

6.1 测试实例(测试集)的研究与选择
6.2 测试环境与测试条件
6.3 实例测试(表格与曲线)
6.4 性能分析
第七章 结束语
谢辞
参考文献

2. 撰写初稿

撰写初稿是论文写作的核心工作,一切基础工作都是围绕这项核心工作开展的。一般来说,论文初稿就是论文提纲的细化和扩展。

实际在对提纲进行细化和扩展时,思维常常会受到刺激而变换认识的角度,或者产生更新的观点,这时就需要重新审视材料,重新选择视角,重新做局部甚至是全局的构思、修正,更改原来的论文提纲,朝着新的方向写作。

3. 修改定稿

初稿写成后,并不意味着论文完成了。初稿还需要修改,修改的次数越多,论文的质量越有保证。经过多次修改,最后方成为合格的定稿。修改的范围在内容上包括修改观点、修改材料,在形式上包括修改结构、修改语言等。

(1) 修改观点。

① 观点的订正。看一看全文的观点以及说明它的若干从属论点有无偏颇、片面或表述得不准确。

② 观点的深化。注意自己的观点是否与别人雷同,有无深意或新意。

(2) 修改材料。就是通过对材料的增、删、改、换,使支持和说明作者观点的材料充分而精练、准确而鲜明。

(3) 修改结构。多数是对文章内容的组织安排作部分的调整,在出现下面几种情况时都应动手加以修改。

① 中心论点或分论有较大的变化。

② 层次不够清楚,前后内容重复或内容未表达完整。

③ 段落不够规范,划分得过于零碎或过于粗糙,层次不清晰。

④ 结构的环节不齐全,内容组织得松散。

(4) 修改语言。包括用词、组句、语法和逻辑等。作为学术性的文章,语言应具有准确性、学术性和可读性,根据这一基本要求,语言的修改从以下几方面着手。

① 把不准确的改为准确的。

② 把啰唆、重复的改为精练、简洁的。

③ 把生涩的改为通俗的。

④ 把平庸的改为生动的。

⑤ 把粗俗的俚语改为学术用语。

6.3 毕业论文前置部分的写作

毕业论文的前置部分通常由“封面”、“题名”、“中英文摘要”、“关键词”和“目录”等项目要素组成，下面对部分内容的撰写方法进行介绍。

6.3.1 论文题名

毕业论文的题名是揭示论文主题和概括文中内容的简明词语，以最恰当、最简明的语句反映毕业论文中最重要的特定内容的逻辑组合。题名所用每一词语必须考虑到有助于选定关键词和编制题录、索引等二次文献可以提供检索的特定实用信息。一般应做到文题贴切，应简洁、明确、有概括性，字数不宜超过20个字。题名应该避免使用不常见的缩略词、首字母缩写字、字符、代号和公式等。

“论文题目是文章的一半”，论文题目须用心斟酌选定。对论文题目的要求如下。

1. 准确得体

要求论文题目能准确表达论文的内容，恰当反映所研究的范围和深度。

常见毛病是：过于笼统，题不扣文。如“企业管理系统”过于笼统，若改为针对研究的具体对象来命题，效果会好得多。例如“企业客户管理系统的设计与实现”，这样的题名就要贴切得多。关键问题在于题目要紧扣论文内容，或论文内容和论文题目要互相匹配、一致，即题要扣文，文也要扣题。这是撰写论文的基本准则。

2. 简短精练

力求题目的字数要少，用词需要精选。常见的烦琐题名如“关于入侵检测系统中神经网络方法的应用研究”。在这类题目中，像“关于”、“研究”等词汇如若舍之，并不影响表达。所以，上述题目便可精练为：“神经网络方法在入侵检测系统中的应用”，这样读起来觉得干净利落、简短明了。

若简短题名不足以显示论文内容或反映出属于系列研究的性质，则可利用正、副标题的方法解决，以加副标题来补充说明特定的方法、内容模块等信息，使标题成为既充实准确又不流于笼统和一般化。

3. 外延和内涵要恰如其分

“外延”和“内涵”属于形式逻辑中的概念。所谓外延，是指一个概念所反映的每一个对象；而所谓内涵，则是指对每一个概念对象特有属性的反映。

4. 醒目

论文题目虽然居于首先映入读者眼帘的醒目位置，但仍然存在题目是否醒目的问题，因为题目所用字句及其所表现的内容是否醒目，其产生的效果是相距甚远的。

通常在制定文章提纲时先拟定一个或两个题名，待初稿完成之后，再对标题进一步加以琢磨和修改。如果有些细节必须放进标题，为避免标题冗长，可以分成主标题和副标题来写。主标题写得简短明确些，细节则放在副标题里。

以下给出了计算机专业的一些毕业论文题名。

企业管理系统中销售管理的设计和实现

音像租借管理系统的设计与实现

基于P2P的即时通信软件的分析与设计

网格环境中的任务调度算法研究

面向对象的三维图形类库的研究

校园网的设计

小型电子商务网站系统的分析与设计

单片机与PC串行通信的设计与应用

6.3.2 摘要和关键词

1. 摘要的写作

摘要是毕业论文的高度概括和总结，是一篇完整的短文，是毕业论文的内容不加注释和评论的简短陈述。摘要应具有独立性、完整性和自含性，即不阅读全文就能获得必要的信息。主要内容有4部分：从事这一研究的目的和重要性；研究的主要内容，指明完成了哪些工作；获得的基本结论和研究成果，突出论文的新见解；结论或结果的意义。

摘要一般在全部论文写完后再写，中英文摘要应一致，往往需要反复修改几遍才能定稿。摘要中的用字应精练，每项内容均不宜展开、论证和说明；成果和结论性意见是摘要的重点内容，在叙述时应用笔较多；既要写得简短扼要，又要行文活泼，在词语润色、表达方法和章法结构上要尽可能写得有文采，以唤起读者阅读全文的兴趣。

撰写摘要时，应注意以下几点。

(1) 不要把应在引言中出现的内容写入摘要。引言中要介绍的是本项研究的背景资料，包括前人的研究情况、目前的进展和存在的问题等，这些内容在字数有限的摘要中出现既不能表述清楚，又占用了应介绍清楚的重要内容的篇幅。

(2) 一般不要对论文内容作诠释和评论(尤其是自我评论)。研究成果的优劣读者自会评价，所以评价性语言在论文中最好不要出现，更不用说在篇幅有限的摘要中了。

(3) 要用第三人称。摘要中应用第三人称的方法叙述，一般不使用“我研究了……”、“本文”、“作者”等作为主语，应采用“对……进行了研究”、“报告了……现状”、“进行了……调查”等记述方法。

(4) 除了实在无法变通以外，一般不用数学公式，不出现插图、表格。

(5) 缩略词、略称、代号，除了相邻专业的读者也能清楚理解的之外，在首次出现时必须加以说明。

2. 摘要的模板

下面给出一个可参考的摘要的模板：

在什么背景下，基于什么现实问题，依据什么理论，采用什么方法，对什么进行什么实验（或其他）研究，研究的内容主要涉及到什么，研究的核心观点是什么，通过研究得到了什么结论。

3. 关键词

关键词是从论文的题名、提要和正文中选取出来的，是对表述论文的中心内容有实质意义的词汇。关键词是用作计算机系统标引论文内容特征的词语，便于信息系统汇集，以供读者检索。

关键词是毕业论文的文献检索标识，是表达文献主题概念的自然语言词汇。关键词要符合学科分类，为了便于索引，一般列出3～5个高度反映论文主要内容的专业名词（或词组），并译成英文。

关键词通常按照词条的外延层次从大到小排序，或按研究的对象、性质和采取的手段的重要程度排序，而不应任意排列。

4. 摘要写作实例

1）实例一

基于系统调用序列的异常检测研究

摘　　要

随着互联网的发展和信息的全球化，网络安全问题日益严重。为了提高入侵检测的准确率，根据生物免疫中T细胞在机体内分辨自我的原理，引入了基于系统调用的异常检测技术。该方法通过对用户操作产生的系统调用序列进行分析，利用数据挖掘技术在应用程序的系统调用数据集上进行分类挖掘，从而生成计算机免疫系统中的入侵检测规则，对未知操作进行入侵检测。

在介绍计算机免疫原理基础上，设计并实现了一种基于系统调用序列进行异常检测的入侵检测方法。主要对课题进行了以下研究：将系统调用作为数据源，在对系统调用进行采集的基础上，利用C4.5算法提取规则，进而比较样本数据集与未知数据集来检验入侵行为，并验证了基于系统调用序列的异常检测方法的有效性和可行性。

关键词：计算机免疫系统；异常检测；系统调用；数据挖掘

ABSTRACT

With the development of computer network and information globalization, the problems of network security are becoming more serious. According to the principle that biological immune T-cells in the body can distinguish self from the other, we introduce the anomaly detection technology based on system calls in order to raise the accuracy of intrusion detection. By analyzing the system call sequence produced by user's operation, we can use Data Mining to classify in system call data sets of application and then generate intrusion detection rules. Using these rules, we can detect any intrusion which is unknown.

In this paper, after introducing the principle of computer immune, we design and implement an intrusion detection method which gives anomaly detection based on system call sequence. The research of detection is concentrated on the several aspects listed hereinafter: We use system calls as data source and collect system calls; Using C4.5 algorithm, we can extract rules, then compare sample data sets with unknown data set to detect intrusion; So the validity and feasibility of the anormaly detection technology based on the system call sequence can be verified.

Keywords: Computer immune system; Anormaly detection; System call; Data mining

2）实例二

企业管理系统中采购管理模块的设计与实现

摘　　要

企业管理系统是一种面向制造行业的企业信息管理系统。此类系统对物质资源、资金资源和信息资源进行一体化管理。采购管理作为企业管理系统的重要组成部分，是企业资源流通的重要环节，是资金周转流畅和再生产顺利进行的重要保证。对采购数据进行科学分析和决策，可以为企业经营管理者提供可靠、合理的决策数据。

阐述了建立一个企业管理系统中的采购管理模块的过程。通过利用.NET平台使用C#语言编写C/S架构的窗体式采购管理模块。首先运用了UML面向对象的分析方法对采购管理模块进行需求分析；从整体架构上进行总体设计，例如模块各部分功能的整体设计及流程等。然后开始对各个功能进行详细设计和数据库设计。最后应用编程语言C#进行实际的代码编写，实现了设计的模块功能，做出了一个较为完整的采购管理模块。

关键词：企业管理系统；采购管理；.NET；C/S

ABSTRACT

The Enterprise Management System is a kind of enterprise information management system that faces to manufacturing. This kind of system incorporates the material resource, the fund resource and information resource. Being the very important part of Enterprise Management System, purchasing management is the special tache of enterprise resource circulation and it makes sure the reproduction and fund turnover fluently. Analyzing the purchasing data and making decision scientifically can provide credible and rational decision-making data for enterprise managers.

This paper elaborates the process of building the purchasing management of an enterprise management system. It makes use of the program language C# to build a purchasing management system of C/S on the .NET platform. Firstly, I use the UML OOA method to analyze the purchasing management module and design the framework as a whole, such as every part of function's designing and flow chart. And then, I design every function particular and the database. At last, I use the program language C# to code and carry out the functions. It becomes a comparatively integrated purchasing management system.

Keywords: Enterprise management system; Purchasing management; .NET; C/S

6.4　毕业论文主体部分的写作

毕业论文的主体部分通常由“正文”、“谢辞”、“参考文献”、“注释”和“附录”等项目要素组成。下面对这些部分的写作方法分别进行介绍。

6.4.1　正文

毕业论文正文包括引言、本论和结论3个部分。下面首先给出几种类型毕业论文正文的内容组织，然后分别说明这3部分的写作方法。

1. 正文的内容组织

根据计算机相关专业毕业论文的不同类型，在实际组织和安排正文内容时有不同的编写方式，在搜集整理论文的素材、组织安排论文的结构方面也有所不同。下面介绍几种典型的毕业论文正文的内容组织。

1）软件开发型论文

软件开发型毕业论文对一个应用软件或大型项目的一部分进行系统分析、设计与实现，如管理信息系统、数据库系统、嵌入式系统、电子商务、网络管理和网站设计等。

这类论文正文部分的结构安排应参照软件工程的过程和方法，结合题目内容展开论述，一般结构如下。

（1）引言（概述题目背景、意义、自己开发的内容或模块等）。

（2）可行性研究与需求分析（系统的可行性分析，用户需求分析）。

（3）系统总体设计（包括体系结构、子系统及功能模块设计、系统流程设计、数据管理设计、定义访问策略等）。

（4）系统详细设计（包括对象和类设计、用户界面设计、数据库设计等）。

（5）系统实现（包括系统编码、系统测试）。

（6）结论。

例如，《××管理信息系统的设计与实现》论文正文部分结构如下。

一、引言

二、相关理论知识和开发技术介绍

　2.1　对管理信息系统的认识

　2.2　对管理信息系统开发的理解

　2.3　管理信息系统开发的方法及流程概述

三、系统分析

　3.1　系统需求及所要求功能的分析

　3.2　系统的可行性分析

四、系统设计

　4.1　总体设计

　4.2　逻辑模型的描述

　4.3　数据库设计

　4.4　输出、输入设计

　4.5　界面设计

　4.6　软件设计

五、系统的实现和维护

5.1 编码实现

5.2 系统的维护

5.3 系统的稳健性和安全性管理

六、结论

2）硬件设计型论文

硬件设计型毕业论文既可以是整机设计，也可以是设备中某一个部件的设计，可适当参考电子设计大赛的论文。此类论文正文部分结构一般安排如下。

(1) 引言(重点描述题目背景和意义、国内外研究现状、论文的主要工作等)。

(2) 工作原理及主要技术(主要工作原理，实现的主要技术路线和技术方法)。

(3) 总体设计(设计的框图，使用的主要元器件、应用的主要工具、软件环境等)。

(4) 硬件与软件设计。

(5) 仿真调试。

(6) 结论。

例如，《8051算术逻辑运算单元的设计》论文正文部分结构如下。

一、引言

1.1 研究背景

1.2 定点运算器的研究现状

1.3 研究内容及涉及目标

二、8051算术逻辑运算器功能介绍

三、8051算术逻辑运算单元设计

3.1 功能分析与总体设计

3.2 加、减法及逻辑运算模块设计

3.3 乘法器模块设计

3.4 除法器模块设计

四、开发语言及环境介绍

五、仿真与验证

5.1 仿真环境的建立

5.2 仿真的步骤

5.3 验证的测试

六、结论

3）理论科研型论文

理论科研型毕业论文需要对某一个计算机科学中的理论问题有一定见解，可参考ACM程序设计大赛或国内数学建模比赛的论文。此类论文主体部分结构一般安排如下。

(1) 引言(重点描述要解决的问题的来源、难度、国内外现有技术、解决问题的主要方法等)。

(2) 基本知识(解决问题涉及的基本定义、定理、及自己提出的概念等)。

(3) 推理结论(给出问题解决方案,包括定理证明、算法设计和复杂性分析等)。

(4) 实验过程及结果。

(5) 结论。

例如,《××计算机通信技术在网络中的应用研究》论文正文部分结构如下。

一、引言

1.1　该技术的应用场合及发展过程

1.2　该技术目前在国内、外的发展现状

1.3　该技术的优势及未来发展前景

二、该技术的相关知识

2.1　该技术的理论依据

2.2　该技术的研究特点及相关公式计算

三、该技术的研究内容

3.1　该技术的实现技术模型分析

3.2　该技术的实现方法

3.3　实验方案

四、该技术目前的实验结果及未来研究计划

五、结论

4) 工程设计型论文

工程设计型毕业论文需完成一个实际项目设计或在某一个较大的项目中设计并完成一个模块,针对项目展开调研、分析和设计等。

例如,网络工程设计项目需要进行网络总体方案设计和网络布线方案设计。网络总体方案设计需涉及网络平台、服务平台、应用平台、开发平台、数据库平台、网络管理平台、安全平台、用户平台和环境平台等;网络布线方案设计需要解决:如何设计布线系统,系统有多少信息点(数据、语音),怎样通过水平布线、主干布线、楼宇管理系统把它们连接起来,需要选择哪些传输介质、设备数量及价格,链路测试等。此类论文主要考虑系统的需求分析、拓扑结构、系统硬件及软件配置等内容。

例如,《校园网规划与设计》论文正文部分结构如下。

一、引言

1.1　计算机网络系统现状

1.2　网络系统及业务需求分析

二、系统设计原则和实现目标

2.1　网络系统设计原则

2.2　系统建设目标

2.3　网络设计关键技术说明

三、系统总体方案设计

3.1　网络拓扑结构设计

3.2 网络系统接入设计及安全设计

3.3 网络设备选型

3.4 VLAN 划分及子网配置

3.5 IP 地址分配

3.6 传输及布线设计

3.7 网络管理系统设计

四、设备及配置的选型

4.1 设备选型的比较

4.2 系统配置方案

五、结论

毕业论文的类型不限于以上这些，而且正文的组织结构也不是绝对的，可依据各自的实际情况用某一种或几种混合方式撰写自己毕业论文的正文。无论采用什么样的结构和方式，一定要做到以解决问题为核心，贯穿一条逻辑线索，切不可泛论成文或堆砌成文。

2. 引言

1）引言的写作要求

引言又称前言、绪论、引论和概述等，是论文的开头部分，主要说明本课题来源、研究或设计工作的目的、意义和范围；对前人工作的简短评述；理论分析、研究设想、研究方法和实验设计的概况；预期结果；本课题的国内外研究现状；有针对性地简要综合评述和本论文要解决的问题等。

(1) 在引言中，首先要阐明选题的背景和选题的意义，应说明本选题的来源、目的、范围及应达到的技术要求。

(2) 论文的选题应强调问题的实际背景，解决该问题的现实意义和重要作用等。

(3) 在引言中应结合问题背景的阐述，使读者感到此选题确实具有实用价值和学术价值，有研发和开发的必要性。

(4) 在引言中应简述本课题在国内外的研究和发展状况；本课题研究的指导思想、欲解决的主要问题以及解决此课题所需要的条件；也可适当简要地介绍一些与本课题有关的预备知识。

(5) 若属子课题，在引言中还应对主课题的全貌加以介绍，说明本人的工作内容以及在整个课题中所起的作用和关系。

2）引言的撰写方法

引言是全篇论文的开场白。应阐述选题的理由；对本课题现有的研究进展情况的简要介绍；本文所要解决的问题；采用的手段、方法和步骤；所需要的条件；预期成果及意义等。

引言部分常起到画龙点睛的作用。选题实际又有新意，意味着研究或开发方向正确，设计工作有价值。对一篇论文来说，引言写好了，就会吸引读者，使他们对选题感兴趣，愿意进一步了解工作成果。引言必须开门见山、简要、清楚，不要涉及本研究中的数据和理论，不要和摘要雷同。

3）引言写作实例一

基于系统调用序列的异常检测研究

一　引　言

1.1　课题来源

根据仿生学原理，模拟生物系统的免疫机理，新墨西哥大学 Forrest 等研究人员提出了用免疫系统来解决计算机系统的安全问题，通过监视特权进程的系统调用序列来实现入侵检测。其原理是模仿生物免疫系统来区分计算机系统中的"自我"和外来的"非我"，并对"非我"进行有效的分类消除。

生物免疫系统是一个具有很强自我保护功能的复杂系统。在计算机安全领域，计算机安全系统具有和生物免疫系统同样的目标和功能，模仿生物免疫系统来设计计算机和计算机网络安全系统具有十分重要的意义和广阔的应用前景。

由于系统调用是应用程序使用硬件设备的必经之路，因此入侵者无法绕过系统调用进行攻击。系统调用序列就是应用程序在执行过程中对系统调用访问的顺序。应用程序产生的系统调用短序列具有很好的稳定性，可作为计算机安全系统中的审计数据。一个系统调用的出现与其前面多个系统调用是相关的，因此通过分析多个系统调用之间的关系，可以分析是否存在异常，检测出是否存在入侵。

1.2　国内外发展状况

1．国内

武汉大学提出了基于多代理的计算机安全免疫系统检测模型和对"自我"集构造和演化的方法，并对"自我"、"非我"的识别规则进行研究，提出用演化挖掘方法提取规则。

北方交通大学提出了一种基于免疫的入侵检测模型，并将随机过程引入计算机免疫的研究中。

国防科技大学提出了一种基于人工免疫模型的入侵检测方法；北京邮电大学和西安交通大学分别提出了基于免疫原理的网络入侵检测模型。

北京理工大学自动控制系，从控制论的角度论述了计算机免疫和生物免疫的相似性，讨论了在计算机防病毒领域中应用多代理控制技术构筑计算机仿生物免疫系统的可行性和实用性。

2．国外

国外起主导作用的是美国新墨西哥大学的 Stephanie Forrest 教授领导的研究小组。从 20 世纪 90 年代中期开始研究计算机中的"自我"与"非我"，提出了计算机中的"自我"、"非我"概念并在底层进行了定义。在 1996 年提出了一个通过监测特权进程的系统调用来检测入侵的方法。

Wespi 等在 Forrest 的定长短序列思想基础上，提出用变长的序列来刻画进程的运行状态，并用实验证明了该模型有更好的检测效果。

IBM 公司的 J. O. Kephart 通过模拟生物免疫系统的各个功能部件及对外来抗原的识别、分析和消除过程，设计了一种计算机免疫模型和系统，用于计算机病毒的识别和消除。

Asaka 等提出了一种基于 Discriminantmethod 的入侵检测方法，通过对预先经过标定的正常和异常系统调用序列样本的学习，确定一个最优的分类面，以此分类面为依据，判断进程的系统调用序列是正常还是异常。

另外，巴西 Campinas 大学的 De Castro 博士最早在其博士论文中总结了人工免疫系统，并试图建立人工免疫系统的统一框架结构。

1.3 论文结构

论文首先介绍了基于系统调用序列异常检测的课题来源，国内外的发展状况，入侵检测的特点、意义、分类方法和发展趋势，并对计算机免疫系统相关内容进行了阐述。之后对基于系统调用序列进行异常检测的方法进行设计，同时描述了相关算法、课题的实现步骤等。最后，给出了实验过程，验证了基于系统调用序列进行异常检测方法的有效性和可行性。

4）引言写作实例二

编译原理考试系统中阅卷子系统的设计与实现

一 引 言

1.1 课题的来源及意义

传统的教学观念与教学模式已不能适应时代的发展，尤其是传统的纸质考试方式。传统的纸质考试方式一般要经过教师命题、印制试卷、学生答题、教师阅卷、试卷分析等过程。这种考试方式工作量大、流程长、容易出错，同时需要花费很多的人力物力。对于一些基础课来说，随着考试人数的增加，教师出卷、阅卷的工作量将会越来越大。阅卷问题尤其严重，评阅周期长、误差大、易受教师知识水平、经验和工作效率的影响。因此，改变传统的考试方式实现自动阅卷是迫切需要的。

我国很多高校建立了自己的校园网，推出网络教育课程，通过网络来传播教学信息逐渐成为教学过程中不可缺少的教学手段。本系统开发的是基于计算机网络的编译原理考试系统的阅卷子系统。该系统极大地减轻了教师阅卷的工作量，使学生能随时检验自己的学习效果，促进学习效率的提高。

1.2 国内外的发展状况

目前，国内外已有很多关于课程考试的软件，大多都具有组卷、机上考试及自动评阅的功能，但自动评阅功能的实现很大程度上要受到试题类型的限制。国内的自动阅卷系统已经能很好地解决了常见客观题的自动批阅，但是对于一些主观性很强的问题，还没有很好的解决方案。自动评阅功能的实现则要根据各类试题的不同特点分别采用不同的评分方案。对于客观试题(如单选题、多选题)，由于其结果是固定的，因而普遍采用的评分方法是将考生的结果与标准的答案对比，与答案一致，则得满分；与答案不一致则得零分。对于主观性不是很强的试题(如填空题及改错题等)，则采用字符串比较的方式，即把考生的答案与标准答案直接作严格匹配或模糊匹配，匹配成功，则可得分。对于一类主观性很强的试题，阅卷功能大致通过以下两种方式来实现：

1. 结果比较。系统将考生的答案保存在指定的文件中，通过将考生试题的结果文件与标准答案文件作对比来判断考生该试题的对错。只要该试题的结果正确，就可获得该题的满分，反之，则得零分。评分时只看结果不管过程。

2. 机器评分与人工阅卷相结合。对于客观试题由系统自动评分；而对于主观试题，系统先将考生写的答案显示在屏幕上，由教师进行机上评阅，然后将该题的得分输入给评分系统，最后由系统计算出总分。

1.3 课题开发的目标和内容

1. 目标

本课题设计的是一个较为完善的考试系统的阅卷子系统，可以实现自动评分。

2. 内容

阅卷子系统具有显示试卷、在线考试、保存考生试卷、自动评分、考生试卷信息管理等功能。考生可以在规定的时间段内参加考试；考试完毕后学生马上可以查看考试成绩、试题分析、知识点分布等与考试相关的信息。

阅卷子系统可以评阅的试题类型丰富，包括判断题、单项选择题、多项选择题、简答题等。系统首先要进行题库设计，针对各类试题的不同特点设计合理的试题存放形式，以利于试题的抽取。

对于在线考试环节，系统主要研究如何设计合理的考试界面，实现与考生交互，完成考试的过程。对于自动评分环节，判断题和选择题的评分可依照现有成熟的评分方法进行研究设计；系统对简答题的评分方法进行重点研究，使系统的评分结果更加接近于人工阅卷的结果，更具客观性、公正性和合理性。

3. 本论

本论是指从第 2 章开始到最后一章“结论”之前的所有部分，是毕业论文的核心部分，包括研究内容与方法、实验材料、实验结果与分析(讨论)等。

在本部分要运用各方面的研究方法和实验结果，分析问题，论证观点，尽量反映出自己的科研能力和学术水平，其写作内容因研究课题性质而不同，但必须实事求是，客观真切，准确完备，合乎逻辑，层次分明，简练可读。

1) 本论部分的主要内容

(1) 问题的提出、研究工作的基本前提、假设和条件。

(2) 模型的建立、设计方案的论证和实验方案的拟订。应说明设计原理并进行总体方案的设计、方案选择的理由、所采用方案的特点、软件开发环境、数据库逻辑结构设计、具体的实现方法。

(3) 过程论述。对自己的研究工作的详细表述。包括在毕业设计和研究工作中采用的方法、计算时所使用的主要方法、分析解决问题的思路、主要难点及解决方法等。

(4) 设计及计算部分。这是最主要的部分，应详细写明设计结果及计算结果。

(5) 方案的校验和各种实验测试情况。说明所设计的系统是否满足各项性能指标，能否达到预期效果。校验的方法可以是理论分析，包括系统分析；也可以是实验方法、实验测试、源程序及数据处理以及计算机的上机运算等。

(6) 测试结果及分析。对研究过程中所获得的主要数据、现象和测试结果进行定性或定量的分析、理论的验证以及理论在实际中的应用，并由此得出结论或推论。

(7) 总结及讨论。对整个研究工作进行归纳和综合，得出主要成果和结论，同时阐述本课题研究中尚存在的问题及进一步开展研究的见解和建议。

根据课题的性质，一篇毕业论文可以包含上述各项中的部分内容。

2) 本论各部分写作的基本要求

本论各部分的写作要求有如下几点。

(1) 论文方案的论证。应说明设计的理论依据；在对各种方案进行分析、比较的基础上阐述所用方案的特点(如采用了何种新技术、新措施、提高了何种性能等)。

(2) 结构设计部分。这也是毕业设计(论文)的重要组成部分。应包括系统结构设计、功能设计、各种控制线路的设计、功能电路的设计、数据库设计、模块设计、接口设计和协议设计等。

(3) 实验及测试情况。包括实验方法、测试方法、测试工具及测试结果等。

(4) 方案的校验。应对所设计的系统是否满足要求、能否达到预期效果作出明确的回答。校验的方法可以是理论验算(即反验算),也可以通过测试。

3) 本论各部分的写作方法

正如前面所述,本论各部分包括的内容有问题的提出、解决方案的论证和提出、核心设计与论述、测试及性能分析等。下面简要介绍本论各部分的写作方法。

(1) 问题的提出(或课题的技术背景)

任何一个课题的研究或开发都是有其学科基础或技术基础的。问题的提出主要阐述该课题的技术背景以及在相应学科领域中的发展进程和研究方向,特别是近年来的发展趋势和最新成果。通过与中外研究成果的比较和评论,说明自己的课题是符合当前的研究方向并有所进展;或采用了当前的最新技术并有所改进,目的是使读者进一步了解选题的意义。

(2) 解决方案的论证和提出

在明确了所要解决的问题,并进行文献综述后,很自然地就要提出自己解决问题的思路和方案。在写作方法上,一是要通过比较,显示自己方案的价值,二是让读者了解方案的创新之处或有新意的思路、算法和关键技术。

在与文献资料中的方案进行比较时,首先要阐述自己的设计方案,说明为什么要选择或设计这样的方案,前面评述的优点在此方案中如何体现,不足之处又是如何得到了克服,最后完成的工作能达到什么性能水平,有什么创新之处(或新意)。如果自己的题目是总方案的一部分,要明确说明自己承担的是哪一部分,以及对整个课题任务(或总方案)的贡献。

(3) 核心设计或论证

前面几个部分的篇幅一般较短,而论文的核心论证或核心设计的篇幅相对较长。在这个部分中,要将整个研究开发工作的内容,包括理论分析、总体设计、模块划分、实现方法等进行详细的论述。本部分的写法,要根据选题类型的不同按照解决问题的思路,采取相应的撰写方法。

例如,理论研究型论文和软件开发型论文的写法就有明显的不同。在理论研究型的论文中,参照抽象形态和理论形态的内容和步骤,本论部分一般应包括理论基础、数学模型、算法推导、形式化描述、求解方法、计算程序的编制及计算结果的分析和结论。在软件开发型的论文中,本论部分参照设计形态的内容和按照软件工程的方法,包括系统的分析与设计、系统的实现与实施等,其中,系统的分析与设计主要包括进行需求分析、描述系统整体框架、开发工具介绍、功能设计和数据库设计等;系统的实现与实施,重点描述代码开发原理和过程,实现中遇到的主要问题,今后的维护和改进等。

(4) 测试及性能分析

通过测试数据的比较分析,论文工作的成效就一目了然。根据课题的要求,可以在实验室环境下测试,也可以在工作现场测试。在论文中,要将测试时的环境和条件列出,因为任何测试数据都与测试环境和条件相关,不说明测试条件的数据是不可比对的,也是不可靠的。

4. 结论

1）结论的写作内容及要求

结论是毕业论文总结性的文字，要认真阐述自己的研究工作在本领域的地位和作用，自己新见解的意义，将所得结果与已有结果的比较，分析其优点和特色、有何创新、性能达到何水平，并应指出本课题研究中尚存在的问题和尚待解决的问题、研究设想以及进一步开展研究的见解和建议等。

在结论的写作时，要对研究成果精心筛选，把那些必要而充分的数据、现象、样品和认识等挑选出来，写进结论中去作为分析的依据，应尽量避免事无巨细、一并和盘托出的写作手法。在对结果做定量分析时，应说明数据的处理方法以及误差分析，说明现象出现的条件及其可证性，交代理论推导中认识的由来和发展，以便别人以此为根据进行核实和验证。对结果进行分析后，写出得到的结论和推论，此时，还应说明其适用的条件和范围。

结论要服从正文或课题研究的逻辑关系，措辞严谨、准确、精炼。对选题内已经论证过的问题或已经取得的成果要肯定，对尚需探讨的部分要实事求是，结论部分一般要概括性强且篇幅不宜过长。

2）结论写作的注意事项

结论要简单、明确，在措辞上要严密，但又要容易被人领会。结论应反映本人所做的工作，别人已有过的结论可以少提。在结论中应实事求是地介绍自己的工作成果，切忌言过其实，在无充分把握时，应说明下一步需要完善和改进的地方。

3）结论写作实例一

PDF 文件信息的抽取与分析

五　总　结

通过两个多月的毕业设计，实现了对 PDF 文件信息的抽取与分析。不仅对 Java 语言以及 JBuilder 编程环境有了深入的了解，编程能力有了显著的提高。由于有关 PDF 的资料大多是英文的，自己的专业英语水平通过阅读参考文献获得了很大的长进。

毕业设计开始时，我对 PDF 文件不太了解，几乎是从零起步的。多亏了××老师的悉心指导以及提供的参考资料，才使我一步步地深入了解了 PDF。通过毕业设计，学习了在开发一个软件或进行一项研究时，从需求分析，广泛搜集、阅读资料，到系统设计，具体实现，测试的全过程，使我受益匪浅。

1. 解决的问题

本软件能够将 PDF 文件正文的第一页内容提出，并记录相应文本的字体、字号、行号等信息。其中，英文 PDF 文件均能正确显示。中文 PDF 文件，汉字能正确显示，中文标点对由某些系统（如 WinMe）下 Word 生成的 PDF 文件，能正确显示。能够提取出 PDF 论文正文中的文件头，包括标题、摘要、作者、地址和关键词。

2. 改进部分

由于毕业设计时间比较短，本软件实现的功能有限，有许多不足之处，仍需改进，如：

(1) 在有些系统下 Word 生成的 PDF 文件，中文标点是以图像形式存储的，尚不能正确显示，在此软件中用空格代替；

(2) 对用此软件提取文件头的 PDF 论文，文件头必须严格按照标题、作者、地址、摘要、关键词顺序排列，有些局限性。

4）结论写作实例二

基于S3C2410和uC/TCP-IP协议栈的网络通信功能的实现

五 结 论

经过两个多月的辛勤努力，通过构建uC/OS-II操作系统软件体系结构来建立嵌入式开发平台，并在此平台上移植TCP/IP协议栈，实现了嵌入式系统的网络通信功能。通过本次毕业设计，我对uC/OS-II的移植、TCP/IP协议栈和网卡驱动程序的设计以及socket编程有了深入的理解。

在嵌入式方面，我还是初学者，通过阅读相关的文档资料和指导老师讲解才开始对平台的搭建有了认识并不断地进行深入学习。通过毕业设计，我对uC/OS-II的移植以及网卡驱动程序的实现方面积累了一定的经验，为以后的学习打下了坚实的基础。

在毕业设计过程中，对UP-NETARM2410-S嵌入式实验教学平台的硬件结构和S3C2410A微处理器有了一定的了解；熟悉了网卡驱动程序的设计过程，并对AX88796网卡驱动的内部结构以及工作机制有了一定的认识；掌握了TCP/IP协议栈及其移植以及socket编程；同时对嵌入式系统的开发流程有了深入的体会。

然而，由于时间和能力有限，对于系统的设计开发还有一些不足，需进一步改进：

(1) 在网卡驱动设计方面为了简单起见，忽略了一些异常中断的处理，该部分需要进一步的完善。

(2) 对于uC/TCP-IP协议栈的移植过程中屏蔽了一些出错的模块，这一部分的相应模块还有待进一步分析和实现。

6.4.2 谢辞

1. 谢辞的写作要求

论文在指导教师的指导下完成，或者论文的某一部分可能同其他人有合作关系，或者在研究工作或论文中的某一方面得到了特别的帮助，或者论文在撰写、引用文献图片资料方面及调查、实验过程中得到了一些导师、专家、同学、合作者或单位的帮助，这些在论文结束的时候都应该致以谢辞。

谢辞是在论文的结尾处，通常以简短的文字对毕业设计课题研究以及在毕业论文写作过程中曾给自己直接帮助和支持的人员表示自己的谢意。这不仅是一种礼貌，也是对他人劳动的尊重，是治学者应有的思想作风。谢辞部分一般可另起一页，而且前面不需要添加章节序号。

2. 谢辞的写作实例

1）实例一

谢 辞

毕业设计两个多月的时间是我学生生涯中最有价值的时光之一。这里有治学严谨而亲切的老师，有互相帮助的同学，更有积极向上、和谐融洽的生活学习氛围。

首先要感谢我敬爱的导师××老师。这篇论文是在××老师的精心指导下修改完成的。在此，我要对他细心的帮助和指导表示衷心的感谢。在项目开发的这段日子里，我不仅仅学到了很多的专业知识，更感受到了××老师兢兢业业、一丝不苟的治学态度和忘我的工作精神。另外，××老师时刻保持的那种对待任何事情的积极心态，更是深深地感染了我、影响了我。我感谢他教授给我知识，感谢他教会我学习的方法，更感谢他教会了我对待工作和生活的积极态度和乐观精神！

另外，感谢项目开发组的全体成员，他们在我设计和开发的过程中提供了很多帮助和支持，使我受益匪浅！

最后，感谢四年来传授我知识的老师们，是他们让我拥有了丰富的知识储备和较高的文化修养，谢谢！

2）实例二

谢　　辞

在整个毕业设计过程中，得到了××老师的悉心指导。我不仅在技术上有了很大的提高，在生活态度及做人上也学到了很多。从××老师那里学到的精益求精的态度和积极向上的工作精神将成为我一生受用不尽的宝贵财富。

论文的顺利完成，和其他各位老师、各位同学的关心和帮助分不开。在此表示感谢！

在毕业之际，我还要感谢××大学为我提供这样一个良好的教育环境。在这里，我收获了知识，收获了友谊，收获了大学美好生活的点点滴滴。感谢各位老师在这四年来对我的教授，使我开阔了眼界，学到了知识，更学会了怎样做人。

最后，还要感谢我的父母和所有关爱我和支持我的朋友，感谢他们给我的关心和帮助！

6.4.3　参考文献和注释

参考文献是指为撰写论文而引用的有关图书资料，反映了毕业论文的取材来源、材料的广博程度及可靠程度。一般在论文中引用的观点和方法，应在正文中注明，并将参考文献编排在正文后，列出在整个毕业设计（论文）活动中所直接参考过的资料。

参考文献能够反映论文的科学依据和作者尊重他人研究成果的严肃态度，同时也向读者指出论文在参考他人公开发表的文献资料时，能够按照参考资料查找到原始文献的来源和出处，以便读者做进一步的研究。所列出的参考文献，应当是作者亲自阅读或引用过的、正式发表的文献资料，不应转录他人论文后面所列出的参考文献。

1. 参考文献类型及其标识

（1）根据 GB 3469—1983 规定，以单字母方式标识各种参考文献类型，如表 6-1 所示。

表 6-1　参考文献类型标识

参考文献类型	专著	会议论文	报纸文章	期刊文章	学位论文	报告	标准	专利	汇编	参考工具
文献类型标识	M	C	N	J	D	R	S	P	G	K

(2) 对于专著、论文集中的析出文献，其文献类型标识建议采用单字母 A；对于其他未说明的文献类型，建议采用单字母 Z。

(3) 对于数据库(database)、计算机程序(computer program)及电子公告(electronic bulletin board)等电子文献类型的参考文献，建议以双字母作为标识，如表 6-2 所示。

表 6-2 电子参考文献类型标识

电子参考文献类型	数据库	计算机程序	电子公告
电子文献类型标识	DB	CP	EB

(4) 电子文献的载体类型及其标识。对于非纸张型载体的电子文献，当被引用为参考文献时需在参考文献类型标识中同时标注其载体类型。本规范建议采用双字母表示电子文献载体类型：磁带(magnetic tape)——MT，磁盘(disk)——DK，光盘(CD-ROM)——CD，联机网络(online)——OL，并以文献类型标识/载体类型标识表示包括了文献载体类型的参考文献类型标识：[文献类型标识/载体类型标识]。例如：[M/CD]——光盘图书(monograph on CD-ROM)，[DB/MT]——磁带数据库(database on magnetic tape)，[DB/OL]—— 联机网上数据库(database online)，[CP/DK]——磁盘软件(computer program on disk)，[J/OL]——网上期刊(serial online)和[EB/OL]——网上电子公告(electronic bulletin board online)。以纸张为载体的传统文献在引作参考文献时不必注明其载体类型。

2. 各类参考文献的编排格式及示例

1) 普通图书(包括教材等)、会议论文集、资料汇编、学位论文、报告(包括科研报告、技术报告、调查报告和考察报告等)、参考工具书(包括手册、百科全书、字典和图集等)

[序号] 主要责任者. 题名：其他题名信息(任选)[文献类型标识]. 其他责任者(任选). 版本项(任选). 出版地：出版者，出版年. 起～止页码(任选).

例：

[1] 戴龙基，蔡蓉华. 中文核心期刊要目总览[M]. 4 版. 北京：北京大学出版社，2004. 79～80.

[2] International Federation of Library Association and Institutions. Names of Persons: national usages for entry in catalogues [M]. 3rd ed. London: IFLA International Office for UBC，1997.

[3] 辛希孟. 信息技术与信息服务国际研讨会论文集：A 集[C]. 北京：中国社会科学出版社，1994.

[4] 张筑生. 微分半动力系统的不变集[D]. 北京：北京大学数学系数学研究所，1983.

2) 期刊文章

[序号] 主要责任者. 文献题名[J]. 刊名，年，卷(期)：起～止页码.

例：

[5] 何龄修，读顾城.《南明史》[J]. 中国史研究，1998，(3)：167～170.

[6] 金显贺，王昌长，王忠东等. 一种用于在线检测局部放电的数字滤波技术[J]. 清华大学学报(自然科学版)，1993，33(4)：62～63.

3）专著中的析出文献

［序号］ 析出文献主要责任者．析出文献题名［文献类型标志］．//专著主要责任者．专著题名：其他题名信息．版本项．出版地：出版者，出版年：析出文献起～止页码．［引用日期］．获取和访问路径．

例：

［7］ 钟文发．非线性规划在可燃毒物配置中的应用［C］．//赵玮．运筹学的理论与应用：中国运筹学会第五届大会论文集．西安：西安电子科技大学出版社，1996：468～471．

［8］ WEINSTEIN L，SWERTZ M N．Pathogenic properties of invading microorganism［M］//SODEMAN W A，Jr．，SODEMAN W A．Pathologic physiology：mechanisms of disease．Philadelphia：Saunders，1974：745～772．

4）报纸文章

［序号］ 主要责任者．文献题名［N］．报纸名，出版日期（版次）．

例：

［9］ 谢希德．创造学习的新思路［N］．人民日报，1998-12-25（10）．

5）标准（包括国际标准、国家标准、规范和法规等）

［序号］ 标准编号，标准名称［S］．

例：

［10］ GB/T 7714—2005，文后参考文献著录规则［S］．

6）专利文献

［序号］ 专利申请者所有者．专利题名［P］．专利国别：专利号，出版日期．

例：

［11］ 姜锡洲．一种温热外敷药制备方案［P］．中国专利：881056073，1989-07-26．

7）电子文献

［序号］ 主要责任者．题名［文献类型标志/文献载体标识］．电子文献的出处或可获得地址，发表或更新日期/引用日期（任选）．

例：

［12］ 王明亮．关于中国学术期刊标准化数据库系统工程的进展［EB/OL］．http://www.cajcd.edu.cn/pub/wml.txt/980810-2.html，1998-08-16/1998-10-04．

8）各种未定义类型的文献

［序号］ 主要责任者．文献题名［Z］．出版地：出版者，出版年．

以上各类参考文献中，作者只写到第三位，余者写“等”，英文作者超过3人写“et al”（正体）。如果需要两行的，第二行文字要位于编号的后边，与第一行文字对齐。中文的用五号宋体，外文的用五号Times New Roman字体。

3. 注释

注释是指对论文中某些词语的说明和解释。在论文写作过程中，有些问题需要加以阐述和说明，如符号、标志、缩略词、计量单位、名词和术语等说明。一般采用尾注，即在论文的末尾加注。在文中需要注释的文字后应加上注码，如①、②、③…，尾注的先后应与文中所加注码次序一致。

6.4.4 附录

为了表现毕业论文的完整性，对于有些不宜放在正文中，但有参考价值的内容，可编入论文的附录中。例如，公式的推演和证明过程、与论文有关的研究过程或资料、研究方法、编写的相关源程序以及其他重要数据等，均可编入论文的附录中。附录是作为论文主体的补充项目，并不是必须的。

附录中各章节的编号方法与正文中的编号方法基本类似，但其章节序号的编排是独立进行的，与正文的序号编排无关。每一附录的各种序号的编写格式如图 6-1 所示。

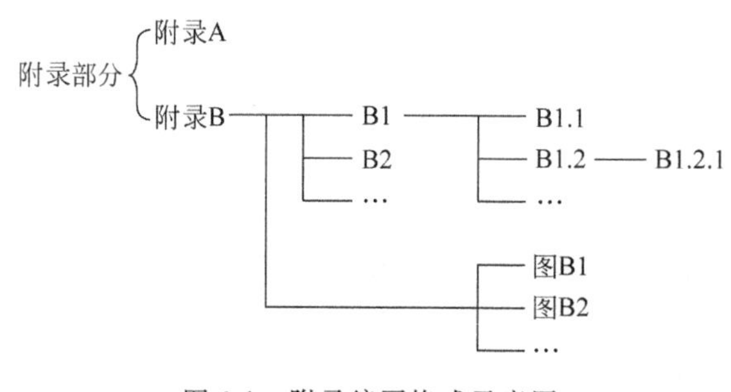

图 6-1 附录编写格式示意图

6.5 软件开发型毕业论文的撰写

根据计算机专业不同类型的毕业论文，在实际组织和安排论文内容时有不同的编写方式。软件开发型毕业论文是计算机毕业设计(论文)中最常见类型的题目，下面以软件开发型毕业论文为例，介绍毕业论文的撰写方法和思路。

基本思路是：按照设计形态的内容和软件工程的方法搭建论文的结构，把所学课程如UML、数据库原理与应用、面向对象程序设计、网络程序设计等课程的知识运用到系统的设计和实现过程中，真正把学课堂的知识、做的毕业设计和写的毕业论文紧密结合成一体，融会贯通，互动互补，全面提高。

6.5.1 问题定义与可行性分析

问题定义是弄清用户需要计算机解决的问题根本所在，以及项目所需的资源和经费。通过向用户调查，编写系统目标与范围的说明文档，该文档需再次经用户同意。

可行性分析是为了弄清所定义的项目是不是可能实现和值得进行。分析的过程，实际上是一次简化的系统分析和系统设计过程。这个过程的目的不是解决用户提出的问题，仅是确定这个问题是否值得去解决，即在投入大量资金前研究成功的可能性，减少所冒的风险。即使研究的结论是不值得进行，花在可行性研究上的精力也不算白费，因为它避免了一次更大的浪费。

对研究中可能提出的任何一种解决方案，都要研究它的可行性，可以从以下方面考虑。

(1) 经济可行性。实现这个系统有没有经济效益？多长时间可以收回成本？

(2) 技术可行性。现有的技术能否实现这一新系统？有哪些技术难点？建议采用的技术先进程度怎样？

(3) 操作可行性。系统的运行方式、操作规程在用户组织内可以有效地实施吗？预期的终端操作人员可以胜任吗？

(4) 法律可行性。新系统的开发，会不会在社会上或政治上引起侵权、破坏或其他责任问题？

6.5.2 需求分析

需求分析在于弄清用户对系统的全部需求，并用《软件需求说明书》的形式准确地表达出来。获取用户的需求首先要理解和定义用户，然后与用户面谈确定所期望的软件系统。要获取用户每个方面的需求，必须站在用户的角色上，了解和理解用户的实际任务和目标以及这些任务所支持的业务需求。软件需求包括三个不同的层次：业务需求、用户需求和功能需求。其中，业务需求和用户需求包括功能性和非功能性需求。

为了更好地分析用户的需求，常常采用建立模型的方法，当前比较流行实用的方法是借助统一建模语言(UML)来分析用户的需求。UML 主要是针对系统的功能性需求的分析，非功能性需求则主要是在安全、性能和易用性等方面。

使用 UML 建立的系统需求分析模型，由三个独立的模型有机地结合而成，如图 6-2 所示。一是功能模型，由用例图表示；二是对象模型，由类图表示；三是动态模型，由状态图和顺序图表示。分析人员从用户那里获取需求，用 UML 的方法可以把它们描述成用例和角色的关系，并进一步从不同的角度来分析这些需求，从而产生静态模型和动态模型。

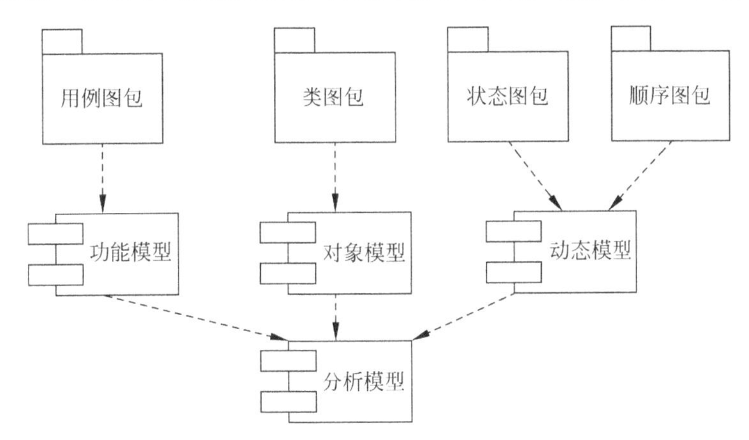

图 6-2 系统需求分析模型的组成

6.5.3 系统设计

系统设计包括总体设计和详细设计两部分，具体包括如下内容。

(1) 系统架构设计。设计人员根据系统分析报告中所确定的系统目标、功能、性能、环境与制约条件,确定合适的计算机处理方式及体系结构,确定合适的计算机系统具体配置。

(2) 子系统和功能模块设计。根据系统分析阶段得到的数据流程图和数据词典,设计出子系统和功能模块结构图,明确它们之间的相互关系。

(3) 对象设计。根据系统分析报告设计出系统中用到的各种对象,确定对象类型、属性、操作、服务及方法等,并形成对象设计文档。

(4) 数据库设计。根据系统分析报告与系统硬件、软件配置,进行数据库的概念设计、逻辑设计、物理设计,设计出与系统有关的数据库文件、数据库结构、存取路径和存取方式等。

(5) 输入输出设计。根据系统的目标、用户的使用习惯及使用的方便,确定系统输入的内容、输入格式、输入方式与输入校验;完成系统输出的内容、输出格式及输出方式等内容的具体设计。

(6) 业务逻辑处理设计。对系统中每一业务事项的详细处理过程进行描述,编写业务流程图、处理方法和处理顺序等,作为设计开发详细设计和实现的主要依据。

(7) 编写系统设计报告。根据系统设计阶段完成的总体设计及详细设计内容,以书面的形式编写符合要求的系统设计报告。系统设计报告既是系统设计阶段的主要成果,经过审查批准后又是系统实施阶段的主要技术依据。

以上内容的设计在系统设计阶段是按照一定的先后次序进行的,一般是先完成系统架构设计或系统配置设计,形成系统设计报告,再进行详细设计,包括细化对象设计、数据库设计、输入输出设计和模块处理过程设计等具体内容,最后再编写详细设计文档。

1. 总体设计

具有代表性的软件体系结构包括客户端/服务器(C/S)体系结构、浏览器/服务器(B/S)体系结构、MVC体系结构、对等体系结构、仓库体系结构、管道和过滤器体系结构等。它们各有不同的特点,在一个复杂的系统开发中可以借鉴多种软件体系结构。灵活运用好体系结构,从而使软件开发过程更加快捷和高效。

系统设计是把分析模型转变成系统设计模型的过程。具体地说,系统总体设计过程如图6-3所示,包括以下几个方面。

(1) 定义设计目标。

(2) 分解系统为子系统或功能模块。

(3) 分析或选择已开发组件和标准组件。

(4) 子系统映射到软/硬件平台。

(5) 数据管理设计。

(6) 定义访问策略。

(7) 设计系统流程。

2. 详细设计

在总体设计阶段,可以把一个复杂问题的解法分解和细化成一个由许多对象组成,具有一定层次结构的软件系统,即已经确定了软件系统的总体结构,给出了系统中各个组成部分的功能、子系统之间和对象之间的接口。在详细设计阶段,采用自顶向下逐步求精的方法,

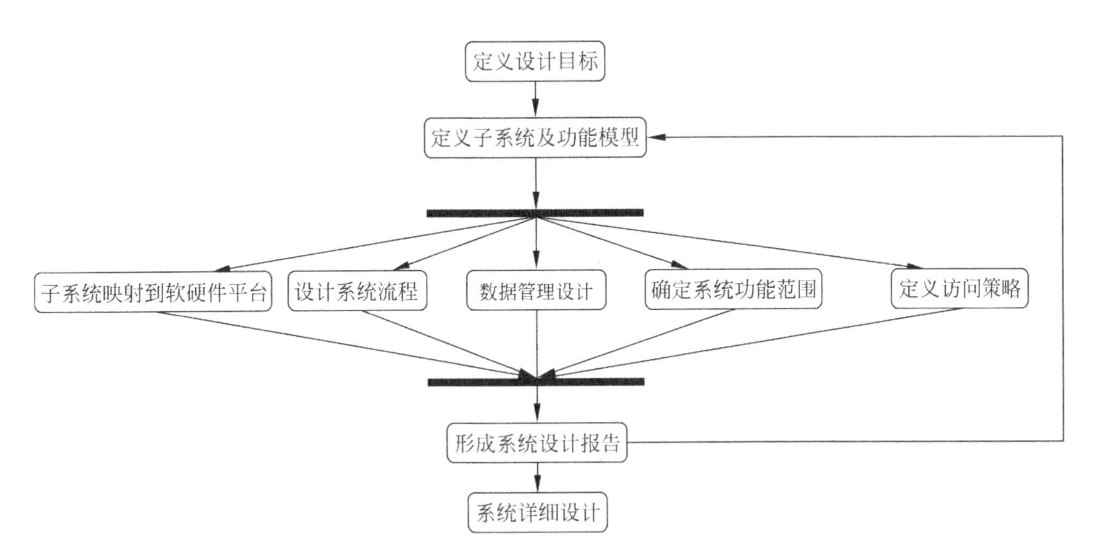

图 6-3　系统总体设计活动过程

则可以把一个子系统或对象的功能逐步分解细化为一系列具体的处理步骤。

详细设计就是要在总体设计的基础上，考虑如何实现定义的软件系统，直到对系统中的每个模块给出足够详细的过程描述，从而在编码阶段可以把这个描述直接翻译成用某种程序设计语言书写的程序。详细设计就是为了缩短设计与编程之间的距离，消除开发人员对总体设计产生的异议和理解上的分歧，为生成可靠、准确、高效的软件系统奠定基础。

(1) 对象和类设计。对象设计包括类和对象说明、组件选择、对象模型构建以及对象模型优化。在对象设计的过程中，要细化分析和系统设计的模型，确定新的对象，利用现行的组件和技术方法实现应用对象。这包括确定自定义对象、调整商品组件以及对每个子系统接口和类做出准确详细的说明。这样，对象设计模型就可以分割成类的集合，并有利于由具体的开发人员去实现。

(2) 用户界面设计。用户界面设计的是用户与系统交互的一个窗口，是否具备交互轻松、易用简洁、友好美观的用户界面将直接影响软件系统的质量，并最终影响用户对软件系统的满意程度。

(3) 数据库设计。在 UML 中，类图定义了应用程序所需要的数据结构，用实体类以及实体类之间的关系来为数据库中持久存在的数据结构建模。因此，需要将实体类映射为可以被数据类识别的数据结构。根据下面的数据库模型是面向对象型的、对象关系型的还是关系型的数据库，这些数据结构会有所不同。

6.5.4　系统实现

系统实现分编码和测试两个阶段。

1. 系统编码

编码是使用选定的程序设计语言，把经过需求分析和设计所得到的处理过程翻译成计算机可以理解并且最终可运行的代码。编码产生的源程序，应该正确可靠，简明清晰，而且具有较高的效率。了解和熟悉程序设计步骤有利于明确程序设计的环境和条件,使程序能够正确、高效率地在此环境下运行。程序设计的步骤如下。

(1) 充分理解系统总体设计和详细设计的文档,准确把握系统的软件功能、模块间的逻辑关系、算法的详细方案以及输入输出要求。

(2) 根据设计要求和软硬件环境条件选定程序设计语言。

(3) 编写程序代码。

(4) 程序的检查、编译与调试。

2. 系统测试

编码完成后,就要进行软件测试。软件测试工作一般有 4 个过程,即单元测试、集成测试、系统测试和验收测试。每一步都是在前一步基础之上进行的,其过程如图 6-4 所示。

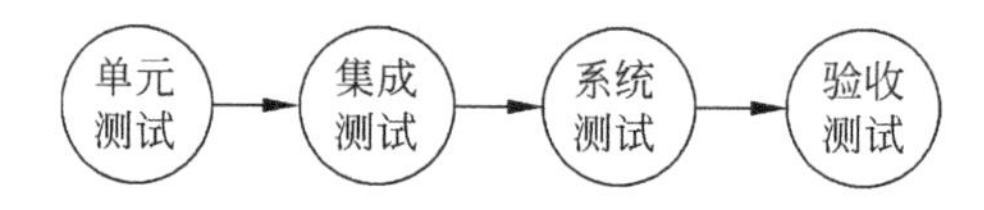

图 6-4　软件测试的过程

测试用例是为了特定目的而设计的测试数据及相关测试规程的一个特定集合,即为有效发现软件缺陷的最小测试执行单元。测试用例是为了实现测试有效性的重要工具,好的测试用例可以在测试过程中反复使用。以下是各种测试方法选择的综合策略,可在实际应用过程中参考。

(1) 首先进行等价类划分,包括输入条件和输出条件的等价划分,将无限测试变成有限测试,这是减少工作量和提高测试效率的最有效方法。

(2) 在任何情况下都必须使用边界值分析方法。经验表明,用这种方法设计出测试用例发现程序错误的能力最强。

(3) 对照程序逻辑,检查已设计出的测试用例的逻辑覆盖程度。如果没有达到要求的覆盖标准,应当再补充足够的测试用例。

(4) 对于业务流清晰的系统,可以利用场景法贯穿整个测试案例过程,在案例中综合使用各种测试方法。

这些方法是比较实用的,但采用什么方法,要针对开发项目的特点选择适当的方法。

6.6 毕业论文的格式及装订存档要求

6.6.1 毕业论文的格式要求

为了使毕业论文规范统一,各学校对毕业论文的格式都有固定的要求,应按照要求和模板进行格式调整,下面是一个例子。

1. 版式

毕业论文一律打印,采取 A4 纸张,页边距一律采取：上、下 2.5cm,左 3cm,右 1.5cm,

行间距取多倍行距(设置值为1.25);字符间距为默认值(缩放100%,间距:标准),封面采用学校统一规定的封面。

2. 字体要求

论文所用字体要求为宋体。

3. 字号

第一层次题序和标题用小三号黑体字;第二层次题序和标题用四号黑体字;第三层次及以下题序和标题与第二层次相同;正文用小四号宋体。

4. 页眉及页码

毕业论文各页均加页眉,采用宋体五号居中,打印"××大学××××届本科生毕业设计(论文)"。页码从正文开始在页脚按阿拉伯数字(宋体小五号)连续编排,居中书写。

5. 摘要及关键词

中文摘要及关键词:"摘要"二字采用三号字黑体、居中书写,"摘"与"要"之间空两格,内容采用小四号宋体。"关键词"三字采用小四号字黑体,顶格书写,一般为3~5个。

英文摘要应与中文摘要相对应,字体为小四号Times New Roman。

6. 目录

"目录"二字采用三号字黑体、居中书写,"目"与"录"之间空两格,第一级层次采用小三号宋体字,其他级层次题目采用四号宋体字。

7. 正文

正文的全部标题层次应整齐清晰,相同的层次应采用统一的字体表示。第一级为"一"、"二"、"三"等,第二级为"1.1"、"1.2"、"1.3"等,第三级为"1.1.1"、"1.1.2"等,具体格式要求详见模板(模板从教务处主页下载专区下载)。

8. 参考文献

参考文献要另起一页,一律放在正文后,在文中要有引用标注,如×××[1]。

9. 外文资料及译文

外文资料可用A4纸复印,如果打印,采用小四号Times New Roman字体,译文采用小四号宋体打印,格式参照毕业设计(论文)文本格式要求。

10. 图、表、公式

图:

(1) 要精选、简明,切忌与表及文字表述重复。

(2) 图中术语、符号、单位等应同文字表述一致。

(3) 图序及图名居中置于图的下方，用五号字宋体。

表：

(1) 表中参数应标明量和单位的符号。

(2) 表序及表名置于表的上方。

(3) 表序、表名和表内内容采用五号宋体字。

公式：

(1) 编号用括号括起写在右边行末，其间不加虚线。

(2) 公式中的英文字母和数字可以采用默认的字体和字号。

图、表与正文之间要有一行的间距，公式与正文之间不需空行；文中的图、表、附注、公式一律采用阿拉伯数字分章编号，如图 2-5，表 3-2，公式(5-1)(“公式”两个字不要写上)等。若图或表中有附注，采用英文小写字母顺序编号。

11. 量和单位

要严格执行 GB 3100—3102：93 有关量和单位的规定(具体要求请参阅《常用量和单位》，计量出版社，1996)；物理量符号用斜体，单位用正体。

单位名称的书写，可以采用国际通用符号，也可以用中文名称，但全文应统一，不要两种混用。

12. 标点符号

注意中英文标点符号的区别，不能混用。

6.6.2 毕业论文装订存档要求

学生毕业设计(论文)文本单独组档装订，顺序为：××大学本科生毕业设计(论文)封面→中文摘要、关键词→英文摘要、关键词→目录→正文→谢辞→参考文献→注释→附录。

毕业设计(论文)过程管理材料分为以学生为单位组档和以专业为单位组档两部分。

(1) 以学生为单位的组档装订顺序为：××大学本科生毕业设计(论文)过程管理封面→目录→课题申请表→任务书→开题报告→文献综述→计划进程表→中期报告→中期检查记录→指导记录→指导教师评分表→评阅教师评分表→答辩小组评分表→答辩记录→成绩评定表→外文资料及中文翻译。

(2) 以专业为单位组档装订材料为：课题落实情况统计表和毕业设计(论文)一览表。

6.7 相关 Web 资源

计算机专业毕业设计(论文)是计算机专业学生培养方案中的必要步骤。学生通过毕业论文的撰写，学习如何综合运用计算机专业知识分析、解决实际问题，使所学知识得到梳理、巩固和实际运用，不仅培养了学生实际动手的能力，还使学生的写作水平得到提高，这是很难得的经历和锻炼机会，对学生各方面经验的积累都大有裨益。

以下给出了一些毕业设计相关网站，网站中提供的计算机毕业设计是为学生在毕业设计过程中或研究编程过程中作参考之用。

1. 中国毕业设计网

网址：http://www.cnbysj.com

2. 毕业设计指导网

网址：http://www.bysj120.cn

3. 论文参考在线

网址：http://www.lwck.cn

4. 诚信毕业设计网

网址：http://www.biyesheji.com

5. 毕业设计论文网

网址：http://www.bysjlw.net

6. 毕业论文参考网

网址：http://www.lw61.com

7. 计算机技术导航

网址：http://www.csdn.com/

第7章 毕业设计(论文)的答辩与成绩评定

毕业论文提交后，首先由指导教师和评阅教师审阅并给出评语，作为评定论文书面成绩的依据。答辩是评审论文水平、学生知识水平的重要形式，是毕业设计过程中的关键环节，主要通过学生讲解、回答问题的形式，评定论文学术水平、学生沟通表达能力、基础知识掌握及运用程度和答辩情况，是指导教师和评阅教师评审论文的必要补充，能够进一步考查论文作者对其论文的认识程度及对专业知识掌握的广度和深度。通过毕业设计(论文)答辩，学生能够发表自己的见解或提出建设性的意见，可提高口头表述能力。

本章介绍了毕业设计(论文)的答辩及成绩评定，主要内容有毕业设计(论文)答辩的目的、答辩委员会成员及职责、学生答辩资格审查、答辩过程和成绩评定。

7.1 毕业设计(论文)答辩

7.1.1 毕业设计(论文)答辩的目的

毕业论文答辩是答辩委员会成员(简称答辩组老师)和撰写毕业论文的学生面对面，由答辩组老师就论文提出有关问题，让学生当面回答的过程。它有“问”有“答”，还可以有“辩”，也就是说答辩老师是主动者，学生则是根据答辩老师提出的问题做出相应的回答，然后由答辩老师根据学生的表现进行评分。

毕业设计(论文)答辩的目的，对于组织者——校方，和答辩者——毕业设计(论文)作者是不同的。

1. 对于组织者

校方组织毕业设计(论文)答辩的目的如下。

(1) 进一步考查和验证毕业设计(论文)作者对所做课题的认识程度和当场论证论题的能力。

(2) 进一步考查对专业知识掌握的深度和广度。

(3) 审查毕业设计(论文)是否独立完成等情况。

2. 对于答辩者

对于答辩者来说,答辩的目的是通过,按时毕业,取得毕业证书。学员要顺利通过毕业设计(论文)答辩,就必须了解学校组织答辩的目的,然后有针对性地做好准备,对论文中的有关问题作进一步的推敲和研究,把论文中提到的基本概念搞准确,把有关的基本理论和文章的基本观点彻底弄懂弄通。

7.1.2 答辩委员会的成员及职责

学院成立答辩委员会,由副教授及以上职称教师5～7人组成,主任由学院学位评定分委员会主席担任。答辩小组由3～5人组成,设组长1人,秘书1人,答辩小组组长由副教授及以上职称教师担任,成员必须由中级及以上职称的教师担任。

答辩委员会的主要工作职能是审定学生答辩资格,公布答辩日程安排和答辩学生名单;制定答辩工作程序和要求,组织全院答辩工作;审核评定学生成绩等。

7.1.3 学生答辩资格审查

在毕业设计(论文)答辩前,各学院应根据毕业设计(论文)答辩资格审查要求对学生答辩资格进行审查,凡有下列行为之一者取消其答辩资格。

(1) 未完成毕业设计(论文)工作任务。

(2) 学生缺勤(包括病、事假)累计超过毕业设计(论文)时间1/3以上。

(3) 毕业设计(论文)有较大错误,经指导教师指出而未修改。

(4) 毕业设计(论文)格式不符合规范要求。

(5) 毕业设计(论文)中有抄袭他人成果或请他人代做。

答辩前,指导教师、评阅教师根据毕业设计(论文)评定标准完成毕业设计(论文)的评阅,写出评语,给出成绩。评阅教师由答辩小组指定,指导教师不能兼任所指导学生设计(论文)的评阅教师。《××大学毕业设计(论文)指导教师评分表》和《××大学毕业设计(论文)评阅教师评分表》分别如表7-1和表7-2所示。

7.1.4 毕业设计(论文)的答辩过程

毕业设计(论文)的答辩是答辩委员会对学生毕业设计(论文)的审查过程,答辩过程通常按以下程序和步骤进行,如图7-1所示。

表 7-1　××大学毕业设计(论文)指导教师评分表

××大学毕业设计(论文)指导教师评分表

(指导教师用表)

学院：　　　　　　　　　　　　专业：　　　　　　　　　　　　年级：

姓名		学号		指导教师		职称		
毕业论文(设计)题目								
评分内容	具体要求	分值	分项评分标准					得分
			优秀	良好	中等	及格	不及格	
选题质量	符合培养目标,体现学科专业特点且选题角度新颖,富有创新性,具有较高的理论水平和现实意义。	10	9—10	8—9	7—8	6—7	6分以下	
科学素养、学习态度	工作严谨,认真诚实,学习努力、勤奋,严格遵守校纪,按《××大学本科毕业设计(论文)计划进程表》圆满完成规定的任务。	10	9—10	8—9	7—8	6—7	6分以下	
文献检索、阅读	文献查阅、翻译、阅读能力强,归纳总结本领域有关科学成果,有完整的文献综述报告(不少于1000字)。	10	9—10	8—9	7—8	6—7	6分以下	
调研论证	能独立查阅文献资料及从事其他形式的调研,能较好地理解课题任务并提出可行方案,有分析整理各类信息并从中获取新知识的能力,有完整的开题报告(不少于1500字)。	10	9—10	8—9	7—8	6—7	6分以下	
综合运用知识能力	能综合运用所学知识分析论证有关问题,概念清楚,并提出解决问题的办法与建议,同时具有很强的计算机运用技能和较高的外文水平。	20	18—20	16—18	15—16	12—14	12分以下	
写作水平	论点鲜明,观点正确,论据充分,论证有力,结构合理,语言流畅。	15	14—15	12—13	10—11	9—10	9分以下	
写作规范	结构严谨、文字通顺,图表清楚,符合《××大学本科毕业设计(论文)撰写规范》的基本要求。	15	13—15	12—13	10—12	9—10	9分以下	
成果的理论或实际意义	有独到的个人见解,学术性较强,应用研究对于实际工作具有一定意义。	10	9—10	8—9	7—8	6—7	6分以下	
总分		100	90—100	80—89	70—79	60—69	60分以下	
评定成绩(百分制)：		指导教师(签字)： 年　月　日						

表 7-2　××大学毕业设计(论文)评阅教师评分表

××大学毕业设计(论文)评阅教师评分表

(评阅教师用表)

学院：　　　　　　　　　　　　专业：　　　　　　　　　　　　年级：

姓名		学号		评阅教师		职称	
毕业论文(设计)题目							

评分内容	具体要求	分值	分项评分标准					得分
			优秀	良好	中等	及格	不及格	
选题质量	符合培养目标，体现学科专业特点且选题角度新颖，富有创新性，具有较高的理论水平和现实意义。	20	18—20	16—18	14—16	12—14	12分以下	
任务量	完成了毕业设计(论文)有关各项任务，表现出较强的综合分析问题和解决问题的能力。	20	18—20	16—18	14—16	12—14	12分以下	
文献检索、阅读	文献查阅、翻译、阅读能力强，归纳总结本领域有关科学成果，有完整的文献综述报告(不少于1000字)。	10	9—10	8—9	7—8	6—7	6分以下	
写作水平	论点鲜明，观点正确，论据充分，论证有力，结构合理，语言流畅。	20	18—20	16—17	14—15	12—13	12分以下	
写作规范	结构严谨、文字通顺，图表清楚，符合《××大学本科毕业设计(论文)撰写规范》的基本要求。	10	9—10	8—9	7—8	6—7	6分以下	
成果的理论或实际意义	有独到的个人见解，学术性较强，应用研究对于实际工作具有一定意义。	20	18—20	16—18	14—16	12—14	12分以下	
总分		100	90—100	80—89	70—79	60—69	60分以下	

评定成绩(百分制)：		评阅教师(签字)： 年　月　日

1. 答辩者做答辩报告

答辩开始之前，答辩者要做好充分的准备工作，要求思路清楚，内容重点阐述自己所做的工作，要注意时间的限制，要多做练习。答辩者报告毕业设计（论文），一般使用做好的演示文稿（即幻灯片），其内容主要包括如下三个方面。

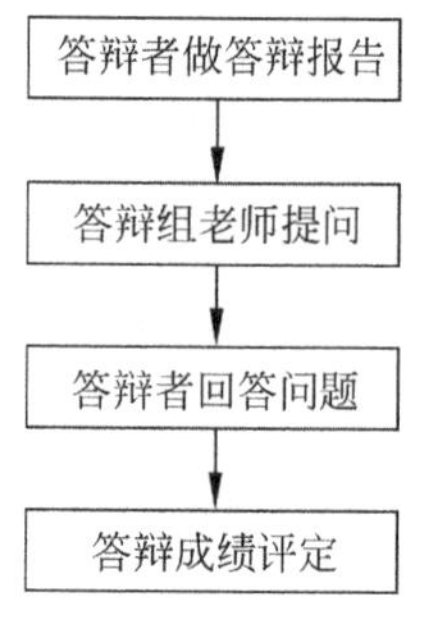

图 7-1　答辩过程

（1）简介自我。答辩者用三言两语，精练明了地介绍自己的姓名、所学专业、所在班级，为答辩作一个有礼貌的开篇。做简介时态度应热情友好、彬彬有礼、文雅得体。

（2）简述梗概。答辩者简述自己经过精心准备的答辩报告，主要就毕业论文的基本思想、主要内容及作品或者成果的结构、设计技术等作概括性介绍（时间不超过 10 分钟）。对于较大规模的由多人参加的课题，答辩时以课题为单位，由课题小组组长用 15 分钟左右的时间介绍该组的设计情况、人员分工等；同时介绍论文的选题意义、设计目标和研究方法等，并通过演示作品，较详细地介绍论文的主要工作、技术难点和重点。

（3）简明自评。答辩者用简明的语言对论文作自我评价，如研究题目的价值、认识的提高、心得和不足等。

2. 答辩组老师提问

答辩者报告之后，答辩组老师就课题的设计情况、论文等有针对性地提问。提问一般会根据论文所涉及的学术范围，不会离开原文很远。它涉及的是原文的重要核心部分或是作者没有注意到的薄弱环节和不足之处。也就是说，答辩老师提出的问题大体能够真实地衡量作者的知识水平和论文水平。具体包括以下几个方面。

（1）考查毕业论文是否学生本人所做，并考查答辩人对论文的理解、掌握程度等。

（2）引导学生对论文中创造性工作及新见解作进一步阐述和发挥。

（3）询问论文中存在的错误、含糊、未详细展开之处，以及本人未认识到的重要发现或工作。

（4）请本人对论文作自我评价，简述今后继续开展此项工作的打算。

（5）提出答辩的问题，考查学生的学术水平和解决问题的能力及表达能力。

3. 答辩者回答问题

答辩者回答问题有两种方式，一种是有准备的回答，一种是即席回答。有准备的回答是答辩组老师提出问题后，安排 15 分钟左右的时间让答辩者准备，之后在限定的时间内按顺序、按要求作出回答。即席回答是答辩组老师当场发问或追问，让学生立即回答。

答辩组老师提问和答辩者回答问题，答辩秘书需进行答辩记录，《××大学毕业设计（论文）答辩记录》如表 7-3 所示。

表 7-3 ××大学毕业设计(论文)答辩记录

××大学毕业设计(论文)答辩记录

<table>
<tr><td>姓名</td><td></td><td>学号</td><td></td><td>年级</td><td></td></tr>
<tr><td>学院</td><td colspan="2"></td><td>专业</td><td colspan="2"></td></tr>
<tr><td>题目</td><td colspan="5"></td></tr>
<tr><td>答辩时间</td><td colspan="5">年　月　日</td></tr>
<tr><td>答辩小组组长：
答辩小组成员：</td><td colspan="5"></td></tr>
</table>

答辩记录[以问答形式记录]：

答辩小组秘书(签字)：

4. 答辩成绩评定

答辩小组根据毕业设计(论文)评定标准完成答辩的评分，写出评语，给出成绩。《××大学毕业设计(论文)答辩小组评分表》如表 7-4 所示。

表 7-4　××大学毕业设计（论文）答辩小组评分表

××大学毕业设计（论文）答辩小组评分表

（答辩小组用表）

学院：　　　　　　　　　　　　　　专业：　　　　　　　　　　　　　　年级：

姓名		学号		答辩小组组长		职称		
毕业论文（设计）题目								
评分内容	具体要求	分值	分项评分标准					得分
			优秀	良好	中等	及格	不及格	
毕业设计（论文）陈述	能简明扼要地阐述设计（论文）的主要内容且思路清晰，语言表达准确，概念清楚，论点正确，分析归纳合理。	30	27—30	24—27	21—24	18—21	18分以下	
学术水平	设计（论文）有独到的见解，富有新意，或对某些问题有较深刻的分析，有较高的学术水平或较大的实用价值。	10	9—10	8—9	7—8	6—7	6分以下	
答辩情况	能够准确深入地回答所提出的问题，基本概念清楚，有理有据，语言表达能力强。	50	45—50	40—44	35—39	30—34	30分以下	
其他情况	资料齐全，文本规范，符合《××大学本科生毕业设计（论文）管理暂行办法》的各项规定。	10	9—10	8—9	7—8	6—7	6分以下	
总分		100	90—100	80—89	70—79	60—69	60分以下	
评定成绩（百分制）：		答辩小组成员（签字）： 年　月　日						

7.2　毕业设计(论文)成绩的评定

毕业设计（论文）成绩采用五级记分制评定，根据指导教师、评阅教师和答辩小组的评分，最终确定评分等级。指导教师、评阅教师、答辩小组评分所占比例参考值为 50%、20%、30%。优秀的比例一般控制在 15%以内，优良比例不超过 65%。《××大学毕业设计（论文）成绩评定表》如表 7-5 所示。

表 7-5　××大学毕业设计(论文)成绩评定表

××大学本科生毕业设计(论文)成绩评定表

学院：

<table>
<tr><td>姓　名</td><td></td><td>专业　年级</td><td></td></tr>
<tr><td>设计(论文)题目</td><td colspan="3"></td></tr>
<tr><td>论文内容提要</td><td colspan="3"></td></tr>
<tr><td rowspan="2">指导教师评语</td><td colspan="3"></td></tr>
<tr><td colspan="3">成绩：　指导教师(签名)：　年　月　日</td></tr>
<tr><td rowspan="2">评阅教师评语</td><td colspan="3"></td></tr>
<tr><td colspan="3">成绩：　评阅教师(签名)：　年　月　日</td></tr>
<tr><td rowspan="2">论文答辩小组意见</td><td colspan="3"></td></tr>
<tr><td colspan="3">成绩：　组长(签名)：　年　月　日</td></tr>
<tr><td rowspan="2">院答辩委员会审核意见</td><td colspan="3"></td></tr>
<tr><td colspan="3">总评成绩：　主任(签名)：　年　月　日</td></tr>
</table>

注：本表一式两份，一份入学生档案，一份存档。

毕业设计(论文)成绩评定的标准如下。

1. 优秀(90分以上)

(1) 工作态度：在毕业设计(论文)工作期间，工作刻苦努力，态度认真，遵守各项纪律，表现出色。

(2) 能力水平：能按时、全面、独立地完成与毕业设计(论文)有关的各项任务，表现出较强的综合分析问题和解决问题的能力。

(3) 论文价值：设计(论文)立论正确，理论分析透彻，解决问题方案恰当，结论正确，并且有一定创见性，有较高的学术水平或较大的实用价值。

(4) 论文表述：设计(论文)中使用的概念正确，语言表达准确，结构严谨，条理清楚，逻辑性强，栏目齐全，书写工整。

(5) 格式规范：设计(论文)写作格式规范，符合有关规定。论文中的图表、设计中的图纸在书写和制作上规范，能够执行国家有关标准。

(6) 实验数据：原始数据搜集得当，实验或计算结论准确可靠，能够正确使用计算机进行研究工作。

(7) 答辩情况：在设计(论文)答辩时，能够简明和正确地阐述主要内容，能够准确深入地回答主要问题，有很好的语言表达能力。

2. 良好(80~89分)

(1) 工作态度：在毕业设计(论文)工作期间，工作努力，态度认真，遵守各项纪律，表现良好。

(2) 能力水平：能按时、全面、独立地完成与毕业设计(论文)有关的各项任务；具有一定的综合分析问题和解决问题的能力。

(3) 论文价值：设计(论文)立论正确，理论分析得当，解决问题方案实用，结论正确。

(4) 论文表述：设计(论文)中使用的概念正确，语言表达准确，结构严谨，条理清楚，栏目齐全，书写工整。

(5) 格式规范：设计(论文)写作格式规范，符合有关规定。论文中的图表、设计中的图纸在书写和制作上规范，能够执行国家有关标准。

(6) 实验数据：原始数据搜集得当，实验或计算结论准确，能够正确使用计算机进行研究工作。

(7) 答辩情况：在设计(论文)答辩时，能够简明和正确地阐述主要内容，能够准确地回答主要问题，有较好的语言表达能力。

3. 中等(70~79分)

(1) 工作态度：在毕业设计(论文)工作期间，工作努力，态度比较认真，遵守各项纪律，表现一般。

(2) 能力水平：能按时、全面、独立地完成与毕业设计(论文)有关的各项任务；综合分析问题和解决问题的能力一般。

(3) 论文价值：设计(论文)立论正确，理论分析无原则性错误，解决问题方案比较实用，结论正确。

(4) 论文表述：设计(论文)中使用的概念正确，语句通顺，条理比较清楚，栏目齐全，书写比较工整。

(5) 格式规范：设计(论文)写作格式规范，符合有关规定。论文中的图表、设计中的图纸在书写和制作上规范，能够执行国家有关标准。

(6) 实验数据：原始数据搜集得当，实验或计算结论基本准确，能够正确使用计算机进行研究工作。

(7) 答辩情况：在设计(论文)答辩时，能够阐述主要内容，能够比较正确地回答主要问题。

4. 及格(60~69分)

(1) 工作态度：在毕业设计(论文)工作期间，基本遵守各项纪律，表现一般。

(2) 能力水平：能够在教师指导下，按时和全面地完成与毕业设计(论文)有关的各项任务。

(3) 论文价值：设计(论文)立论正确，理论分析无原则性错误，解决问题的方案有一定的参考价值，结论基本正确。

(4) 论文表述：设计(论文)中使用的概念基本正确，语句通顺，条理比较清楚，栏目齐全，书写比较工整。

(5) 格式规范：设计(论文)写作格式基本规范，基本符合有关规定。论文中的图表、设计中的图纸在书写和制作上基本规范，基本能够执行国家有关标准。

(6) 实验数据：原始数据搜集得当，实验或计算结论基本准确，能够使用计算机进行研究工作。

(7) 答辩情况：在论文答辩时，能够阐述出主要内容，经答辩教师启发，能够回答主要问题。

5. 不及格(59分以下，同时具备以下三条或三条以上者)

(1) 工作态度：在毕业设计(论文)工作期间，态度不够认真，有违反纪律的行为。

(2) 能力水平：在教师指导下，仍不能按时和全面地完成与毕业设计(论文)有关的各项任务。

(3) 论文价值：设计(论文)中，理论分析有原则性错误，或结论不正确。

(4) 论文表述：设计(论文)写作格式不规范，文中使用的概念有不正确之处，栏目不齐全，书写不工整。

(5) 格式规范：论文中的图表、设计中的图纸在书写和制作上不规范，不能够执行国家有关标准。

(6) 实验数据：原始数据搜集不得当，计算结论不准确，不能正确使用计算机进行研究工作。

(7) 答辩情况：在设计(论文)答辩时，不能正确阐述主要内容，经答辩教师启发，仍不能正确地回答问题。

第8章

毕业设计(论文)工作的检查与评估

毕业设计(论文)的检查与评估,是保证教学质量的重要环节。毕业设计(论文)的质量直接关系到人才培养的质量和学校的总体教学水平,搞好毕业设计(论文)工作对保证高校人才培养质量具有十分重要的意义。

8.1 毕业设计(论文)质量评估

学院成立质量检查与评估专家小组,对毕业设计(论文)工作全过程进行工作普查。普查内容包括课题质量,毕业设计(论文)工作进度,教师到位及指导作用,学生出勤情况,答辩、成绩评定情况,论文水平与质量等。

检查的目的主要有两个:一是督促按计划保质保量完成;二是发现问题,及时提出改进建议。

毕业设计(论文)答辩结束后,对本院学生的毕业设计(论文)进行评估,写出评估分析报告。评估可采取抽样评估,抽样评估比例为本学院毕业生人数的40%。

毕业设计(论文)工作结束后,各学院在质量检查与评估基础上认真总结工作中的经验、存在的问题以及对此项工作的意见和建议,并将书面总结报告与每年9月底前报教务处备案。

学校在各学院自评的基础上组织学校教学督导委员会专家组按照《××大学本科生毕业设计(论文)质量评价方案》对学生毕业设计(论文)进行评估。对学生毕业设计(论文)以专业为评估单元,按一定比例采取随机抽取的方式进行。

评估结果90分以上为优秀;80～90分为良好;70～79分为中等;60～69分为合格;60分以下为不合格。校级评估为优秀的学院和专业,学校将给予表彰和奖励。为激励教师认真指导毕业设计(论文),学校开展毕业设计(论文)优秀指导教师评选工作。

《××大学本科生毕业设计(论文)质量评价方案》如表8-1所示。本方案采用等级评定和等级状态方程表示法。按照评价内涵要求给出评价等级(打“√”),评价等级(A、B、C、D)与权重数值无关。最后的评价结果用状态方程 $V=aA+bB+cC+dD$ 表示,其中a、b、c、d分别表示评价结果为A、B、C、D这4个等级的权重数值之和。

$a\geqslant70$、$d=0$ 或 $a\geqslant80$、$d\leqslant6$ 者为优秀;$a+b\geqslant70$、$d=0$ 或 $a+b\geqslant80$、$d\leqslant10$ 者为良好;$a+b+c\geqslant80$ 者为及格;$d>20$ 者为不及格。

表 8-1　××大学本科生毕业设计(论文)质量评价方案

××大学本科生毕业设计(论文)质量评价方案

评价基元	评价要素		评价内涵	权重	评价方法	评价等级			
						A	B	C	D
选题质量20%	01	目的明确，符合要求	符合培养目标，体现学科、专业特点和教学计划中对能力知识结构的基本要求，达到毕业论文综合训练的目的。	7	查阅毕业设计(论文)及有关材料				
	02	理论意义或实用价值	符合本学科的理论发展，解决学科建设、科学发展的理论或方法问题，有一定的科学意义，符合我国经济建设和社会发展的需要，解决应用性研究中的某个理论或方法问题，具有一定的实用价值。	7					
	03	选题适当	题目贴切，有较强科学性，难易度适中，题目规模适当。	6					
能力水平40%	04	查阅文献资料能力	能独立查阅相关文献资料，归纳总结本领域有关科学成果。	7					
	05	综合运用知识能力	能运用所学专业知识分析论述有关问题，能对占有资料进行分析整理并适当运用，概念清楚，能以恰当的论据对科学论点进行有说服力的论证。	10					
	06	研究方案的设计能力	设计(论文)的整体思路清晰，结构完整，研究方案完整有序。	9					
	07	研究方法和手段的运用能力	能熟练地运用本学科的常规科学研究方法，能适当运用相关研究手段(如计算机、实验仪器设备等)进行资料搜集、加工、处理并辅助论文写作。	10					
	08	外文应用能力	能按学校规定结合论文阅读、翻译一定量的本专业外文资料，有外文摘要和参考文献。	4					
成果质量管理40%	09	文题相符	论文较完整地回答了题目所设定的有关问题。	6					
	10	写作水平	论点鲜明，观点正确，论据充分，论证有力，条理分明，语言流畅。	14					
	11	写作规范	符合《××大学本科毕业设计(论文)撰写规范》的基本要求。	5					
	12	篇幅	全文不少于8000字。	5					
	13	成果的理论或实际意义	在理论上具有新意，应用性研究对于实际工作具有一定意义。	10					

8.2　管理工作评价

学校在各学院自评的基础上组织学校教学督导委员会专家组按照《××大学本科生毕业设计(论文)管理工作评价方案》对学院管理工作进行评估。

《××大学本科生毕业设计(论文)管理工作评价方案》如表 8-2 所示。本《方案》采用等级评定和等级状态方程表示法。评价时只需按照评价内涵给出评价等级(在 A 或 B 或 C 或 D 格内打"√")。最后的评价结果用状态方程 V=aA+bB+cC+dD 表示,其中 a、b、c、d 分别表示评价结果为 A、B、C、D 这 4 个等级的权重数值之和。

符合下列标准者为优:D=0,A≥70;或 D<5,A≥80。

符合下列标准者为良:D=0,A+B≥70;或 D<10,A+B≥80。

符合下列标准者为及格:A+B+C≥80。

下列情况为不及格:D≥20。

表 8-2 ××大学本科生毕业设计(论文)管理工作评价方案

××大学本科生毕业设计(论文)管理工作评价方案

<table>
<tr><th rowspan="2">评价基元</th><th colspan="2" rowspan="2">评价要素</th><th rowspan="2">数值</th><th rowspan="2">评价内涵</th><th rowspan="2">评价方法</th><th colspan="4">评价等级</th></tr>
<tr><th>A</th><th>B</th><th>C</th><th>D</th></tr>
<tr><td rowspan="3">管理文件 15%</td><td>01</td><td>综合管理文件</td><td>5</td><td>关于毕业设计(论文)综合管理文件。</td><td>查阅学院管理细则</td><td></td><td></td><td></td><td></td></tr>
<tr><td>02</td><td>对毕业设计(论文)规范化要求</td><td>5</td><td>关于毕业设计(论文)规范化要求的规定。</td><td>查阅规定或文件</td><td></td><td></td><td></td><td></td></tr>
<tr><td>03</td><td>评分标准</td><td>5</td><td>具体评分细则。</td><td>查阅评分细则</td><td></td><td></td><td></td><td></td></tr>
<tr><td rowspan="2">组织管理 15%</td><td>04</td><td>管理机构</td><td>5</td><td>院、系从事毕业设计(论文)管理的专兼职人员配备情况及相应的岗位职责。</td><td>查阅人员名单、岗位职责</td><td></td><td></td><td></td><td></td></tr>
<tr><td>05</td><td>指导教师</td><td>10</td><td>指导教师职称结构,平均每位指导教师指导的学生数。</td><td>查阅指导教师名单、职称、指导学生数</td><td></td><td></td><td></td><td></td></tr>
<tr><td rowspan="5">过程管理 45%</td><td>06</td><td>选题程序</td><td>10</td><td>选题原则和程序。</td><td>查阅有关材料</td><td></td><td></td><td></td><td></td></tr>
<tr><td>07</td><td>中期检查</td><td>10</td><td>中期检查的布置,检查总结情况。</td><td>查阅有关文件、检查原始记录、文字小结</td><td></td><td></td><td></td><td></td></tr>
<tr><td>08</td><td>评阅答辩</td><td>10</td><td>评阅答辩的组织与程序及执行情况。</td><td>查阅有关文件和材料,现场检查答辩情况</td><td></td><td></td><td></td><td></td></tr>
<tr><td>09</td><td>成绩分布</td><td>10</td><td>以专业为单位的成绩统计。</td><td>查阅成绩统计表</td><td></td><td></td><td></td><td></td></tr>
<tr><td>10</td><td>总结、归档</td><td>5</td><td>总结材料,归档情况。</td><td>查阅有关材料,总结、归档情况是否按学校规定时间上报</td><td></td><td></td><td></td><td></td></tr>
<tr><td rowspan="3">毕业设计质量 25%</td><td>11</td><td>选题质量</td><td>5</td><td rowspan="3">按毕业设计(论文)质量评价方案要求。</td><td rowspan="3">查阅毕业设计(论文)</td><td></td><td></td><td></td><td></td></tr>
<tr><td>12</td><td>能力水平</td><td>15</td><td></td><td></td><td></td><td></td></tr>
<tr><td>13</td><td>设计(论文)质量</td><td>5</td><td></td><td></td><td></td><td></td></tr>
</table>

第9章

职业训练与沟通技巧

毕业生走入社会面临的不仅是就业问题，更要面临“从学生向职业人的转变”，这一转变在用人单位对应聘者的筛选过程中就被纳入考评范围。用人单位在对应聘者的筛选过程中，除了考虑岗位所需要的专业技能以外，更多的是应聘者是否具有基本的职业素养。用人单位会考虑“不选最优秀的，只选最适合自己的”，“优者上、平者让、庸者下”，“有德有才破格使用，有德无才培养使用，有才无德限制使用，无德无才坚决不用”的用人原则。

即将走入社会的应届毕业生必须要了解并掌握这些职业素养，主要内容包括什么，正确的职业素养又是什么。目前在各式各样的组织中最重视以下一些思想：时间观念、不断学习、主动积极、敢于承担，团队合作精神、重视与人沟通等，在这些思想基础上又衍生了一系列的科学管理方法。本章就对工作中的一些科学方法做简单介绍，主要内容有时间管理、项目管理、团队合作与沟通技巧。

9.1 时间管理

在工作过程中我们必须心存时间观念，也就是经常思考我们用多长时间来做一件事或几件事，它们的优先顺序又是什么，每件事又分配多长时间，我们必须有时间的“成本”意识。

时间对每个人都同样公平，每人每天都是24小时，每小时都是60分，每分都是60秒。既然时间是公平的，那么为什么有人在有限的时间里既取得了学业的成就、事业的成功，又没耽误享受亲情和友情，还能使自己的生活丰富多彩？秘密在于是否掌握时间管理——其本质是主动有效地控制时间，而非被动地受制于时间。

9.1.1 时间管理的原则

总的来说，在考虑时间分配时有以下几个原则。

1. 制订计划

计划是为完成目标而事前对措施和步骤作出的部署。事先计划是时间管理的根本途径，要想控制时间，必须首先制订计划。

可以采用树杈法(又叫鱼骨法、特性要因图)，分别按照人、机器、材料、方法和环境几个要素对目标进行展开，将目标分解成任务，形成计划，步骤如下。

(1) 写下一个大目标。

(2) 写出实现该目标所有的必要条件及充分条件，作为小目标，即第一层树杈。

(3) 写出实现每个小目标所需的必要条件及充分条件，变成第二层树杈。

(4) 如此类推，直到画出所有的树叶——即时目标为止，才算完成该目标多杈树的分解。

(5) 检查多杈树分解是否充分。即从树叶到树枝再到树干不断检查，如果小目标均达成，大目标是否一定会达成，如是则表示分解已完成；如不是则表明所列的条件还不够充分，继续补充被忽略的树枝。

2. 排序分时

事情总有轻重缓急，排序分时就是保证我们最应该做的事情能够得到相应的时间资源以达成它。那么什么是最应该做的事情，而且是最应该第一时间做的事情，我们有一个科学的方法，可以将一段时间内各工作事项分为 4 个象限，紧急性按横坐标排列，重要性按纵坐标排列，如表 9-1 所示。

表 9-1 工作四象限

	紧急	不紧急
重要	第一象限 如危机，急迫的问题，有限期的任务、会议，筹备事项等。	第二象限 如准备及预防工作，规划计划，关系的建立，培训、授权、创新等。
不重要	第三象限 如干扰、一些电话，一些会议，一些紧急事件，符合别人期望的事等。	第四象限 如细琐的工作，浪费时间的闲聊，无关紧要的信件，无关紧要的私人电话等。

(1) 第一象限“重要紧急”的事需马上做，尽量在最短最快的时间内完成这些事情。

(2) 第二象限“重要不紧急”的事影响深远，效益是中长期的。应把主要的精力和时间集中地放在处理“重要不紧急”的工作上。如果掌握了时间的规划，“重要紧急”的事就不会产生。

(3) 第三象限“紧急不重要”的事，要学会说“不”。一个人的时间和精力是有限的，对于自己不重要的事情，能不做就不做，想办法拒绝或推脱工作。如果确实需要自己来完成，那么就使用最短的时间完成这些工作。

(4) 第四象限“不重要不紧急”的事，坚持尽量不做。

我们容易把握不清的是第二象限“重要不紧急”和第三象限“紧急不重要”事情的优先级。对众多成功人士的调查显示，很多成功人士在第二象限和第三象限的事情优先级上，会侧重于对第二象限的事情投入更多时间和精力。合理地按照紧急和重要两个坐标轴划分自己的工作事项，应将大部分时间和精力放在“重要不紧急”的工作上，主要根据第二象限的工作制订计划，这是一条有效提高效率的途径，也是成功之道。

3. 80/20 原则

80/20 原则，也叫帕雷托原则，也就是“重要的少数原则”，这一原则广泛存在于所有的事务中。对于我们的工作而言，80%的工作价值来自于20%的工作事项，而剩下的20%的价值来自于80%的工作事项。

20%的工作事项创造80%的工作价值，这一原则对我们的指导意义在于：要抓住工作的关键，就要集中80%的主要精力做20%的主要工作，这样就可以保证80%的工作结果；改进这20%的工作处理方法，可以获得80%的新效果。

4. 符合生理周期

了解自己的“兴奋”和“低潮”时间段，并以此为依据制定自己每天的工作计划。

5. 养成习惯

(1) 好习惯是在有意识的控制中形成的，坏习惯是在无意识的放任中形成的。

(2) 我们先要塑造自己良好的习惯，然后好习惯会塑造我们自己。

(3) 形成好习惯的过程同时也是克服坏习惯的过程，形成过程中会比较困难，但好习惯一旦养成也会具有自然的惯性，保持起来相对比较容易。

“思想决定行为，行为形成习惯，习惯形成性格，性格决定命运”，习惯的形成始于思想或意识，在不断有规律地坚持某一行为中形成，坚持下去，21天可基本形成习惯。

9.1.2 时间管理的步骤

1. 分析当前工作事项和时间支配

分析在一个工作日内都做了哪些工作事项和实际用时，连续记录4周后汇总成周和月度工作完成情况表。运用“紧急性”、“重要性”、“效益性”指标对工作事项作出分类，分别归纳到第一至第四象限中。

2. 确定浪费时间的因素，并列出应对策略

审查自己时间使用情况，并确定浪费时间的因素。针对每一种浪费时间的因素，思考适合自己风格的策略，一次对付一种浪费时间的因素。对自己制定的策略进行尝试，保留切合实际的策略。

3. 审核目标

审核个人的工作目标是否与组织的战略、目标、部门的任务以及岗位职责相适应。考虑为每一目标安排的优先顺序、时间资源分配和完成期限。

4. 将目标分解成可管理的任务

采用树杈法将工作目标分解成需要完成的多层任务，在此基础上才能制定自己的年度、

半年、季度、月度、周工作计划。根据任务对首要目标的支持程度,给每项任务设定优先顺序,将任务按先后顺序进行排列。

5. 安排时间计划

(1) 在任务分解的基础上制定自己的年度、半年、季度、月度、周工作计划;同时从长期和短期的角度考虑,计划每天应完成的任务,一次应制定出数周甚至数月的时间安排。

(2) 根据计划确定所有必要的工作事项,运用"紧急性"、"重要性"、"效益性"指标对工作事项作出分类,分别归纳到第一至第四象限中。

(3) 运用第二象限工作法排出完成事项的顺序和分配时间资源。

6. 实施计划并力争形成习惯

(1) 带上待办事项清单,需要时对照查询,以保证至少完成了当天的首要任务。

(2) 在一天结束时对计划进行复核。奖赏自己按计划完成了某些任务,并在一周剩下的时间内对计划进行必要的调整。

(3) 谨记,像坚持计划这样的新习惯一开始是很难保持的。习惯成自然,实践得越多,保持起来就会越容易。

7. 评估计划并进行调整

在使用有关辅助工具安排时间一个月之后,监督自己的执行情况及其所带来的结果。如果在按时完成任务方面有困难,可以让你的经理、同事和下属提供反馈意见。采纳他们的意见,不断改进自己的工作,并根据分析修订自己的计划。

9.2 项目管理

项目管理是在项目活动中运用一系列的知识、技能、工具和技术,以满足或超过相关利益者对项目的要求。对于以项目为基本运作单位的IT服务公司来说,主要目标是让每个项目都能使客户满意、公司获利。虽然单方面提高项目管理水平还不能达到此目标,但项目管理无疑起着举足轻重的作用。因此,项目管理已经是公认的IT服务公司核心竞争力之一。

项目管理是一门科学,它包括项目管理中各方面的管理知识和管理体系。项目管理有8大要素,即范围、时间、成本、质量、人力、风险、采购和沟通。一个成功的项目与这些因素是密切相关的。但是在项目的实际参与中,在项目的操作过程中,可以发现无论是项目管理中的哪个因素,与其关联最多、涉及活动最多的是项目干系人(stakeholders)。项目干系人一般包括客户或者用户、项目团队、项目公司的管理层等一些主要的利害关系者。

项目管理中时间、成本、质量、人力、风险和采购等很大一部分是与人的沟通、对人的管理、如何做好人的管理、如何组建一个成功的项目团队、如何在项目中发挥团队的最大潜力、如何与客户的关系日趋完善、如何做到让客户满意。

9.2.1 项目管理要解决的实际问题

1. 项目定义中的问题

如何合理地定义客户需求，明确项目范围，是实施项目管理面临的首要问题。客户与企业之间具有很强的互动性，与客户充分沟通，共同进行挖掘，才能真正贴近客户的需求。“以客户需求为导向”必须作为我们的第一原则被贯彻执行于项目立项、开发、试产和交付等各个环节中，能否真正细致地了解客户需求往往会决定项目的成败。

2. 项目组织实施中的问题

IT行业是一个高智力密集型行业，不仅项目资源调度复杂化，而且会影响到项目的实施进度。在项目组织实施过程中，不可避免地存在着职能型部门与项目团队的冲突、知识员工的个性化与团队运行模式的冲突等，这也是项目实施过程中必须考虑的。

3. 项目控制中的问题

在项目实施全过程中，企业需要与客户、合作伙伴进行充分沟通与交流，严格保证和控制各项里程碑的完成时间。其中任何一个环节、任何一个里程碑出现问题，都会影响到整个项目的进程。另外，在IT项目管理中，常常会面临应用技术、业务需求等方面的变化，这也增加了项目控制的难度。

4. 项目评价中的问题

项目评价有两个方面，一是评价项目，由于IT项目客户需求难以定义清晰，导致项目范围模糊，这给合理地评价项目带来了困难；二是评价项目成员，对于IT项目来说，项目员工具有较强的个性，渴望价值创造与自我实现，如何做到公正、客观、量化地评价员工的价值，也是IT项目管理的难点。

在实施IT项目时，企业在项目管理中只有正视这些问题，并切实致力于解决这些问题，才有可能形成真正的核心竞争力。

9.2.2 项目管理的步骤

为了在商业竞争中获得成功，管理者必须在预算内按时完成任务。项目就是一系列活动的集合，这些活动都是围绕一个特定的目标，并在一定的预算和时间内进行。在当今的竞争性商业环境下，采用一种柔性的、能适应客户需求变化的方法至关重要。

在实施一个IT服务项目的时候，项目经理应该按照项目管理方法，克服实施中的困难，跟踪任务的进展，并适应不断的变化。从长远来看，成功地运用管理方法，有助于节省时间和工作量，减少失败的风险。

在实施一个项目的时候，可以参照以下步骤。

(1) 定义一个项目，确立项目的关键点。

(2) 考察团队关键角色,谁是赞助人、谁是项目经理、谁是核心成员、客户,供应商有哪些。

(3) 确保所有人都明确项目的目标,识别项目的成功要素。此时,制定一个详尽的项目计划至关重要,包括对目标、活动、资源需求和进度进行安排,这可以对项目起到指导作用。而且,由于环境和用户的IT需求常常会改变,所以不能拘泥于原有的计划。如果要完成计划,项目经理就必须有效预见、识别变化的时机,并有效评价变化造成的影响。

(4) 确立项目阶段。项目一般都有5个阶段:启动、计划、激励、监督和结束。

在IT服务项目中,一个项目的结束并不意味着实施方和用户的关系告一段落。在许多项目中,往往在项目结束后,用户又希望"上马"更多的功能模块,此时,就需要项目经理能够继续跟进客户,发掘用户的需求,从而诞生新的项目。

(5) 可行性检查。在这个阶段,项目组织者必须同时分析出项目的驱动力和项目阻力,制定出合理的激励和管理政策。

另外,在同时管理几个IT项目时,为保证资源、时间的合理分配,必须评估哪个项目对组织最重要,区分项目的优先次序。

9.2.3 项目成功的要素

成功的项目不仅取决于项目从开始到结束的执行过程,还取决于开始前和结束后的努力。成功的项目应该取决于三个阶段的努力。

(1) 项目开始前必须"了解什么是客户的成功",只有客户成功了项目才能成功。

(2) 项目执行中能够"担负客户成功的责任",按要求完成承诺的工作。

(3) 项目结束后能够"帮助客户实现价值",只有客户说项目成功了才是真正的成功。

虽然项目前和项目后的努力不是讨论的重点,但对于项目的成功却有重大的意义,这里简单说明。

"了解什么是客户的成功"指了解客户的真正需求,客户需求是项目存在的根本原因。这就要回答"可以帮助客户解决什么问题? 能给客户带来什么价值",只有回答了这两个问题,才能明确客户的成功标准,进而明确项目目标。一定要站在客户立场上考虑问题,这点尤为重要。客户需要的不是将一堆硬件和软件组装起来,而是解决问题。

"帮助客户实现价值"是指要让客户用项目的产品达成预期的商业目标。项目完成系统开发后,还需要移交产品、培训支持和运行维护等一系列的工作,才能确保客户正常使用和实现商业目标。这部分的工作量非常可观,要特别重视,否则就会陷入两难的境地:如果为了客户满意度而额外承担这部分工作,会造成商业损失,甚至项目亏本;如果不做这部分工作就走,会降低客户满意度,造成信誉损失。目前很多公司都明确将这部分工作写入合同,或者项目后另行签订维护合同。

做到上述两点就会拥有满意的客户,这不仅会促成再次发生业务联系,而且一个满意客户的推荐会帮助我们轻而易举获得新的客户。而作为创造产品或服务的过程——项目,不仅是让客户满意的关键,更是让公司获利的关键,项目管理的水平也决定着能否担负起客户成败的责任。项目管理成功的要素如下。

1. 范围(scope)

也称为工作范围,指为了实现项目目标必须完成的所有工作。一般通过定义交付物(deliverable)和交付物标准来定义工作范围。工作范围根据项目目标分解得到,它指出了"完成哪些工作就可以达到项目的目标",或者说"完成哪些工作项目就可以结束了"。后一点非常重要,如果没有工作范围的定义,项目就可能永远做不完。

要严格控制工作范围的变化,一旦失控就会出现"出力不讨好"的尴尬局面:一方面做了许多与实现目标无关的额外工作;另一方面却因额外工作影响了原定目标的实现,造成商业和声誉的双重损失。

2. 时间(time)

项目时间相关的因素用进度计划描述,进度计划不仅说明了完成项目工作范围内所有工作需要的时间,也规定了每个活动的具体开始和完成日期。项目中的活动根据工作范围确定,在确定活动的开始和结束时间还要考虑它们之间的依赖关系。

3. 成本(cost)

指完成项目需要的所有款项,包括人力成本、原材料、设备租金、分包费用和咨询费用等。项目的总成本以预算为基础,项目结束时的最终成本应控制在预算内。特别值得注意的是,在IT项目中人力成本比例很大,而工作量又难以估计,因而制定预算难度很大。

4. 质量(quality)

指项目满足明确或隐含需求的程度。一般通过定义工作范围中的交付物标准来明确定义,这些标准包括各种特性及这些特性需要满足的要求,因此交付物在项目管理中有重要的地位。另外,有时还可能对项目的过程有明确要求,例如规定过程应该遵循的规范和标准,并要求提供这些过程得以有效执行的证据。

时间、质量、成本这三个要素简称TQC。在实际工作中,工作范围在《合同》中定义;时间通过《进度计划》规定,成本通过《预算》规定,而如何确保质量在《质量保证计划》中规定。这几份文件是一个项目立项的基本条件。一个项目的工作范围和TQC确定了,项目的目标也就确定了。如果项目在TQC的约束内完成了工作范围内的工作,就可以说项目成功了。

综上所述,项目的成功就是指客户满意、公司获利,这取决于多种因素。包括项目前真正了解什么是客户的成功,明确成功的标准;项目中定义清晰工作范围和TQC,并按TQC的约束完成工作范围;项目后帮助客户实现商业价值。只有当客户说项目成功时,才是项目的真正成功。

9.2.4　项目中"人"的因素

在项目管理的成功要素中,往往被忽略的就是"人"。是"人"在确定项目目标、推动项目进程,使项目成果创造价值。在IT项目中,人力成本决定了项目是否赢利。

1）IT 服务经营的就是“人”

IT 项目中的人力成本占总成本的相当比例，项目实际的人力成本决定了赢利的水平。实际工作中可能会发现：作项目预算时项目的利润很高，但最后核算部门的总体利润时却赔本。这是因为，应用开发项目的人力成本很难估算准确，很多项目为了质量和进度要求，执行中都会不断追加人力，最后使用的人力资源大大超出了预算；而一个部门的总人力资源是固定的，如果多数项目超出预计人力资源就会造成部门承接的项目总数减少。

因此，IT 服务公司必须核算项目人力成本以控制项目的人力资源投入。具体要做的就是：在做项目预算时就应该明确需要的人力资源总数，执行中要记录实际使用的人力资源，结束项目时核算一个项目到底是赚了还是赔了。特别是一些利润水平低、风险又大的项目，可能多投入一个人月项目就赔了，因此在项目过程中，要动态监控人力投入情况并与预算进行比较，一旦发现超出预算就应即时处理。

2）项目的目标是“人”确定的

项目的目标是衡量成败的标准，如果开始时目标不清，或者组织中各个方面对目标没有达成共识，会使项目从一开始就蕴涵危机。在前一种情况下，项目可能为了遵从“上级”的意图而不断反复，甚至即使按要求完成了项目，但用户也无法使用项目的结果实现利益；在后一种情况下，一旦发生人事变动则目标就可能被修改，甚至直接被终止，从而前功尽弃。还有一些“政治”因素的项目，可能提出无法达到的目标（一般是过高的时间要求），最后不得不牺牲质量造成最终项目失败。

3）项目承担者的能力对项目成败有直接影响

在大型或复杂的项目中，仅仅技术不能决定项目的成败。事实上，项目很少因为技术原因失败，更多是因为管理和人际关系等方面的原因。有的项目经理虽然是一个技术专家，但缺乏必要的管理能力，就会使计划成为废纸，项目工期和成本大大超出预期。一些 IT 项目需要客户的参与和支持，推动客户的能力就非常重要，如果项目经理缺乏必要的沟通协调能力，就无法获得客户的支持而导致项目延期。

4）团队分裂和骨干流失是项目的一个重大风险，会给我们带来惨重的损失

有的项目经理虽然有专业技能，也具备一定的管理知识，但恰恰缺乏团队建设能力，会使团队人际关系紧张，甚至分裂，从而造成项目动荡和失败。事实上，“找一些优秀的球员并不难，但让他们一起打球就困难了”，光有专家还不能保证项目成功，必须让他们能团结协作，有时项目困难之处也正在于此。

在实际工作中如何使用“项目管理”这门艺术，灵活地通过“沟通”管理，保证项目极大限制地满足客户的需要、引导项目迈向成功的目标，是每个项目经理应给予考虑并慎重实施的。

9.3 团队合作与沟通技巧

合作是团队的灵魂和宗旨，高效的团队具有竞争的优势，并能极大地提高企业的绩效。但是如何打造具有合作精神的团队，让合作成为团队力量的放大器，成为每位团队成员都要面对的问题。

沟通作为一个永久的话题，在团队合作中必不可少，但真正能够做到有效沟通的团队并不多，大多数团队存在着或多或少的沟通障碍，无论是领导者和团队成员之间，还是团队成员之间。因此顺畅、怡情的团队沟通，才能造就一个坚不可摧的高效团队，在沟通中构建的团队精神才能更加巩固和健全。

沟通是人与人之间进行信息交流的必要手段，每一个社会人都离不开沟通。良好的沟通技巧能让双方产生很好的共鸣，增进双方的了解，让双方在心情舒畅中达成共识。同样，在项目的开发、设计过程中，项目经理与项目成员之间的沟通方式及项目经理对团队的建设技巧也是直接影响到项目成败的关键。

9.3.1　团队合作

团队是按照一定的目的，由两个以上的成员组成的工作小组，他们彼此分工合作，沟通协调，齐心协力并共同承担成败责任。一个真正的团队一般是由技能互补、相互信任，有共同目的、共同业绩目标，相互负责的少数人组成的。高效的团队具有竞争的优势，并能极大地提高企业的绩效。

1. 团队角色

一个人不可能完美，但团队可以，合作能弥补能力不足。每个角色都是优点缺点相伴相生，领导者要学会用人之长，容人之短。尊重角色差异，发挥个性特征。团队的角色主要有8种类型，类型及具体描述如表9-2所示。

表9-2　团队角色描述

类型	典型特征	积极特性	能容忍的弱点
实干者	保守；顺从；务实可靠	有组织能力、时间经验；工作勤奋；有自我约束力	缺乏灵活；对没有把握的主意不感兴趣；缺乏主动性
协调者	沉着；自信；有抑制力	对各种有价值的意见不带偏见地兼容并蓄，甚为客观	在智能及创造力方面并非超常
推进者	思维敏捷；开朗；主动探索	有干劲，随时准备向传统、向低效率、向自满自足挑战	好激起争端，爱冲动，易急躁
创新者	有个性；思想深刻；不拘一格	才华横溢；富有想象力；智慧；知识渊博	高高在上；不重细节；不拘礼仪
信息者	性格外倾；热情；好奇；联系广泛；消息灵通	有广泛联系人的能力，不断探索新的事物；勇于迎接新的挑战	事过境迁，情趣马上转移；不能说到做到
监督者	清醒；理智；谨慎	判断力强；分辨力强；讲求实际	缺乏主动力和激发他人的能力；怀疑别人
凝聚者	擅长人际交往；温和；敏感	有适应周围环境及人的能力；能促进团队的合作	在危急时刻优柔寡断；在意别人评价
完善者	勤奋有序；认真；有紧迫感	持之以恒；理想主义，追求完美	常拘泥于细节，不洒脱

2. 好团队的主要特征

一个好团队的主要特征有以下几点。

(1) 明确的团队目标。

(2) 资源共享。

(3) 个体拥有差异性。

(4) 良好的人际关系。

(5) 共同的价值观和行为规范。

(6) 归属感。

(7) 有效的授权。

3. 建立高效规范团队

好团队的形成取决于团队成员的共同努力和智慧,团队的发展取决于团队成员的共同交流、学习、分享和沟通。建立高效规范团队的主要措施如下。

(1) 使团队成员互补。

(2) 明确团队目标。

(3) 使团队维持小规模。

(4) 维持团队进入的高门槛和社会高标准。

(5) 团队内部建立促进开放、建设性信息交流的气氛。团队成员学会积极倾听;注重细节,尝试换位思考;选择合适的时机要求说话者"复述"等。

(6) 形成包含考核细则的团队制度。"员工不要做领导想做的事情,而是做领导要考核的事情",这就是制度的好处,也是团队进行有效沟通的必要保障。

(7) 从团队外部引入挑战。

9.3.2 沟通技巧

1. 沟通是倾听的艺术

听是取得智慧的第一步,有智慧的人都是先听再说。通过倾听可以获得信息,发现问题,获得友谊和信任,站在别人的立场上理解信息内容、感情成分以及隐含成分。

有效倾听就是认真倾听当事人表达的内容;观察当事人非口语行为,如眼神、神态、身体动作、声调或语气等,并注意其隐含的意义是否与口语内容相符合;适时给予适当而简短的反应,让当事人知道我们听懂了他所说的话。有效倾听是高效沟通的基础元素,能帮助我们更加接近当事人的感觉与经验,从而降低误解的产生;帮助当事人发现自己真正的感觉是什么,帮助我们察觉当事人在沟通中此时此刻真正需要的是什么。只有做到有效倾听,才能保证沟通的顺利进行。

2. 学会欣赏和赞美对方

实现有效沟通要学会欣赏和赞美对方。人性中最深切的禀性,是被人赏识的渴望。在人际关系方面,我们永远也不要忘记我们所遇到的人,都渴望别人的欣赏和赞扬。我们试着找出别人的优点,给别人诚实而真挚的赞赏。"真诚永远不为过",赞美需要真诚,是发现对方确实存在的优点,而后赞美之。恭维是虚假的,是对方一眼就能看出来的。虚假的赞美没有价值,真诚的赞美会产生意想不到的效果。

3. 学会坚持、学会等、学会捕捉机会、学会在总结反思中的坚持和让步

真诚用心地去沟通,去表达自己的意见,倾听别人的意见,冷静和理智地总结,反思彼此的本质诉求和差异。为了争取核心目标的认同,有时必须学会妥协次要的目标。要敢于一次次激烈碰撞后的冷静反思以及反思后再一次次激烈碰撞。要学会有效的沟通冲突处理,对于原则问题的沟通,要有屡败屡战的良好心态去坚持。要坚信思想上真正的一致是沟通碰撞后达成的一致,真正的团结是经过斗争之后形成的团结。现实中,因为每个人的成长及所处的生活环境以及受教育的程度、人生经历不一样,这就造成对某些问题的看法让大多数人很难一下子就统一起来。这时候我们就应该要学会允许等、允许看,以此来促进沟通对象思想的转变。

在沟通的坚持过程中,经常会出现局部冲突,让沟通的双方心理的感受很累。面对沟通冲突问题,事实上我们不怕再沟通,就怕不沟通而采取听之任之,甚至老死不相往来的态度来处理。这里就需要沟通双方理性的坚持,学会礼让,选择再次的沟通。

9.3.3 与上级有效地沟通

沟通不良几乎是每个企业都存在的问题,企业的机构越是复杂,沟通就越困难。基层的许多建设性意见未及反馈至高层决策者,往往就被层层扼杀,而高层决策的传达,常常也无法以原貌展现给所有人员。下级与上级的沟通似乎更加困难。企业要进步,良好的沟通氛围必不可少。

作为下属,如何与上级有效地沟通,进而有效地影响上级?关键要做到如下几点。

1. 要拥有良好的向上沟通的主观意识

(1) 要时刻保持主动与领导沟通的意识。领导工作往往比较繁忙,无法顾及得面面俱到,保持主动与领导沟通的意识十分重要。不要仅仅埋头于工作,而忽视与上级的主动沟通,还要有效展示自我,让你的能力和努力得到上级的高度肯定。只有与领导保持有效的沟通,方能获得领导器重而得到更多的机会和空间。

(2) 要持真诚和尊重领导的态度。领导能做到今天的位置,大多是其自己努力的结果,但领导不可能事事都能作出"圣君明主"之决断。领导时有失误,在某些方面可能还不如你,千万不要因此而有居高临下之感而滋生傲气,否则只能给工作增加阻力。尊重领导是"臣道"之中的首要前提原则,要有效表达反对意见,懂得智慧地说"不"。

(3) 要换位思考。通过设想我是领导,我该如何处理此事,而寻求对上级领导处理方法的理解。

2. 寻找对路的向上沟通方法与渠道

寻找合适的沟通方法与渠道十分重要。首先,如何有效利用日常上报领导的日报、周报等常规沟通工具,向上达成有效沟通的效果是我们每一个被管理者要认真思考和对待的问题。被管理者要善于研究上级领导的个性与做事风格,根据领导的个性寻找到一种有效且简洁的沟通方式是沟通成功的关键。当沟通渠道被外因所阻隔,要及时建立起新的沟通渠道,时刻让领导知道你在做什么,做到什么程度,遇到什么困难,需要什么帮助。有效的沟通是达成成功的唯一途径。

其次,要掌握良好的沟通时机,善于抓住沟通契机。不一定非要在正式场合与上班时间,也不要仅仅限于工作方面上的沟通,偶尔沟通沟通其他方面的事情也能有效增进与领导的默契。

3. 有效的沟通技巧

在给足领导面子的同时,不要丢失了自我个性,千万不要失了智慧。领导手上掌握着你急需的大量资源,不要抱怨领导对你的不重视或是偏见,应该首先去反省自己:与领导的沟通是否出现了障碍?沟通的方式是否正确?

沟通中首先要学会倾听,对领导的指导要加以领悟与揣摩,让沟通成为工作有效的润滑剂。日常工作中,有时由于沟通方式或时机等不当,造成与领导沟通出现危机,让领导产生误会与不信任。在这种情况下,要及时寻找合适的时机积极主动地解释清楚,从而化解领导的“心结”。

向上沟通不同于普通的与下级和同级的沟通,很多沟通的技巧和方法要因人因时因地而定,多总结多积累,方能达成有效的沟通效果。

9.3.4 项目中的沟通

良好的交流才能获取足够的信息、发现潜在的问题、控制好项目的各个方面。“心有灵犀一点通”可能只是一种文学描绘出的美妙境界。在实际生活中,文化背景、工作背景、技术背景可以造成人们对同一事件理解的偏差。

在一个比较完整的沟通管理体系中,应该包含以下4方面的内容,即沟通计划编制、信息分发、绩效报告和管理收尾。沟通计划决定项目干系人的信息沟通需求:谁需要什么信息,什么时候需要,怎样获得。信息发布使需要的信息及时发送给项目干系人。绩效报告收集和传播执行信息,包括状况报告、进度报告和预测。项目或项目阶段在达到目标或因故终止后,需要进行收尾,管理收尾包含项目结果文档的形成,包括项目记录收集、对符合最终规范的保证、对项目的效果(成功或教训)进行的分析以及这些信息的存档(以备将来利用)。

在编制项目沟通计划时,最重要的是理解组织结构和做好项目干系人分析。项目经理所在的组织结构通常对沟通需求有较大影响,例如组织要求项目经理定期向项目管理部门做进展分析报告,那么沟通计划中就必须包含这条。项目干系人的利益要受到项目成败的影响,因此他们的需求必须予以考虑。最典型也最重要的项目干系人是客户,而项目组成员、项目经理以及他的上司也是较重要的项目干系人。所有这些人员各自需要什么信息、在每个阶段要求的信息是否不同、信息传递的方式上有什么偏好，都是需要细致分析的。例如有的客户希望每周提交进度报告，有的客户除周报外还希望有电话交流，也有的客户希望定期检查项目成果，种种情形都要考虑到，分析后的结果要在沟通计划中体现并能满足不同人员的信息需求，这样建立起来的沟通体系才会全面、有效。

1. 两条关键原则

在项目中，很多人也知道去沟通，可效果却不明显，似乎总是不到位，由此引起的问题也层出不穷。其实要达到有效的沟通有很多要点和原则需要掌握，尽早沟通和主动沟通就是其中的两个原则，实践证明它们非常关键。

(1) 尽早沟通。尽早沟通要求项目经理要有前瞻性，定期和项目成员建立沟通，不仅容易发现当前存在的问题，很多潜在问题也能暴露出来。在项目中出现问题并不可怕，可怕的是问题没被发现。沟通得越晚，暴露得越迟，带来的损失越大。

(2) 主动沟通。主动沟通说到底是对沟通的一种态度。在项目中，我们极力提倡主动沟通，尤其是已经明确必须沟通的时候。当沟通是项目经理面对用户或上级、团队成员面对项目经理时，主动沟通不仅能建立紧密的联系，更能表明你对项目的重视和参与，会使沟通的另一方满意度大大提高，对整个项目非常有利。

2. 保持畅通的沟通渠道

项目经理在沟通管理计划中应该根据项目的实际明确双方认可的沟通渠道，例如与用户之间通过正式的报告沟通，与项目成员之间通过电子邮件沟通；建立沟通反馈机制，任何沟通都要保证到位，没有偏差，并且定期检查项目沟通情况，不断加以调整。这样，顺畅、有效的沟通就不再是一个难题。

3. 项目沟通的作用

保证及时准确地产生、收集、传播、储存以及最终处理项目信息。在项目管理过程中包括如下内容。

(1) 沟通计划。确定信息和项目相关人员的沟通需求：谁需要什么信息、他们在何时需要信息以及如何向他们传递信息。

(2) 信息传播。及时地使项目相关人员得到需要的信息。

(3) 性能汇报。收集并传播有关项目性能的信息，包括状态汇报、过程衡量以及预报。

(4) 项目关闭。产生、收集和传播信息，使项目阶段或项目的完成正式化。

9.4　相关 Web 资源

1. 中华职业指导网

网址：http://www.jobcorps.com.cn/

2. 职业规划中国网

网址：http://www.ienjoyjob.com/

3. 中华英才网职业指导站

网址：http://content.chinahr.com/

4. 新浪读书频道《水煮三国》

网址：http://vip.book.sina.com.cn/book/catalog.php? book=37577

5. 新浪读书频道《高效能人士的7个习惯》

网址：http://vip.book.sina.com.cn/book/index_37129.html

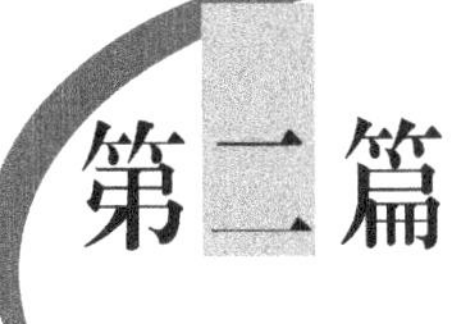

各类毕业论文范例

第10章

范例一：基于系统调用序列的异常检测研究

摘　要

随着因特网的发展和信息的全球化，网络安全问题日益严重。为了提高入侵检测的准确率，根据生物免疫中T细胞在机体内分辨自我的原理，引入了基于系统调用的异常检测技术。通过对用户操作产生的系统调用序列进行分析，利用数据挖掘技术在应用程序的系统调用数据集上进行分类挖掘，从而生成计算机免疫系统中的入侵检测规则，对未知操作进行入侵检测。

以计算机免疫原理为基础，设计并实现了一种基于系统调用序列进行异常检测的入侵检测方法。主要进行了以下研究：将系统调用作为数据源，在对系统调用进行采集的基础上，利用C4.5算法提取规则，进而比较样本数据集与未知数据集来检验入侵行为，并验证了基于系统调用序列的异常检测方法的有效性和可行性。

关键词：计算机免疫；异常检测；系统调用；数据挖掘

ABSTRACT

With the development of computer network and information globalization, the problems of network security are becoming more serious. According to the principle that biological immune T-cells in the body can distinguish self from the other, we introduce the anomaly detection technology based on system calls in order to raise the accuracy of intrusion detection. By analyzing the system call sequence produced by user's operation, we can use Data Mining to classify in system call data sets of application and then generate intrusion detection rules. Using these rules, we can detect any intrusion which is unknown.

In this paper, after introducing the principle of computer immune, we design and implement an intrusion detection method which gives anomaly detection based on system call sequence. The research of detection is concentrated on the several aspects listed hereinafter: We use system calls as data source and collect system calls; Using C4.5 algorithm, we can extract rules, then compare sample data sets with unknown data set to detect intrusion; So the validity and feasibility of the anormaly detection technology based on the system call sequence can be verified.

Keywords: Computer immune; Anormaly detection; System call; Data mining

目　　录

一、引　　言

1.1　课题来源

根据仿生学原理，模拟生物系统的免疫机理，新墨西哥大学 Forrest 等研究人员提出了用免疫系统来解决计算机系统的安全问题，通过监视特权进程的系统调用序列来实现入侵检测。其原理是模仿生物免疫系统来区分计算机系统中的“自我”和外来的“非我”，并对“非我”进行有效的分类消除[1]。

生物免疫系统是一个具有很强自我保护功能的复杂系统。在计算机安全领域，计算机安全系统具有和生物免疫系统同样的目标和功能，模仿生物免疫系统来设计计算机和计算机网络安全系统具有十分重要的意义和广阔的应用前景。

由于系统调用是应用程序使用硬件设备的必经之路，因此入侵者无法绕过系统调用进行攻击。系统调用序列就是应用程序在执行过程中对系统调用访问的顺序。应用程序产生的系统调用短序列具有很好的稳定性，可作为计算机安全系统中的审计数据。一个系统调用的出现与其前面多个系统调用是相关的，因此通过分析多个系统调用之间的关系，可以分析是否存在异常，检测出是否存在入侵[2]。

1.2　国内外发展状况

1. 国内

武汉大学提出了基于多代理的计算机安全免疫系统检测模型和对“自我”集构造和演化的方法，并对“自我”、“非我”的识别规则进行研究，提出用演化挖掘方法提取规则[3]。

北方交通大学提出了一种基于免疫的入侵检测模型，并将随机过程引入计算机免疫的研究中[4]；国防科技大学提出了一种基于人工免疫模型的入侵检测方法[5]；北京邮电大学和西安交通大学分别提出了基于免疫原理的网络入侵检测模型[6,7]；北京理工大学自动控制系，从控制论的角度论述了计算机免疫和生物免疫的相似性，讨论了在计算机防病毒领域中应用多代理控制技术构筑计算机仿生物免疫系统的可行性和实用性[3]。

2. 国外

国外起主导作用的是美国新墨西哥大学的 Stephanie Forrest 教授领导的研究小组。从 20 世纪 90 年代中期开始研究计算机中的“自我”与“非我”[1]，提出了计算机中的“自我”、“非我”概念并在底层进行了定义。在 1996 年提出了一个通过监测特权进程的系统调用来检测入侵的方法[8]。

Wespi 等在 Forrest 的定长短序列思想基础上，提出用变长的序列来刻画进程的运行状态，并用实验证明了该模型有更好的检测效果[9]。

IBM 公司的 J. O. Kephart 通过模拟生物免疫系统的各个功能部件及对外来抗原的识别、分析和消除过程，设计了一种计算机免疫模型和系统，用于计算机病毒的识别和消除[10]。

Asaka 等提出了一种基于 Discriminantmethod 的入侵检测方法，通过对预先经过标定的正常和异常系统调用序列样本的学习，确定一个最优的分类面，以此分类面为依据，判断进程的系统调用序列是正常还是异常[11]。

另外，巴西 Campinas 大学的 De Castro 博士最早在其博士论文中总结了人工免疫系统，并试图建立人工免疫系统的统一框架结构[12]。

1.3　论文结构

论文首先介绍了基于系统调用序列异常检测的课题来源，国内外的发展状况，入侵检测的特点、意义、分类方法和发展趋势，并对计算机免疫系统相关内容进行了阐述。之后对基于系统调用序列进行异常检测的方法进行设计，同时描述了相关算法、课题的实现步骤等。最后，给出了实验过程，验证了基于系统调用序列进行异常检测方法的有效性和可行性。

二、入 侵 检 测

2.1 入侵检测的概念

2.1.1 入侵检测的定义

1980 年,James P. Anderson 第一次系统阐述了入侵检测(IDS)的概念,并且 Anderson 将入侵尝试或威胁定义为:潜在的、有预谋的、未经授权的访问信息、操作信息、致使系统不可靠或无法使用的企图。

1997 年美国国家安全通信委员会(NSTAC)下属的入侵检测小组(IDSG)将入侵检测定义为:入侵检测是对企图入侵、正在进行的入侵行为或者已经发生的入侵进行识别的过程。

2.1.2 入侵检测模型

通用的入侵检测系统模型主要由以下几大部分组成:事件产生器(Event Generators);事件分析器(Event analyzers);响应单元(Response units);事件数据库(Event databases)。下面是一个通用的入侵检测系统模型(见图 2-1)。

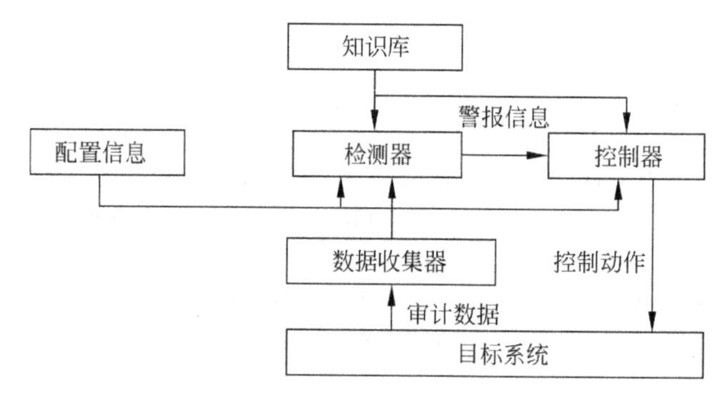

图 2-1 通用入侵检测系统模型

2.2 入侵检测技术的分类

为了能够在布局、采集、分析、响应等各个层次体现入侵检测的作用,在入侵检测技术分类方面存在 5 类标准,即信息源、控制策略、同步技术、分析方法和响应方式。

现有的入侵检测系统的分类,大都是基于信息源和分析方法的分类。

2.2.1 基于信息源的入侵检测

一般可以分为基于网络的入侵检测系统、基于主机的入侵检测系统和分布式入侵检测系统三种。

1. 基于网络的入侵检测系统(Network-based intrusion detection)

通过监听网络中的数据包来获得必要的数据来源,并通过协议分析、特征匹配、统计分析等手段发现入侵行为。对于现在日益发达的网络形式来说,基于网络的入侵检测是必不可少的。

由于它检测的是网络上的数据包,基于网络的入侵检测系统与主机的操作系统无关,并且可以配置在专门的机器上,不会占用被保护设备的任何资源。

但是基于网络的入侵检测系统也有其缺点。它通常采用基于误用检测的方法,很难实现复杂的需要大量计算与分析时间的攻击检测。

2. 基于主机的入侵检测系统(Host-based intrusion detection)

通常从主机审计记录和日志文件中获得主要数据源。由于基于主机的入侵检测需要检测的是主机上的日志和记录，相对于检测网络流更简单，所做的分析可以更细致，所以通常比基于网络的入侵检测系统误报率要低。

但是这种检测方法只能检测主机上的入侵，其检测复杂度将会随着主机数量的增加而递增，使其开销增大。

3. 对于第三种基于信息源的入侵检测系统则是结合了前两种方法，既能够检测主机审计记录又能够检测网络数据包，是一种分布式的入侵检测系统。

2.2.2 基于分析方法的入侵检测

从对数据的分析方法对入侵检测系统进行分类，可以将其分为滥用(Misuse)入侵检测和异常(Anomaly)入侵检测。

1. 滥用入侵检测(Misuse intrusion detection)

需要先建立一个异常行为的特征集，即"非我"规则库，将陌生操作与其进行比较，发现匹配的操作即判断为入侵行为，否则为正常操作，因此这样的系统虚报率很低。

2. 异常入侵检测(Anomaly intrusion detection)

需要先建立一个正常行为的特征集，即"自我"规则库，将陌生操作与其进行比较，发现不匹配的操作即判断为入侵行为，但是由于特征集的有限性使得该方法虚报率比较高。

2.3 入侵检测技术的评价标准

一个入侵检测系统的优劣主要从以下几个方面加以评判。

(1) 准确性：即进行入侵检测时的虚报率。

(2) 检测速度：处理陌生行为的反应速度。

(3) 完整性：能检测出所有的入侵行为。

(4) 故障容错：当受到攻击时可以及时恢复数据的能力。

(5) 自身抵抗能力：自身是否健壮，尤其是抵抗"拒绝服务"攻击。

2.4 入侵检测技术的发展趋势

入侵检测技术自20世纪80年代早期提出以来，经过近30年的不断发展，已经成为在计算机安全领域内不可缺少的一种重要的安全防护措施。

人们在不断完善原有入侵检测模式的基础上，又引入了新的研究方向，入侵检测的发展趋势主要有以下几个方面。

1. 入侵检测技术与其他网络安全技术相结合

入侵检测与防火墙技术以及病毒检测技术的结合，使其安全保障作用更加完善。

2. 入侵检测更加重视分布式环境下的架构问题

分布式架构使得多种入侵检测系统协同工作，提高检测效率和降低误报率。

3. 实现实时入侵检测技术

随着网络技术飞速发展，在高速的网络面前，传统意义上的入侵检测已经不可能满足现在高速网络的需要。对高速网络进行实时检测已经成为对入侵检测技术的必要要求。

4. 入侵检测技术与其他检测技术的结合

根据生物免疫系统中免疫T细胞区分机体内的"自我"和外来"非我"的原理，人们将生物免疫机理应用在防护计算机系统和计算机网络的安全上，将其与入侵检测技术相结合并提出了计算机免疫系统。

三、计算机免疫

3.1 计算机免疫系统

计算机免疫系统是入侵检测系统重要的发展趋势之一。模仿生物学中免疫T细胞分辨机体内的“自我”与“非我”的原理,人们开始对计算机安全保护中类似免疫的行为进行研究,逐渐地将生物学中的免疫原理运用到了计算机安全检测中,由此进一步提出了计算机免疫系统。

美国新墨西哥州大学 Stephanie Forrest 教授等人最早提出来计算机免疫学的概念,并将其应用在入侵检测的研究领域。

3.2 计算机中的“自我”与“非我”

根据生物免疫中的“自我”与“非我”,在计算机免疫系统中引入了“自我”与“非我”的概念。很容易理解,“自我”是对系统无害的操作,相对的,“非我”是有害的。

一个有害程序只有被调入内存中执行异常操作时才能对系统造成破坏,程序的执行是通过系统调用服务来实现的,所以一个操作是正常还是异常就可以通过一系列系统调用反映出来,同时程序运行过程中产生的系统调用序列是相当稳定的,所以可以使用这些系统调用序列来识别计算机中的“自我”与“非我”。

由此得出“自我”与“非我”的定义如下。

“自我”:用户的正常操作行为产生的系统调用序列。

“非我”:用户的异常操作行为产生的系统调用序列。

3.3 计算机免疫系统的概念

根据3.2节提到的计算机中的“自我”与“非我”,可以将计算机免疫系统定义如下。

计算机免疫系统是一种根据生物免疫原理提出的计算机安全检测系统,其主要功能是区分计算机中的“自我”与“非我”,并将“非我”排除,以保护“自我”。

3.4 计算机免疫系统的设计原则

生物系统中的种种脆弱因素都是由免疫系统来处理的,而这种免疫系统机制在处理外来异体时呈现了分布性、多样性、自治性和自修复性的特点。模仿生物免疫系统,计算机免疫系统有如下几点设计原则。

1. *多层次保护*

生物体通常提供多层次的保护机制来防止外界物质的侵害,例如体表面的皮肤和粘膜组织,体内的免疫细胞等。而现在的计算机安全保护机制往往是单一的保护,例如只要突破防火墙,那么外界的行为常常被认为是安全的。所以计算机免疫系统应该根据生物免疫原理,进行多层次的保护,从网络、主机、文件、进程提供全面的安全保护措施。

2. *高度分布式检测*

生物免疫系统的检测系统是高度分布的,不存在某个中心控制节点来管理整个免疫系统的检测和响应工作。相应地,计算机免疫系统应该采用分布式的结构,这样可以使系统更加健壮,不会造成一个节点故障致使全系统崩溃的局面。

3. *检测未知的能力*

生物免疫不仅对已知威胁作出强烈反应,而且对新的病原可以很快地产生新的检测器。这要求计算机免疫系统增强对未知入侵的检测能力,面对迅速涌现的计算机病毒和入侵行为,只有加强了这种能力才能更好地做好计算机安全保障工作,对入侵的异常检测是计算机安全保护重要措施。

4. 多样化的个体检测能力

每个生物免疫系统都是独一无二的。但是计算机安全系统往往采用相同的软件，只需突破一个站点即可攻击所有站点，这样是很不安全的。这就要求计算机免疫系统具有多样化的个体检测能力，为不同站点配置不同的入侵检测算法，这意味着，即使其中一个站点被入侵成功，其他站点将继续受到保护，大大提高了系统的安全性。

四、基于系统调用序列进行异常检测的设计

在计算机免疫中经常会用到异常检测，这是因为异常检测可以更好地识别未知的入侵，面对着迅速涌现的入侵方法和病毒，异常检测将越来越重要。使用系统调用进行入侵检测是近几年异常检测的新方向，下面将介绍其设计方法。

4.1　系统调用短序列的形成

基于系统调用的异常检测系统是在完成正确采集系统调用短序列的基础上完成的。对于系统调用短序列的采集成为了本课题的首要和重要任务。

4.1.1　系统调用的作用

系统调用是那些从用户空间通过中断门调用系统提供的内核函数接口。

具体来说，系统调用(system call)是操作系统在用户与计算机硬件之间架设的一座桥梁，用户通过在编程时调用系统调用序列来完成他想要系统执行的任务，其实我们想让操作系统(OS)做的事都是被分解成多个系统调用序列来完成任务的。

程序的执行都是通过调用操作系统提供的系统调用来实现的，所以一个用户对计算机的操作行为可以通过其调用的一系列系统调用序列来体现。

4.1.2　入侵检测中的系统调用

入侵检测系统在对计算机进行安全检测时，需要以入侵特征为依据。这些入侵特征可以帮助入侵检测系统识别入侵行为。可以说入侵特征是入侵检测系统做出判断的根本依据。这些入侵特征主要是从审计数据中得出的。这些审计数据包括操作系统的审计记录、系统日志、应用程序的日志信息、基于网络数据的信息源和系统调用等。

其中系统调用与操作系统的关系最为紧密，这就决定了系统调用的优势。系统调用可以准确、直接地反映用户的操作行为，使得入侵检测所得结果更加真实、可靠。

基于系统调用的这些优势，近年来越来越多的入侵检测系统和模型都采用了系统调用作为其数据源。

4.1.3　系统调用短序列的采集方法设计

由于系统调用是用户与计算机内核之间的接口，所以对系统调用短序列的采集，既可以在用户操作时完成，也可以在内核级实现。

Linux系统中为了区分不同的系统调用，进程必须传递一个叫做系统调用号的参数来指定所需的系统调用，每个系统调用号都是唯一的(例如，系统调用 read 的编号是 3，系统调用 open 的编号是 5)。如图 4-1 所示。

106 3 27 4 13 20 4 5 13 20 4 67 27 13 106 3 27 4 67 27 13 106

图 4-1　正常运行的一个 Ftp 服务进程产生的系统调用序列片断

在本课题中，我们不对系统调用序列进行专门采集工作，而是使用已知的系统调用序列，其中既包括正常操作产生的系统调用，也有异常操作产生的。收集到的系统调用序列需要按照一定的长度划分

成短序列,方法是:用长度为 k 步长为 1 的滑动窗口对系统调用序列进行分割处理,同时记录下每个系统调用短序列。在生成系统调用短序列后,便可以对系统调用短序列集进一步操作,也就是提取检测规则的过程。

4.2 检测规则的生成

检测规则是入侵检测系统进行入侵检测的根据,检测规则是否得当将直接影响系统检测的准确性。检测规则是根据入侵特征提出的,对于基于系统调用的异常检测系统来说,检测规则是通过对系统调用短序列集进行分析后得出的。这种分析方法就是以下提到的数据挖掘技术。

4.2.1 数据挖掘技术

数据挖掘(Data Mining)是数据库知识发现(Knowledge Discovery in Database,KDD)技术中的一个关键步骤,就是从大量数据中获取有效的、有用的、可理解的数据模式的过程。简单地说,数据挖掘就是从大量数据中提取或"挖掘"知识。

数据挖掘技术在技术上可以根据它的工作过程分为数据的抽取、数据的存储和管理、数据的展现等关键技术。

1. 数据的抽取

数据的抽取是数据进入数据仓库的前提。数据仓库是一个独立的数据环境,需要通过数据抽取的过程将数据从外部数据源或其他数据存储介质中导入到数据仓库中。

2. 数据的存储和管理

数据仓库的管理所涉及的数据量比传统事务处理要大得多,且随着时间的推移而讯速累积。这使得数据仓库的组织管理方式会大大有别于传统的数据库。在数据仓库的数据存储和管理中需要解决的是如何管理大量的数据、如何并行处理大量的数据、如何优化查询等。

3. 数据的展现

数据的展现形式主要包括查询、统计和挖掘等。

(1) 查询。主要包括动态查询和自定义查询等。

(2) 统计。一般是对数据最值或平均值的统计。

(3) 挖掘。利用数据挖掘算法得到有用信息。

下面是一个典型的数据挖掘系统结构图(见图 4-2)。

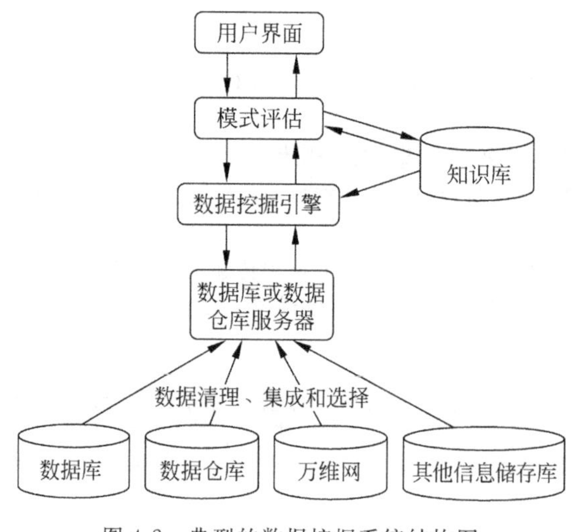

图 4-2 典型的数据挖掘系统结构图

4.2.2　数据挖掘技术在入侵检测中的应用

人们已经对数据挖掘算法进行了大量研究，涉及技术领域知识包括统计学、模式识别和数据库技术等。其中与入侵检测相关的算法主要有以下三类。

1. 分类(Classification)算法

这种数据挖掘算法的目标是将特定的数据项归入预先定义好的类别中。分类算法的最终结果是要生成“分类器”，例如生成分类规则或决策树等。这种算法首先需要收集大量的用户操作(包括正常与异常)，然后再选用某个特定的分类算法，将采集到的审计数据进行训练，最终生成对应的“分类器”，一旦“分类器”生成，我们就可以依靠“分类器”来对未知的审计数据进行检测，准确识别出“自我”与“非我”。

常用的分类算法包括 C4.5、RIPPER 和 Neighbor 等。对于本课题，将采用 C4.5 算法对系统调用进行分类，提取分类器(检测规则)。

2. 关联分析(Association analysis)算法

该算法可以用于确定审计数据中各个字段之间的联系。入侵检测系统可以通过关联分析算法将审计数据中的特征相关联，进而可以建立起用户正常操作行为的特征集，以此来检测入侵。

主流的关联分析算法有 Apriori 算法、AprioriTid 算法等。

3. 序列分析算法

利用序列分析算法可以挖掘数据集中存在的序列模式，也就是确定不同数据记录间的相关性。该算法可以发现按照时间顺序，在数据集合中经常出现的某些审计时间序列模式。通过对这些序列模式的分析，可能发现一些在入侵检测模型中需要加入的时间特性和统计方面的特征度量参数。

常见的序列分析算法包括 AprioriAll 算法、DynamicSome 算法以及 AprioriSome 算法等。

4.2.3　训练样本集的创建

训练样本集是生成检测规则的基础，创建一个适当的训练样本集对于建立一个正确的检测规则，以及稍后进行的入侵检测都有重要影响。下面以一个正常运行的服务进程产生的系统调用序列片断为例进行介绍，如图 4-3 所示。

66 5 23 45 4 27 66 5 4 2 66 66 5 4 2 66 66 5 4 2

图 4-3　正常进程产生的系统调用序列片断

Wenke Lee 实验的结果表明，滑动窗口尺寸在 6～14 之间时，分类模型的准确性没有明显差距。考虑到计算成本，实验中用定长窗口 W(W=7)[13]。

采用长度为 7 的时间窗口，步长为 1 对上述系统调用序列进行分割处理，得到如下系统调用短序列集，如图 4-4 所示。

A0	A1	A2	A3	A4	A5	A6
66	5	23	45	4	27	66
5	23	45	4	27	66	5
23	45	4	27	66	5	4
45	4	27	66	5	4	2
4	27	66	5	4	2	66
…	…	…	…	…	…	…
…	…	…	…	…	…	…

图 4-4　划分后的正常进程产生的系统调用序列集

对于正常系统调用短序列集，将其记入 N(Normal)库。

同样地，也需要对异常情况下的系统调用序列进行分割处理，例如以下是一个异常情况下的系统调用片断，如图 4-5 所示。

66 5 23 45 4 27 66 5 4 2 66 66 5 5 85 5 5 5 5 5 5

图 4-5 异常进程产生的系统调用序列片断

采用长度为 7 的时间窗口，步长为 1 对上述系统调用序列进行分割处理，得到如下系统调用短序列集，如图 4-6 所示。

A0	A1	A2	A3	A4	A5	A6
66	5	23	45	4	27	66
5	23	45	4	27	66	5
23	45	4	27	66	5	4
45	4	27	66	5	4	2
4	27	66	5	4	2	66
…	…	…	…	…	…	…
…	…	…	…	…	…	…

图 4-6 划分后的异常进程产生的系统调用序列片断集

对于异常系统调用短序列集，将其记入 A(Abnormal)库。

最终的训练样本集包括正常与异常两个集合，我们需要将两个库进行标识，将 N 库短序列标识为 1，同时将 A 库标识为 0。由于入侵行为一般是突发的，这样可以认为 A 库中的短序列大部分是正常的，所以为了提高入侵检测的效率，需要进行数据清洗的工作，即如果 A 库中的短序列与 N 库中某个短序列完全匹配，则在训练样本集中将 A 库中的那条短序列删除。

进行数据清理后的训练样本集，如图 4-7 所示。

A0	A1	A2	A3	A4	A5	A6	Class
66	5	23	45	4	27	66	1
5	23	45	4	27	66	5	1
23	45	4	27	66	5	4	1
45	4	27	66	5	4	2	1
…	…	…	…	…	…	…	1
…	…	…	…	…	…	…	1
66	5	4	66	66	5	5	0
5	4	66	66	5	5	85	0
4	66	66	5	5	85	5	0
…	…	…	…	…	…	…	0
…	…	…	…	…	…	…	0

图 4-7 训练样本集

4.2.4　C4.5算法

C4.5算法是数据挖掘中一种常见的分类算法，我们将使用这种算法来提取检测规则。这种算法是一种分类决策树算法，决策树是使用二叉树来表示处理逻辑的一种工具，可以直接、清晰地表达加工的逻辑要求。

对于决策树来说，它把实例从根节点排列到叶子节点，以此来将实例进行分类，叶子节点就是实例所属的分类。决策树上的每个节点都是对实例的某个属性进行的测试，并且该节点的每个后继分支分别对应于该属性的一个可能值。使用决策树算法可以很容易地生成规则，并且计算量不是很大，同时决策树还可以清晰地显示出哪些字段比较重要。

4.2.5　“自我”规则库的生成方法

检测规则就是数据挖掘所要提取的知识，采用C4.5算法进行分类挖掘。检测规则的建立依赖于训练样本集的完备性。下面仍以图4-5中已经形成的训练样本集为例进行说明。

将训练样本集中每一条短序列的7个位置作为属性，分别记做A0，A1，A2，A3，A4，A5，A6，同时以0，1作为归属类别，用分类挖掘算法中的C4.5算法提取规则如下。

```
(1) Rule 1/1: (34.7, lift 1.3)
        A1 = 105
        A7 = 85
        -> class 1 [0.973]

    Rule 1/2: (34, lift 1.3)
        A2 = 106
        A7 = 27
        -> class 1 [0.972]
    ...
(2) Rule 1/52: (257.8, lift 3.8)
        A4 = 3
        A7 = 128
        -> class 0 [0.996]

    Rule 1/53: (38.7, lift 3.8)
        A1 = 89
        A5 = 17
        -> class 0 [0.975]
        ...
```

如上所示，(1)中是归属类别为1的规则Rule 1/1中A1 = 105；A7 = 85说明当A1位置为105并且A7位置为85时系统调用短序列为“正常”，置信度为0.973；Rule 1/2同理。(2)中是归属类别为0的规则Rule 1/52中A4= 3；A7 = 128说明当A4位置为3，并且A7位置为128时系统调用短序列为“异常”，置信度为0.996；Rule 1/53同理。

这里只关心class 1的规则，即“自我”规则。

通过对“正常”规则的提取，就可以对计算机正常与异常状态进行异常检测。为了检测的准确性，一般采用置信度为0.800以上的“自我”规则。

五、实验过程

5.1 训练样本集采集

在本课题中不对训练用的数据集进行专门的采集工作，而是使用已知的正常和异常情况下的系统调用序列。具体做法如下。

训练用样本集使用网址 http://www.cs.unm.edu/～immsec/data/synth-sm.html 中 UNM synthethic sendmail data 下的数据集。

正常情况下的数据集下载 normal data 中的文件。

异常情况下的数据集分别下载 sunsendmailcp intrusion 中的 intrusion trace data，decode intrusion 中的 intrusion trace data，error condition - forwarding loops 中的 trace data 文件。

采集的训练样本的形式如下：

```
551  4
551  2
551  66
551  66
551  4
551  138
⋮
```

这是一个正常样本集中的一小段，其中第一列(551)代表的是进程序号，第二列(4,2,66,66,4,138,…)表示的是系统调用序号。在进一步的操作中需要将系统调用号分离出来，就是以下要讲到的划分系统调用短序列的过程。

5.2 划分系统调用短序列

采集来的训练集需要进一步划分成系统调用短序列，我们首先将第二列系统调用号提取出来写入文本中形式如下：

```
4,2,66,66,4,138,66,5,23,45,…
```

这样提取出的系统调用序列，再将其按照长度为 k，步长为 1 的滑动窗口划分，得到系统调用短序列，并且在每个短序列后标注了“正常”还是“异常”(正常用 1 表示；异常用 0 表示)。

划分后的系统调用短序列集如下：

```
4,2,66,66,4,138,66,1
2,66,66,4,138,66,5,1
66,66,4,138,66,5,23,1
66,4,138,66,5,23,45,1
⋮
```

这样的文件将被存放在一个.data 文件中。提取规则是需要大量的已知操作(正常和异常)形成的系统调用短序列集，将大量这样的序列集复制到统一个.data 文件中。

对于这样的.data 文件，我们还需要对其作进一步转化，将其转变成可以被已有的基于 C4.5 算法的软件所识别的形式。这里所说的软件是进行试验使用到的 See5 软件，它是一个基于 C4.5 算法的数据挖掘类软件，我们将使用它来提取规则。

使用.data 文件提取.names 文件，将 A0、A1、A2、A3、A4、A5、A6 中出现的系统调用号进行统计。为了便于操作，在.names 中写成 A1、A2、A3、A4、A5、A6、A7 的形式，最终得到一个.names 文件，内容如下：

```
A8.| the target attribute
A1:
1,2,3,4,5,6,7,8,9,11,14,17,18,19,23,27,32,38,40,41,45,50,54,56,59,61,66,74,75,78,83,
85,88,89,93,94,95,100,101,102,104,105,106,108,112,121,122,123,124,128,138,155,167.
A2:
1,2,3,4,5,6,7,8,9,11,14,17,18,19,23,27,32,38,40,41,45,50,54,56,59,61,66,74,75,78,83,
85,88,89,93,94,95,100,101,102,104,105,106,108,112,121,122,123,124,128,138,155,167.
A3:
1,2,3,4,5,6,7,8,9,11,14,17,18,19,23,27,32,38,40,41,45,50,54,56,59,61,66,74,75,78,83,
85,88,89,93,94,95,100,101,102,104,105,106,108,112,121,122,123,124,128,138,155,167.
A4:
1,2,3,4,5,6,7,8,9,11,14,17,18,19,23,27,32,38,40,41,45,50,54,56,59,61,66,74,75,78,83,
85,88,89,93,94,95,100,101,102,104,105,106,108,112,121,122,123,124,128,138,155,167.
A5:
1,2,3,4,5,6,7,8,9,11,14,17,18,19,23,27,32,38,40,41,45,50,54,56,59,61,66,74,75,78,83,
85,88,89,93,94,95,100,101,102,104,105,106,108,112,121,122,123,124,128,138,155,167.
A6:
1,2,3,4,5,6,7,8,9,11,14,17,18,19,23,27,32,38,40,41,45,50,54,56,59,61,66,74,75,78,83,
85,88,89,93,94,95,100,101,102,104,105,106,108,112,121,122,123,124,128,138,155,167.
A7:
1,2,3,4,5,6,7,8,9,11,14,17,18,19,23,27,32,38,40,41,45,50,54,56,59,61,66,74,75,78,83,
85,88,89,93,94,95,100,101,102,104,105,106,108,112,121,122,123,124,128,138,155,167.
A8:            1,0.
```

在生成.names文件后，将采用这个文件来提取规则。

5.3 使用C4.5算法提取"自我"规则

将.data文件输入See5软件中，提取规则如下：

```
Rule 1/1: (34.7, lift 1.3)
    A1 = 105
    A7 = 85
    -> class 1 [0.973]

Rule 1/2: (34, lift 1.3)
    A2 = 106
    A7 = 27
    -> class 1 [0.972]
...
Rule 1/52: (257.8, lift 3.8)
    A4 = 3
    A7 = 128
    -> class 0 [0.996]

Rule 1/53: (38.7, lift 3.8)
    A1 = 89
    A5 = 17
    -> class 0 [0.975]
...
```

概括结果如表 5-1 所示。

表 5-1 规则提取结果

	总规则数	置信度 80%以上规则	错误率
正常序列	51	44	1.9%
异常序列	112	39	1.9%

这里将采用自我规则(class 1)对可能存在的入侵行为进行异常检测。

5.4 使用"自我"规则进行入侵检测

下面将检验基于系统调用的异常检测的正确性。

以上提到过入侵一般是突发性的，所以为了对突发的入侵进行很好的检测，采取局部性的入侵检测方法。

首先，可以从给定的网站上下载几个已知属性(正常或异常)的系统调用序列集，根据上文已经提到的方法划分成短序列集备用。

然后，使用已经提取出的"自我"规则对待检测的数据集进行异常检测。

将"自我"规则写成如下形式：

```
1,105,7,85,
2,106,7,27,
1,104,4,3,7,112,
1,106,5,50,
...
```

其中，1，105，7，85，表示的是规则为 A1＝107 且 A7＝85 时操作判为正常。

检测方法是：将"自我"规则分别与数据集中的系统调用短序列进行匹配，匹配成功则记为 1，失败记为 0。下面是用 VC 实现的匹配过程的主要程序代码：

```
CStdioFile  fsource;
CStdioFile  frules;
CStdioFile  fresult;
char *csource;                    //串
char *crules;                     //规则
char attr;
char *rulebuf;
char *sbuf;
int C = 0,R = 0,N = 20,B = 50,Pcount = 0,firsttime = 1;

char pconsist = 'a';              //匹配标志初始定义为非我 a
int i = 0,j = 0,rj = 0;           // rj 为 crules 的分处; sncount 为 vsourse 的内部计数
int sncount = 1;
int iattr = 0;
int rsbreak;
if(fsource.Open("D:\\7n_3_5.txt",CFile::modeRead))   //7n_3_5.txt 存放待检测的系统调用
                                                        短序列集
  if(frules.Open("D:\\test1rule4.txt",CFile::modeRead))  //test1rule4.txt 存放已提取出
                                                           的"自我"规则
    {
```

```
csource = new char[100];
crules = new char[100];
rulebuf = new char[100];
sbuf = new char[100];
  csource = fsource.ReadString(sbuf,100); //
  crules = frules.ReadString(rulebuf,100);
  while(csource)
    {
      while(crules&&csource)
      {
      rsbreak = 0;
      while(csource[i]! = '\n'&&crules[j]! = '\n')
      {

      while(crules[j]! = ','&&(rj % 2 == 0))  //将规则文件相应的属性类赋给 attr
      {  attr = crules[j];
         iattr = attr - 0x30;
         j++;
      }
        rj++; j++;
      while(sncount<iattr)
    { //光标至调用序列文件中的相应的第 attr 个属性
      while((csource[i]! = ',')&&(sncount<iattr)) i++;
        i++;
        sncount++;                  //sncount 计数调用序列文件中一行的序列数
      }
      while((iattr == sncount)&&(csource[i]!= ',')&&(crules[j]!= ',')&&(rj % 2 == 1))
    {  //比较相应属性值是否相等
       if(csource[i] == crules[j]) {i++; j++; }
        else break;
      }
      rj++;
      if((iattr == sncount)&&(csource[i] == ',')&&(crules[j] == ',')) pconsist = 'n';
      //该属性值相等,pconsist 为正常
          else pconsist = 'a';
      if((iattr == sncount)&&pconsist == 'a') break;
      // 比较属性后不等则跳出循环,比较下一条规则
      else if((crules[j + 1] == '\n')&&pconsist == 'n') { rsbreak = 1; break; }
      //rsbreak 规则判断结束标志
      else { i = 0; sncount = 1; rj = 0; j++; }
      }
      if(rsbreak == 1) //匹配为自我
      {
          m_CS += '1'; m_CS += ',';
          Pcount++;
          if(Pcount == B) {R += Pcount; C = 0; Pcount = 0; }
          frules.Close();
          frules.Open("D:\\test1rule4.txt",CFile::modeRead);
          crules = frules.ReadString(rulebuf,100);
```

```
                i = 0; j = 0; rj = 0; sncount = 1;
                csource = fsource.ReadString(sbuf,100); //
                break;
            }
        crules = frules.ReadString(rulebuf,100);
        i = 0; j = 0; rj = 0; sncount = 1;
        }
        if(rsbreak == 0)
        {   m_CS += '0'; m_CS += ','; //规则比较结束均不匹配则为"非我"
            C++ ; Pcount ++ ;
            if(Pcount == B) {R += Pcount; C = 0; Pcount = 0; }
            if((C>N)&&(firsttime))
            { m_CS += "入侵发生在: "; m_CS += R + 0x31; m_CS += "\n"; firsttime = 0; }
        csource = fsource.ReadString(sbuf,100);
        // 比较下一个串,从规则文件的第一条开始
        frules.Close();
        frules.Open("D:\\test1rule4.txt",CFile::modeRead);
        crules = frules.ReadString(rulebuf,100);
        i = 0; j = 0; rj = 0; sncount = 1;
        }
    }
```

最后,匹配完成将结果存入一个.txt文件中,我们将分析匹配结果,即进行局部检测工作。当然,如果匹配结果中0的概率远大于入侵临界值,那么可以直接判定其为入侵行为;否则为了保证入侵检测的正确性,采用局部统计的方法进行检测。

5.5 对突发性入侵的检测

入侵行为的发生是具有突发性的,在系统调用序列上表现为"非我"短序列的出现具有聚集性,所以采用局部统计的方法来检测入侵。

在实时检测过程中,按采集的顺序,每 N 个调用短序列为一组,作为一个区域。若在一段区域中出现"非我"调用短序列的比例大于阈值 r 时,则报告为"非我"进程。若进程执行完,在任何一段区域内"非我"调用短序列的比例都没有大于 r,则报告为正常进程。

具体实现方法如下。

首先将已经得到的匹配结果按照宽度为 L,步长为 h 的滑动窗口进行划分,然后在每一个划分后的序列(0,1序列)中统计0的概率,即异常情况出现的概率,最后将得出的所有结果同确定为入侵的临界值进行比较,如果0的概率大于预期值则表示在该位置发生入侵。

下面是检测过程及结果。

选取异常程序产生的系统调用短序列集sm-314来验证该方法的正确性,sm-314中短序列如下:

```
4,2,66,66,4,138,66
2,66,66,4,138,66,5
66,66,4,138,66,5,23
66,4,138,66,5,23,45
4,138,66,5,23,45,4
…
```

使用5.4节中的方法进行检测时发现0的概率为26.11%,通过对检测后形成的输出结果(n2ontimerule4out.txt中的0,1序列)的观察可以发现,前面70%左右的短序列是正常的,异常序列大

都集中在最后30%的短序列中，这是因为程序运行时，最初的系统调用都是为实现程序功能做准备的，而真正的功能实现在最后的一些系统调用。

使用长度为10，步长为1的滑动窗口对输出结果进行局部统计，结果如表5-2所示。

表5-2　局部检测结果

	前70%短序列	后30%短序列
"非我"概率(0的概率)	<10%	30%～60%

由此可见，通过这种方法可以更好地发现突发性入侵，在一定程度上避免了漏判。

六、结　束　语

毕业设计的研究目标是采用基于系统调用序列进行异常检测，检验其准确率。主要内容包括从给定的数据集提取系统调用序列，划分短序列，建立正常短序列库记为N(Normal)库、异常短序列记入A(Abnormal)库，通过C4.5算法提取"自我"规则，并验证按此规则进行异常检测的准确率。由于入侵行为的发生是具有突发性的，在系统调用序列上表现为"非我"短序列的出现具有聚集性。所以检测"非我"不能仅仅依靠"非我"短序列在短序列总数中的比例来确定是否为"非我"进程，还要采用局部统计方法来进行异常检测。

系统设计过程中，通过各方面资料的查询和自己长期的探索，掌握了很多以前较为陌生的知识，并对基于系统调用的异常检测有了一定程度的了解，扩大了我的知识面，为以后在这方面进一步研究打下了基础。在这次毕业设计中运用到了VC编程环境，See5等数据挖掘软件，对其有了更深一步的了解，并能利用其强大的功能帮助实现自己的一些设计构思，这些辅助软件使得软件开发过程更为简单，更为迅速。

基于系统调用的异常检测是现在入侵检测研究的新方向，将入侵检测技术与生物免疫技术相结合可以更好地分辨计算机中的"自我"与"非我"。在某种程度上提高了入侵检测的效率和正确性，今后必将得到进一步更好的发展。

谢　　辞

感谢××老师长期的教导。在××老师不厌其烦的帮助下，本课题得以顺利完成。在经过××老师数次对论文提出宝贵意见后，该论文得以完成。感谢××老师，从接触之初的懵懂到后期了解和灵活应用，在整个过程中，××老师的谆谆教导，使我的专业知识飞速增长，我的每一点进步都凝聚着她的辛勤劳动。

同时我要感谢我身边的同学，是你们在课题的讨论中给我启发，在做论文期间给我支持和帮助，真诚地谢谢你们！

参考文献

[1] Forrest S, Hofmeyr S A, Somayaji A, et al. A Sense of Self for Unix Processes [C]. //Proceedings of the IEEE Symposium on Research in Security and Pricacy. Los Alamitos: IEEE Computer Society Press, 1996: 120～128.

[2] 李珍. 基于安全相关系统调用的"非我"检测与分类[J]. 计算机工程与设计，2005,25(7).

[3] 戴志锋，何军. 一种基于主机分布式安全扫描的计算机免疫系统模型[J]. 计算机应用，2001,21(10): 24～26.

[4] 励晓健，黄勇，黄厚宽. 基于Poisson过程和Rough包含的计算免疫模型[J]. 计算机学报，2003,26(1): 71～76.

[5] 白晓冰,曹阳,张维明等.基于人工免疫模型的网络入侵检测系统[J].计算机工程与应用,2002,9：133～135.

[6] 张彦超,阙喜戎,王文东.一种基于免疫原理的网络入侵检测模型[J].计算机工程与应用,2002,10：159～161.

[7] 杨向荣,沈钧毅,罗浩.人工免疫原理在网络入侵检测中的应用[J].计算机工程,2003,29(6)：27～29.

[8] StephanieForrest,Alan S. Perelson,Lawrence Allen,et al. Self-Nonself Discrimination in a Computer[C]. //Proceedings of 1994 IEEE Symposium on Research in Security and Privacy,1994.

[9] Wespi A, Dacier M. Intrusion detection using variable-length audit trail patterns[C]. //Proceedings of the 3rd International Workshop on the Recent Advances in Intrusion Detection (RAID'2000). Toulouse, France, 2000：110～129.

[10] Kephart JO. Sorkin GB. Biologically inspired defenses against computer viruses[C]. // Proceedings of IJCAI'95. 1995：19～25.

[11] Asaka M, Onabuta T, Inoue T, et al. A new intrusion detection method based on discriminant analysis[J]. IEICE Transactions on Information and Systems,2001,5：570～577.

[12] Celada F, Seiden P E. A Computer Model of Cellular Interactions in the Immune System[J]. Immunology Today, 1992.

[13] 戴英侠,连一峰,王航.系统安全与入侵检测[M].北京：清华大学出版社,2002.

[评　　注]

(1) 选题方面

- "基于系统调用序列的异常检测研究"属于理论科研型课题。
- 课题来源于教师的科研项目,作为免疫系统中的一个子课题,题目有一定难度,题目规模适当,内容富有新意,主要是对系统调用应用于解决异常检测,有一定的学术水平和实用价值。

(2) 论文内容方面

- 文献资料充实,归纳总结了本领域国内外有关科学成果的现状,提出了课题的研究重点和特色。
- 能对占有的资料对入侵检测和计算机免疫进行分析整理并适当运用,概念清楚,能以恰当的论据对论点进行有说服力的论证。
- 设计的整体思路清晰,研究方案完整有序,并用编程语言进行了测试和实现,得到了相应的测试结果,论证了方案的合理性。
- 论文有独到的个人见解,研究成果具有一定的创新,学术性较强,应用研究对于入侵检测具有一定意义。

(3) 论文结构方面

- 论文结构较严谨,思路清晰。
- 首先在广泛查阅文献的基础上,分析了国内外相关课题的研究现状。
- 介绍了入侵检测和计算机免疫的概念。
- 成功地阐述了基于系统调用序列进行异常检测的设计与实验验证过程,体现出作者查阅文献资料的能力、提出设计方案以及通过实验验证方案的能力。
- 阐述问题逻辑清晰,有章可循,是一篇较优秀的论文。

(4) 论文的不足之处

- 对研究领域的基础知识的论述整理不够充分,如第二章"入侵检测"和第三章"计算机免疫",可适当归并为一章,这样结构显得更加紧凑。
- 论文中论述的关键内容最好用图的形式表述,比用文字表述更直观,如计算机免疫系统的结构、基于系统调用序列进行异常检测系统的设计结构图。

第11章

范例二：基于B/S架构的邮件服务系统客户端的实现

摘　　要

电子邮件已经成为人们信息交流的重要手段，邮件服务系统也成为企业信息系统中必不可少的一部分。近年来随着Web技术的日趋成熟，采用浏览器/服务器(B/S)形式的软件层出不穷，并在实际应用中收到了良好的效果。邮件服务系统包括服务器端和客户端。B/S形式的客户端同传统的C/S形式的客户端相比，具有对客户机的低要求、较低的开发成本、维护方便、软件的高复用性等优点。因此，采用B/S模式开发，主要负责实现客户端模块。用户通过浏览器就可以实现接收和发送邮件。该系统采用Eclipse作为开发工具，使用Dreamweaver 8.0制作前台界面，结合JSP、XML和HTML实现用户注册、用户登录、收件箱、发件箱、通讯录等功能。

关键词：邮件服务系统；B/S；客户端；JSP

ABSTRACT

At present, E-mail has already become the important method of communication among people. The mail service system becomes an essential part of the enterprise information system. In recent years, along with the maturation of Web technology day-by-day, software in the form of browser and server (B/S) emerges one after another incessantly and has received good effect in the practical application. Mail service system includes server-side and client-side. Comparing to the traditional C/S client-side, the B/S client-side has the following merits: the low request to the client, lower development cost, the convenient maintenance and high reusability of the software. Therefore, we use the B/S model to develop and mainly achieve client-side module. The user receives and sends the mail through the browser. This system mainly uses Eclipse as the development kit and Dreamweaver 8.0 as foreground interfaces. And it combines JSP, XML and HTML to achieve the functions of registration, login, inbox, sending E-mail and receiving E-mail.

Keywords: Mail service system; B/S; Client; JSP

目　　录

一、引　　言

1.1　课题的来源及意义

传统的邮局邮递信件，不但花费的时间长，而且非常容易发生丢失信件的情况，给人们的生活带来了极大的不便。在Internet高速发展的情况下[1]，广大用户对高速、稳定、可靠的电子邮件系统的需求日益明显。电子邮件目前已经成为当前人们信息交流的重要手段，在我国企业信息化的过程中，邮件系统也成为企业信息系统中必不可少的一部分。

近年来随着Web技术的不断成熟，采用浏览器和服务器(B/S)形式的软件层出不穷，并在实际应用中收到了良好的效果。B/S结构的邮件客户端具有速度快、操作方便、可以实现群发等诸多优点，使之成为目前最流行的通信手段之一。而此课题的选择也是为了满足这种需求，并配合邮件服务器，开发此邮件系统有着非常重要的意义。

1.2　国内外的发展状况

电子邮件翻译自英文的E-mail，它表示通过电子通信系统进行信件的书写、发送和接收。通过电子邮件系统，可以用非常低廉的价格，以非常快速的方式，与世界上任何一个角落的网络用户联系，这些电子邮件可以是文字、图像、声音等各种方式。同时，也可以得到大量免费的新闻、专题邮件，并实现轻松的信息搜索。这是任何传统的方式也无法相比的。正是由于电子邮件的使用简易、投递迅速、收费低廉，易于保存、全球畅通无阻的特点，使得电子邮件被广泛地应用，它使人们的交流方式得到了极大的改变[2]。

目前在美国，电子邮件已在各种法律诉讼案中得到广泛应用，包括性别歧视、非法解雇员工，盗窃公司秘密情报、危险的工作条件、合同纠纷等。电子邮件已经具有法律凭证性，而且也可作为文件保存。而国内电子邮件也发展迅猛，出现了大容量邮件系统。此系统扩展了企业需要的各种功能，包括杀毒防毒、E-mail至短信等，具有极高的处理能力和可用性、安全性，邮件系统功能会更多地与企业内部的其他IT应用相结合，邮件应用也将更广泛更深刻。

目前很多大学都有了自己的电子邮件系统，几乎遍及全国各高校。中国科学院的邮件系统很受学生和网民们的喜爱，而我们学校也有了自己的邮件系统，这也是学子学习和交流的平台。

1.3 课题开发的目标

考虑到中小企业对电子邮件的需求，利用所学到的知识，结合图书资料、网上资料，在导师的指导下，开发出一个高效、安全、可靠、界面美观友好、适合中小企业使用和管理的邮件服务系统。主要涉及以下几个方面[2]：

(1) 系统的可管理性

Web界面的电子邮件系统一方面可以使那些没有个人计算机的用户方便地实现邮件收发和邮件管理；另一方面可以在用户访问该站点的时候提供动态广告，增加企业的收入。

(2) 对公共协议的支持

电子邮件领域的标准包括SMTP、POP3等，支持的公共标准越多，就说明该系统的兼容性和互通性越好，用户在使用电子邮件的时候就不需要考虑其信件在Internet上的通行问题。

(3) 对平台的支持

所支持的平台数也是评估一种邮件系统优劣的重要特性之一。该系统不仅能运行在Windows NT平台，还可以运行在Linux平台下。具有跨平台的特点。

另外系统提供了一个Web界面，允许用户在经过管理员授权的情况下对自己的个人信息、发送和接收邮件、回复邮件等进行配置。

二、需求分析及可行性分析

2.1 需求分析

电子邮件[4](Electronic Mail，E-mail)是Internet上的重要信息服务方式。普通信件通过邮局、邮差送到我们的手上，而电子邮件是以电子的格式(如Microsoft Word文档、.txt文件等)通过因特网为世界各地的Internet用户提供了一种极为快速、简单和经济的交换信息的方法。与常规信函相比，E-mail非常迅速，把信息传递时间由几天到十几天减少到几分钟，其速度即使是特快专递也是望尘莫及的。另外E-mail使用非常方便，省去了粘贴邮票和跑邮局的烦恼，即写即发，没有时间限制，可以随时随地使用。而且与电话相比，E-mail的使用是非常经济的，传输几乎是免费的。正是由于这些优点，Internet上数以亿计的用户都有自己的E-mail地址，E-mail也成为利用率最高的Internet应用。

在21世纪的今天，电子邮件的使用已经非常普遍，并且电子邮件的概念已经深入人心。公网的邮件服务系统如网易，新浪等注册用户占中国电子邮箱用户数的大多数，而且面向大众，对所有用户可见，但是其保密性程度相对较低。而企业对电子邮件的保密性要求相对较高，这是公网的邮件服务系统所不能满足的。基于用户对上述邮件服务系统的需求，开发了本系统。

本系统适合中小企业内部使用，具有更好的安全性和保密性。系统包含以下功能：发送邮件、接收邮件、草稿箱、已发送邮件、查看邮件、下载邮件、回复邮件、转发邮件、通讯录等。

- 发送邮件：用户只要输入收信人地址，以及邮件的主题，然后根据实际需要添加附件及正文，单击"发送"按钮就可以实现邮件的发送。
- 接收邮件：此系统可以接收来自不同服务器发送的邮件。用户在系统界面上单击"收件箱"按钮，就会列出所有的邮件。
- 草稿箱：便于用户保存编辑好的邮件。当用户编辑好一封邮件，单击"存草稿"按钮，邮件就会存储在草稿箱。
- 已发送邮件：此功能便于用户保存已经发送的邮件的内容。如果选择了"存储到已发送"复选框，则可以把发送的邮件存储到已发送模块。
- 查看邮件：此功能可以帮助用户查看邮件内容。用户只要用鼠标单击邮件的主题或者是内容，就可以打开并查看邮件的内容。
- 下载邮件：可以将附件下载到本地查看。此功能支持迅雷等下载工具。在邮件的附件上单击右键，可以下载邮件到指定的位置。
- 回复邮件：此功能帮助用户在忘记邮件地址的情况下快速回复邮件。打开一封邮件，单击"回复"按钮后，就可以给收信人发送邮件。
- 转发邮件：对已接收到的邮件进行相应的转发，减少用户对相同邮件的重复操作。此功能可以把 A 发过来的邮件再发送给 B，邮件的主题、附件、正文等均不改变。
- 通讯录：此功能可以记录所有联系人的邮箱地址，方便用户查找。单击"通讯录"按钮，就可以列出所有通讯人的邮箱地址。

2.2 可行性分析

可行性分析(Feasibility Analysis)也称为可行性研究，是在系统调查的基础上，针对新系统的开发是否具备必要性和可能性，对新系统的开发从技术、经济、社会的方面进行分析和研究，以避免投资失误，保证新系统的开发成功。可行性研究的目的就是用最小的代价在尽可能短的时间内确定问题是否能够解决。该系统的可行性分析从系统目标可行性、系统应用可行性、技术开发可行性以及经济可行性四方面进行分析。

(1) 技术开发可行性

系统采用 Eclipse 作为开发工具，使用 Dreamweaver 作为前台界面，结合 HTML、JSP 和 XML 进行 B/S 模式开发，可以实现跨平台运行。B/S 模式开发已经是很完善的技术，在开发上几乎没有什么障碍，可以实现快速开发。

(2) 经济可行性

此邮件系统是一个可以在中小企业中应用的系统程序，包括邮件服务器和客户端。硬件基础设施价格低廉，成本较低。软件开发完成后即可以在相关企业中试运行，用以检验此系统。因此应用后可以提高企业的管理能力和效率，进而体现这套系统的经济价值。

(3) 系统应用可行性

由于邮件系统是可以给企业管理带来好处，所以企业本身是希望用它的。而做出后的系统操作上是充分考虑了人性化的需求。本系统界面友好，操作简单，可维护性强，功能完备。所以本系统在应用上是可行的。

综上所述，此系统开发目标已经明确，在技术开发、经济可行性和系统应用等方面都可行，并且投入少、见效快，因此系统的开发是完全可行的。

三、系统主要功能设计与实现

3.1　开发及运行环境

(1) 硬件环境：一台邮件服务器，三台联网计算机。

显示器分辨率：不低于 800×600。

CPU：400Hz Pentium 处理器或者 AMD 处理器。

内存：512MB 以上。

硬盘：40GB 以上。

(2) 软件环境：服务器和客户端计算机需要安装 Eclipse、JDK、Tomcat 6.0。所需要的操作系统：Windows Server 2000、Windows Professional XP 均可。

3.2　开发模式的选择

B/S (Browser/Server，浏览器/服务器)方式的网络结构，统一采用如 IE 一类的浏览器，通过 Web 浏览器向 Web 服务器提出请求，由 Web 服务器对数据库进行操作，并将结果逐级传回客户端[5]。这种三层的体系机构如图 3-1 所示。

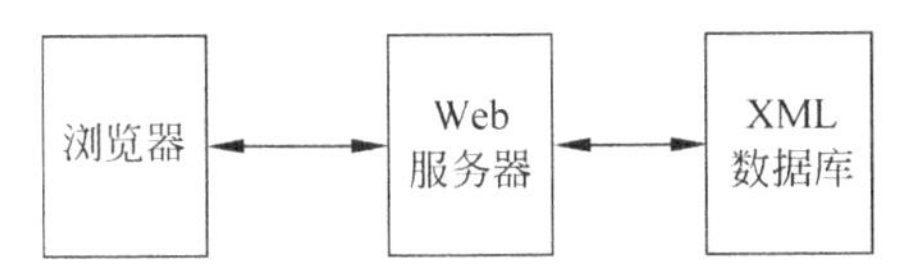

图 3-1　B/S 模式的三层应用

C/S(Client/Server，客户端/服务器)方式的网络计算模式，分别由服务器和客户机完成。应用的形式如图 3-2 所示。

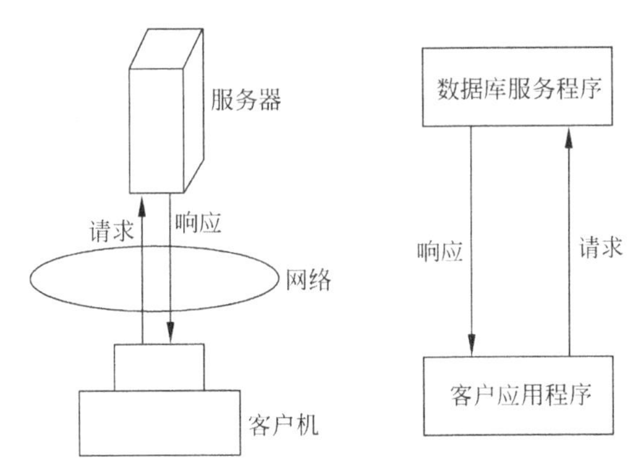

图 3-2　C/S 模式应用

C/S 的开发和维护成本较高；而 B/S 的客户端只需要通过浏览器，所有的维护成本都在服务器上执行，因而大大降低了开发和维护的成本。C/S 移植困难，不同开发工具开发的应用程序，一般来说不兼容；而对于 B/S 来说，不存在移植问题。C/S 用户界面是由客户端软件来决定的，用户界面各不相同，培训的时间和费用较高；而 B/S 通过通用的浏览器访问应用程序，浏览器的界面统一友好，使用时类似于浏览网页，从而可大大降低培训的时间和费用[5]。

综上所述，B/S 相对于 C/S 更适合本系统，因此选择 B/S 模式进行开发。

3.3 系统功能结构图

该系统主要包含以下模块：收件箱模块、用户注册模块、用户登录模块、发件箱模块、通讯录模块。

收件箱模块包含以下功能：接收邮件、查看邮件、回复邮件、转发邮件。

发件箱模块包含以下功能：发送邮件、已发送、存草稿。

通讯录模块包含以下功能：添加联系人、通讯录列表。

邮件系统的各模块及模块的功能结构如图 3-3 所示。

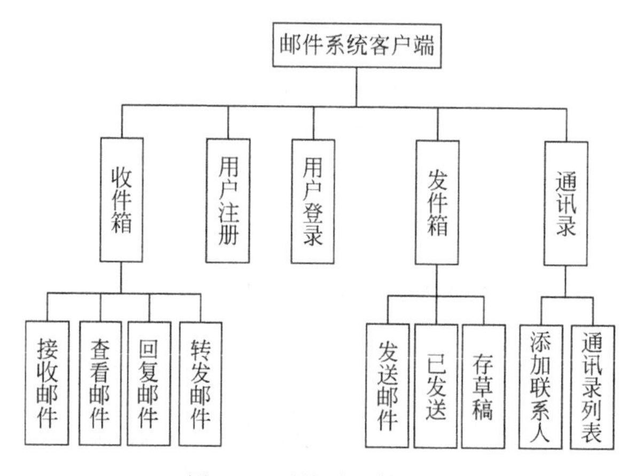

图 3-3 系统功能结构图

3.4 主要功能设计与实现

3.4.1 数据存储

数据存储通过 XML 来实现。XML(The Extensible Markup Language，可扩展标识语言)是用于网络上数据交换的语言，具有与描述 Web 页面的 HTML 语言相似的格式。本系统正是利用了 XML 作为数据库存储数据的特点，更利于平台的移植。设计了两个 XML 文件：userinfo. xml 和 addresslist. xml。

(1) userinfo. xml 文件主要用于存放用户注册信息，其中包含以下信息：用户名、真实姓名、描述、密码、密码提示问题、答案、存储状态。userinfo. xml 文件的主要代码如下所示：

```
<?xml version = "1.0" encoding = "gb2312"?>
<database>
  <userlist>
    <user>
      <name>mailtest666</name>
      <truename>李某</truename>
      <description>计科接本</description>
      <password>123456</password>
      <question>我的专业</question>
      <answer>计科</answer>
      <state>正常</state>
    </user>
  </userlist>
</database>
```

(2) addresslist.xml 文件中存放通讯录列表中的相关信息，其中包含以下信息：昵称、姓名、联系电话、邮箱地址。addresslist.xml 文件的主要代码如下所示：

```
<?xml version = "1.0" encoding = "gb2312"?>
<database>
  <userlist>
    <user>
      <name>mailtest666</name>
      <truename>我</truename>
      <telephone>5940604</telephone>
      <email>mailtest666@sina.com</email>
    </user>
  </userlist>
</database>
```

3.4.2 用户注册模块

此模块主要用于对用户权限进行管理，只有注册了的用户才有权限进入此系统。模块功能如下所示。

(1) 提供一个用户输入的交互界面。

(2) 检查用户名是否存在。

(3) 把此用户名的信息保存到 XML 文件中。

功能流程图如图 3-4 所示。

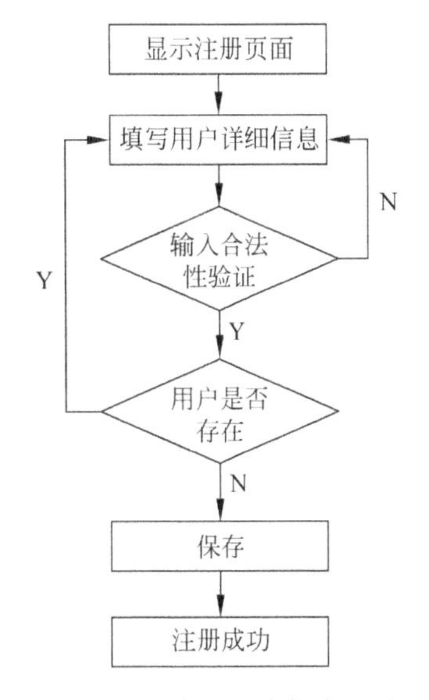

图 3-4　用户注册功能流程图

用户在注册界面按照要求填写相应的信息，单击“提交”按钮。系统调用 XMLUsersDB 类的 getUsersName( )方法，检查用户名是否存在，如果存在则提示用户重新注册，否则检查其他的项是否符合要求。如果符合则调用 XMLUsersDB 类的 addUser( )方法，把此信息存储在 userinfo.xml 文件中，然后返回登录界面。具体的代码如下所示：

```
XMlUsersDB xmlUsers = new XMlUsersDB("C:\\Program Files\\Apache Software Foundation\\
Tomcat 6.0\\webapps\\frame1\\admin\\userinfo.xml");
  Vector vecUser = xmlUsers.getUsersName();
  if(vecUser.contains(name))
  {
    out.println("<script language = 'JavaScript'>alert('此用户名已经存在,请重新注册! ');
window.location.href = 'register.jsp'; </script>");
  }
  else
  {
  xmlUsers.addUser(name,realname,description,password,question,answer,select);
    xmlUsers.XMlUsersOut();
    out.println("<script language = 'JavaScript'>alert('您已经注册成功,请重新登录! ');
window.location.href = 'admin.jsp'; </script>");
  }
```

用户注册的界面如图 3-5 所示。

用户注册界面		
用户名：	firstjob0416	(用户名长度为4-30个字符，以字母a--z、数字0-9、下划线或减号组成，只能以字母、数字开头) 只添加用户名，不加服务器地址
真实姓名：	小李	(可选)
描述：	网易邮箱	(可选)
输入密码：	******	(密码长度为6-10位)
确认密码：	******	(跟输入密码一致)
密码提示问题：	我所在的学校	(用于找回密码)
取回密码答案：	河北大学	(答案长度为10-30位)
账号状态：：	禁用	(必添)
	提 交　　重 置	

图 3-5　用户注册界面

3.4.3　用户登录模块

用户登录模块给用户提供一个登录界面。合法的用户可以通过此界面登录到邮件系统中，并进行相应的操作。该模块主要包含以下功能。

(1) 设计登录交互界面。

(2) 用户名和密码验证。

(3) 登录成功，显示用户操作功能列表。

此模块采用 Dreamweaver 8.0 设计登录界面，如图 3-6 所示。

图 3-6　用户登录界面

当用户输入用户名和密码，单击“提交”按钮后，系统调用 XMLUsersDB 类的 getNamesAndPwds() 方法，获得所有的用户名和密码。首先跟 urerinfo.xml 文件中的用户名和密码进行比较，如果不匹配返回登录界面，如图 3-6 所示；否则显示系统主页，如图 3-7 所示。

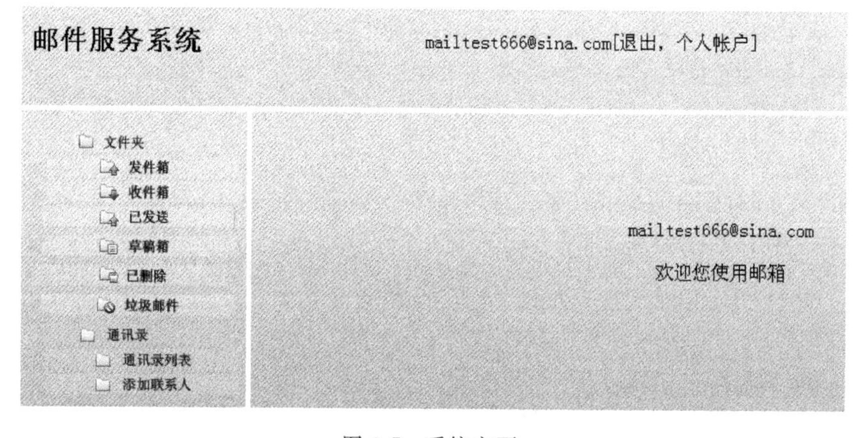

图 3-7　系统主页

3.4.4　收件箱模块

此模块主要用于接收来自不同服务器上的邮件，并且能够根据需要查看邮件、回复邮件、转发邮件，方便用户之间进行交流。

(1) 接收邮件

接收各种邮件服务器发来的邮件，包括图片、文本文件等。此模块采用标准的 POP3 协议来实现。POP(Post Office Protocol，邮局协议)用于电子邮件的接收，现在常用的是第三版，简称为 POP3。POP 是 Internet 上的大多数人用来接收邮件的机制。通过 POP 协议，客户机登录到服务器上后，可以对自己的邮件进行删除，或是下载到本地，下载后，客户就可以在本地对邮件进行修改、删除等[7]。收件箱的界面如图 3-8 所示。

删除　拒收　标记　标签　移动　刷新

选择	状态	发件人	日期	主题	长度
□	OLD	mailtest666@sina.com	2007-09-19 16:07	邮件测试	5.44K
□	OLD	firstjob0416@163.com	2007-09-19 21:09	javamail	8,822.38K
□	OLD	firstjob0416@163.com	2007-09-19 21:46	frame1	3,320.02K
□	OLD	mailtest666@sina.com	2007-09-20 21:54	sql server connection	28.84K
□	OLD	mailtest666@sina.com	2007-09-21 11:11	sql server连数据库	2.85K
□	OLD	zhaolifang999000@126.com	2007-09-24 16:08	Fw:Fw:fenbushishujuku	29.34K
□	OLD	mailtest666@sina.com	2007-09-24 17:05	分布式数据库连接	27.49K
□	OLD	mailtest666@sina.com	2007-09-26 10:39	jdbc驱动	5,132.18K
□	OLD	gqhcctv@yahoo.com.cn	2007-10-08 15:04	转发：　分布式数据库?匝?	75.30K
□	OLD	gqhcctv@yahoo.com.cn	2007-10-08 15:03	转发：　分布式数据库?匝?	75.30K
□	OLD	firstjob0416@163.com	2007-10-10 20:07	分布式数据库 c#	784.89K
□	OLD	firstjob0416@163.com	2007-10-10 21:18	wnagnzi	1.84K
□	OLD	firstjob0416@163.com	2007-10-10 21:55	send.jsp	5.25K
□	OLD	mailtest666@sina.com	2007-10-11 20:07	分布式数据库 实验三要求	52.51K
□	OLD	firstjob0416@163.com	2007-10-11 20:11	Fw:yuju	30.83K
□	OLD	mailtest666@sina.com	2007-10-11 22:06	jdbc 连接sql数据库	2.56K
□	OLD	mailtest666@sina.com	2007-10-12 20:41	分布式数据库作业	24.08K
□	OLD	makaifeng1689@126.com	2007-10-13 17:04	十月一大枣的照片	1,495.03K

共58封邮件，共4页，当前第1页,每页18封邮件，下一页,末页

图 3-8　收件箱功能界面

(2) 查看邮件

单击邮件主题，可以查看邮件附件和正文的内容等。界面如图 3-9 所示。

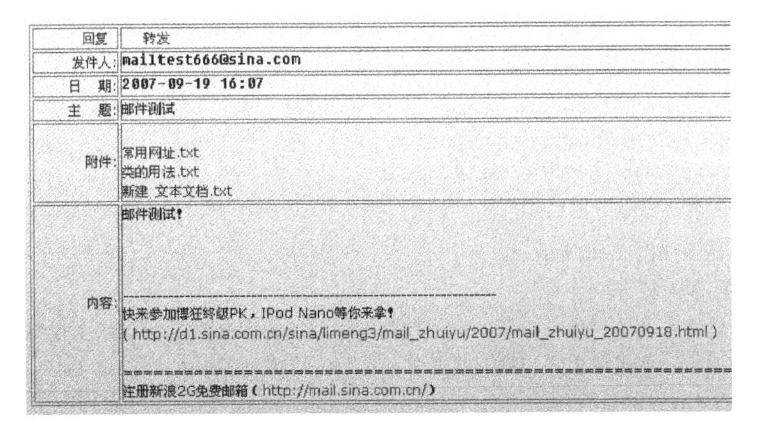

回复　转发
发件人: mailtest666@sina.com
日　期: 2007-09-19 16:07
主　题: 邮件测试
附件: 常用网址.txt
类的用法.txt
新建 文本文档.txt
内容: 邮件测试!
快来参加博狂终级PK，IPod Nano等你来拿!
(http://d1.sina.com.cn/sina/limeng3/mail_zhuiyu/2007/mail_zhuiyu_20070918.html)
注册新浪2G免费邮箱 (http://mail.sina.com.cn/)

图 3-9　查看邮件功能界面

(3) 回复邮件

完成发信的功能,可以发送邮件正文和附件。功能流程图如图 3-10 所示。

回复邮件的主要代码如下所示:

```
MimeMessage reply = (MimeMessage)message.reply(false);
reply.setFrom(new InternetAddress("president@whitehouse.gov"));
reply.setText("Thanks");
Transport.send(reply);
```

回复邮件的界面如图 3-11 所示。

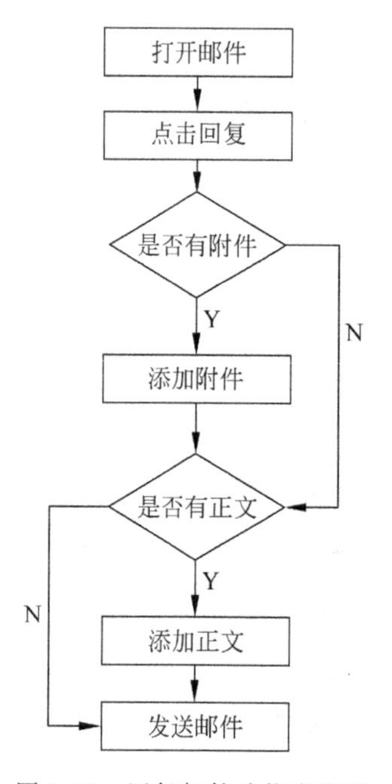

图 3-10 回复邮件功能流程图

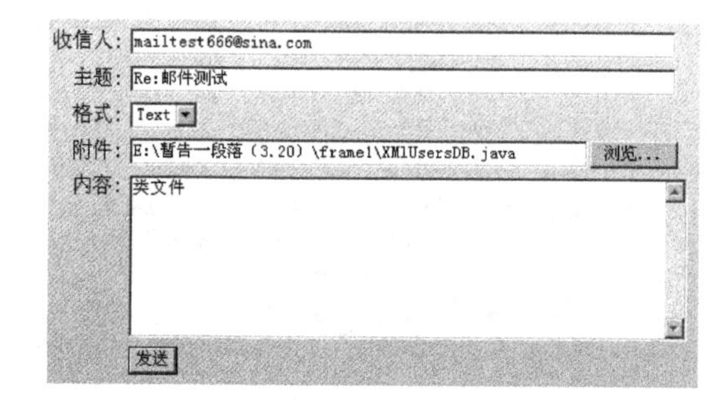

图 3-11 回复邮件功能界面

(4) 转发邮件

此功能可以完成发送信件的功能,可以转发附件和正文。调用 forward 的 setSubject( )方法获得转发邮件的主题、setFrom( )方法获得转发邮件的邮件地址、addRecipient( )方法获得发件人的邮件地址。具体代码如下所示:

```
forward.setSubject("Fwd: " + message.getSubject());
forward.setFrom(new InternetAddress(from));
forward.addRecipient(Message.RecipientType.TO,
new InternetAddress(to));
```

转发邮件的界面如图 3-12 所示。

3.4.5 发件箱模块

此模块可以使用户利用网络在极短的时间内把编辑好的内容如文本、声音、图像等信息发送出去,实现用户之间的通信。该模块主要实现发送邮件、存草稿、已发送等功能。

(1) 发送邮件

此模块采用标准的 SMTP 协议来实现。SMTP(Simple Mail Transfer Protocol,简单邮件传输协议)是一组用于由源地址到目的地址传送邮件的规则。SMTP 协议属于 TCP/IP 协议簇,它帮助每台计算机在发送或中转信件时找到下一个目的地。SMTP提供传送邮件的机制，如果接收方与发送方连接在同一个传送服务下时，邮件可以直接由发送方主机传送到接收方主机；或者，当两者不在同一个传送服务下时，通过中继SMTP服务器传送。为了能够对SMTP服务器提供中继能力，它必须拥有最终目的主机地址和邮箱名称[7]。发送邮件的功能流程图如图3-13所示。

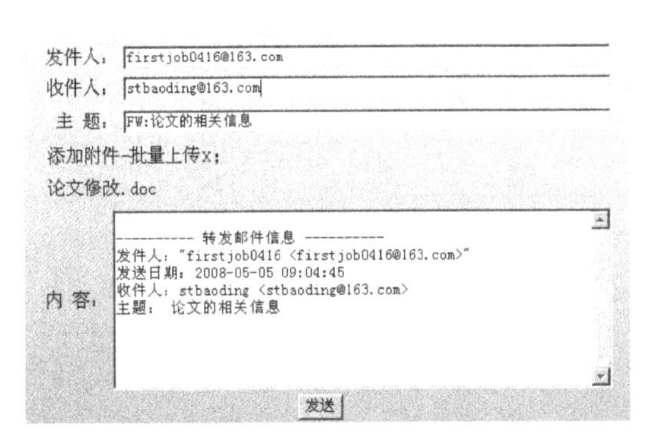

图3-12　转发邮件功能界面

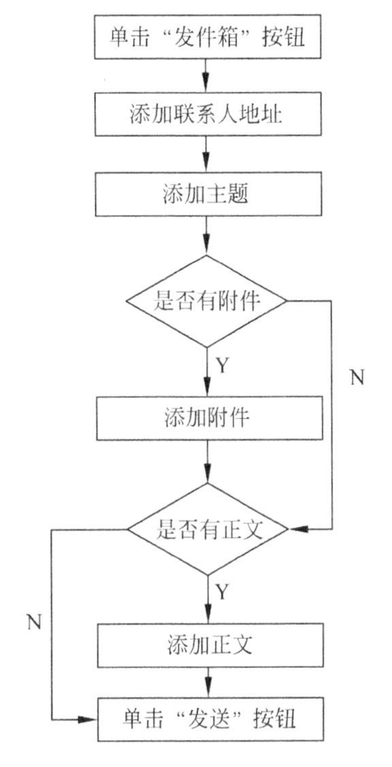

图3-13　发送邮件功能流程图

MimeMessage类创建一个对象message，message对象调用setFrom( )方法设置发件人的邮件地址，addRecipient( )方法设置收件人的邮件地址，setSubject( )方法添加发信的主题，setText( )方法添加发送邮件的内容，调用Transport类的send( )方法发送邮件。发送邮件的代码如下所示：

```
Properties props = System.getProperties();
props.put("mail.smtp.host", host);
Session session = Session.getDefaultInstance(props, null);
MimeMessage message = new MimeMessage(session);
message.setFrom(new InternetAddress(from));
message.addRecipient(Message.RecipientType.TO, new InternetAddress(to));
message.setSubject("Hello JavaMail");
message.setText("Welcome to JavaMail");
Transport.send(message);
```

发送邮件的界面如图3-14所示。

(2) 存草稿

草稿箱的作用是存储未完成的邮件，以便于用户再次编辑。用户可以把未书写完毕的邮件暂时存储在草稿箱，下次即可直接在草稿箱中继续编辑。此功能可以把邮件内容存储在草稿箱中，用户单击"存草稿"按钮，邮件会自动保存在服务器上对应的存草稿文件夹中。

(3) 已发送

模块的功能是把已经发送成功的邮件保存到服务器上对应的已发送邮件文件夹。

功能流程图如图 3-15 所示。

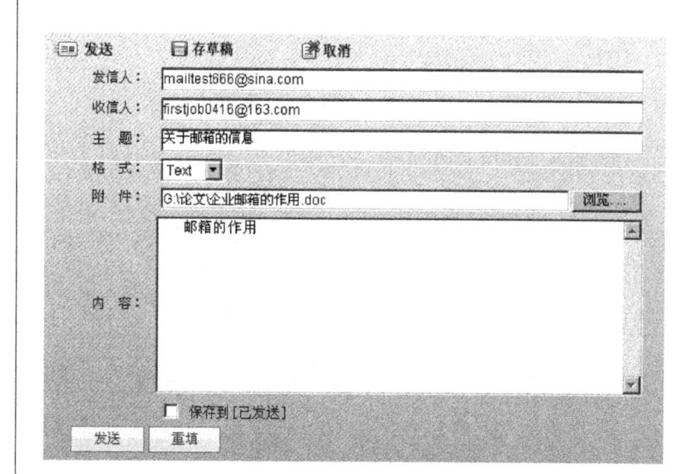

图 3-14 发送邮件功能界面

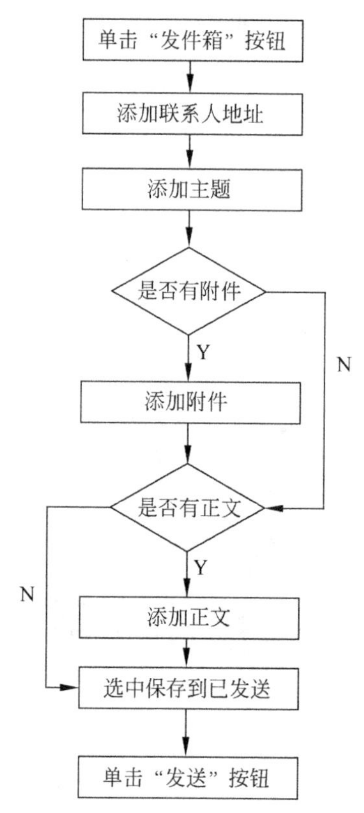

图 3-15 已发送功能流程图

3.4.6 通讯录模块

通讯录模块主要用于保存联系人的地址信息，方便用户进行查找。此模块主要实现添加联系人、通讯录列表等功能。

(1) 添加联系人

此功能先创建 XmlUsersDB 类的 xmlUsers 对象，xmlUsers 对象调用 getUsersName( )方法判断联系人是否存在，如果存在则提示用户“此联系人已存在”，否则 xmlUsers 对象调用 addAddressUser( )方法把此联系人信息存储在 addresslist.xml 文件中。具体代码如下所示：

```
    XMlUsersDB xmlUsers = new XMlUsersDB("C:\\Program Files\\Apache Software Foundation\\
Tomcat 6.0\\webapps\\frame1\\address\\addresslist.xml");
    Vector vecUser = xmlUsers.getUsersName();
    if(vecUser.contains(nickname))
    {
    out.println("<script language = 'JavaScript'>alert('此用户名已经存在，请重新输入！');
    window.location.href = 'adduser.jsp'; </script>");
    }
    else
    {
```

```
xmlUsers.addAddressUser(nickname,realname,tel,email);
  xmlUsers.XMlUsersOut();
  out.println("<script language = 'JavaScript'>alert('您已经成功添加到通讯录! ');
window.location.href = 'addresslist.jsp'; </script>");
}
```

添加联系人的功能界面如图 3-16 所示。

新加联系人

昵称：	小梅
真实姓名：	小梅
邮箱地址：	vbjava666@163.com
联系电话：	5940604
确 定	取 消

图 3-16　添加联系人的功能界面

(2) 通讯录列表

此功能显示所有联系人的姓名、邮箱地址等相关信息。创建 XmlUsersDB 类的对象 xmlUsers 把 addresslist.xml 文件实例化。xmlUsers 对象调用 getUserInfo( )方法显示通讯录列表中的信息：昵称、真实姓名、邮箱地址、联系电话。主要功能代码如下所示：

```
XMlUsersDB xmlUsers = new XMlUsersDB("C:\\Program Files\\Apache Software Foundation\\
Tomcat 6.0\\webapps\\frame1\\address\\addresslist.xml");
Vector vecUser = xmlUsers.getUsersName();
vecUserInfo = xmlUsers.getUserInfo((String)vecUser.elementAt(i));
```

通讯录列表功能界面如图 3-17 所示。

新建	编辑	删除	打印	加入组	写信
		昵称	真实姓名	邮箱地址	联系电话
		lucy	路喜	eli@163.com	789456
		truena	出纳	truena@sina.com	13245678945
		firstjob0416	我	firstjob0416@163.com	5940604
		mailtest666	我	mailtest666@sina.com	5940604
		小李	我	stbaoding@163.com	5940604
		aa	我	l_yy_2006@163.com	123456789
		bbbysj	毕业设计邮箱	bbbysj2008@yahoo.com.cn	123456
		rr	rrr	jdkjj@sina.com	963258
		gg	gg	tjjkkj@163.com	456789

图 3-17　通讯录功能界面

四、系 统 测 试

系统测试是将经过测试的子系统装配成一个完整系统来测试。在这个过程中不仅可以发现设计和编码的错误，还可以验证系统确实能提供需求说明书中指定的功能。

本系统采用黑盒测试技术，测试用例如表 4-1 所示。

表 4-1　测试用例表

功能测试用例			
测试时间	2008 年 3 月 15 日	测试人	刘明
功能 1 名称	用户注册	错误等级	未出现错误
测试输入	1. 输入用户名 mailtest666,输入密码 123456 2. 输入用户名 &ab12c66,输入密码 123456 3. 输入用户名 firstjob0416,输入密码 123456		
预期输出	1. 提示"注册成功" 2. 提示"非法的用户名,请重新输入" 3. 提示"用户名已存在,请重新输入"		
实际输出	1. 提示"注册成功" 2. 提示"非法的用户名,请重新输入" 3. 提示"用户名已存在,请重新输入"		
功能 2 名称	用户登录	错误等级	未出现错误
测试输入	1. 输入用户名 mailtest666@sina. com,密码 123456 2. 输入用户名 mailtest666@sina. com,密码 789456 3. 输入用户名 vbkava666@163. com,密码 852963		
预期输出	1. 正常登录 2. 提示"密码错误" 3. 提示"用户名密码错误"		
实际输出	1. 正常登录 2. 提示"密码错误" 3. 提示"用户名密码错误"		
功能 3 名称	收件箱	错误等级	未出现错误
测试输入	1. 发件人：firstjob0416@163. com,收件人：mailtest666@sina. com 2. 发件人：gqhcctv@yahoo. com. cn,收件人：mailtest666@sina. com 3. 发件人：mailtest666@163. com,收件人：mailtest666@sina. com		
预期输出	1. 正常接收邮件 2. 正常接收邮件 3. 正常接收邮件		
实际输出	1. 正常接收邮件 2. 正常接收邮件 3. 正常接收邮件		
功能 3 测试	发件箱	错误等级	未出现错误
测试输入	1. 发件人：mailtest666@sina. com,收件人：firstjob0416@163. com 2. 发件人：mailtest666@sina. com,收件人：gqhcctv@yahoo. com. cn 3. 发件人：mailtest666@sina. com,收件人：mailtest666@sina. com		
预期输出	1. 发送成功 2. 发送成功 3. 发送成功		
实际输出	1. 发送成功 2. 发送成功 3. 发送成功		

续表

功能 3 测试	通讯录	错误等级	未出现错误
测试输入	1. 输入昵称：小李，邮箱地址 stbaoding@163.com 2. 输入昵称：lucy，邮箱地址：(略) 3. 输入昵称：(略)，邮箱地址：vbjava@sina.com		
预期输出	1. 提示："添加联系人成功" 2. 提示："请输入邮箱地址" 3. 提示："请输入昵称"		
实际输出	1. 提示："添加联系人成功" 2. 提示："请输入邮箱地址" 3. 提示："请输入昵称"		

测试阶段的信息流如图 4-1 所示。

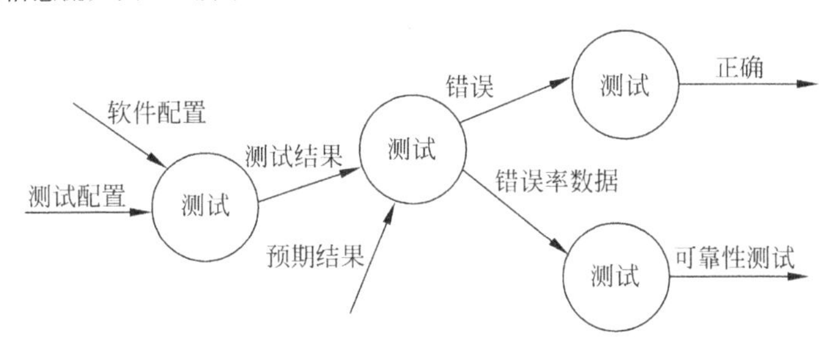

图 4-1　测试阶段的信息流

测试证明，通过此客户端可以实现往不同的邮件服务器上发送邮件，也可以接收不同邮件服务器上的邮件。经过两个多月的试运行，客户端运行基本正常。

五、总　　结

邮件服务系统——客户端软件，完成了用户注册、登录以及邮件发送、接收、回复、转发等基本功能，在此基础上还加入了通讯录管理的功能。系统的开发是在熟悉了专门用于发送邮件的 SMTP 协议以及用于接收邮件的 POP3 协议的基础上，运用 JSP 及 XML 技术，实现了邮件服务系统的基本功能。

软件开发过程中，根据 SMTP 协议和 POP3 协议的规定，一步步地与服务器进行交互操作，最终实现了多接收人、发送多附件以及接收各种类型的邮件等功能。为了方便后期完善与维护，本系统采用模块化设计。在以后的维护中只需要对相应的模块进行修改维护即可，增加了代码的可重用性。

系统设计虽然倾注了很多心血，但是仍有不足之处：邮件过滤功能没有实现。由于时间比较仓促及技术掌握上不够成熟，邮件过滤的功能最终未能实现。但是，系统维护及改进工作一直都没有止步，仍在努力完善之中。

通过此次的毕业设计，使我真正体验了系统的开发过程，也使我对计算机程序语言的掌握程度又上了一个新台阶，虽然编出来的软件不能和功能强大的公网的邮件系统相提并论，但是它简单、易操作，且适合中小企业使用，安全性较好，更多了几分实用性。以后的日子，随着技术的提高和思想的成熟，一定会把它做得更好，更趋近于完美。

谢　辞

在此非常感谢××老师的指导和帮助，他在百忙当中抽出时间来指导我的毕业设计和论文的写作，给了我很多指导性的建议，使我少走了很多弯路，能够按时完成毕业设计和论文的写作。感谢我的同组同学在我做毕业设计的过程当中给予了我很多的意见和鼓励，帮助我解决了不少问题。

四年的大学生活马上就要结束了，在这即将告别母校的时刻，我很感激母校对我的培养，感谢老师们的关心和培育，感谢同学们在我学习、生活上的帮助。

参考文献

[1] 尹斌，江崇礼，董明. 基于Java的Web邮件系统[J]. 计算机工程，2004，30(14)：183～184.
[2] 百度. 中国科学院邮件系统[EB/OL]. http://mail.cstnet.cn/cstnet/help/mail_information.html，1994.
[3] 北京科普之窗. 什么是SAN [EB/OL]. http://www.bast.net.cn/bjkpzc/dcsh/szsh/wjwx/wlmc/7863.shtml，2003.
[4] 百度. 电子邮件[EB/OL]. http://zhidao.baidu.com/question/17977986.html? fr=qrl，2007.
[5] 邓子云，张赐. JSP网络编程从基础到实践[M]. 北京：电子工业出版社，2005.
[6] Mizumori R K. 电子邮件及互联网地址协议[M]. 北京：电子工业出版社，1996.
[7] 苏诗军，莫利萍. 在JSP中利用JavaMailAPI收发邮件[J]. 铁路计算机应用，2004，13(7)：51～53.
[8] 郑凯，刘爱芳. 基于JSP的分页与页面保存技术的实现[J]. 计算机工程，2004，30(1)：179～181.
[9] 邱宏茂，许朝阳，盖磊. 基于JavaMail的WebMail系统的实现[J]. 计算机应用与软件，2005，(6).
[10] 张海藩. 软件工程导论[M]. 4版. 北京：清华大学出版社，2003.

[评　注]

(1) 选题方面

- “基于B/S架构的邮件服务系统客户端的实现”属于软件开发型课题。
- 选题目的明确，即开发完成一个邮件服务系统的客户端应用软件，重点锻炼软件设计与开发的实践能力，工作量达到了毕业论文综合训练的目的。
- 课题的设计开发采用了软件工程的思想，开发过程比较合理。

(2) 论文结构方面

- 论文并未完全采用软件开发中由系统分析、设计再到具体实现的形式，但是内容上以此为出发点，每一个章节都是先设计然后才是实现，整体结构清晰明了。
- 在谋篇布局上，论文思路清楚：按照软件开发的思想，从系统分析做起，然后是系统的功能设计与实现。
- 不同于大部分软件开发型论文，本论文把设计与实现安排在一个大的章节中。因此第3章“系统主要功能设计与实现”是整篇论文的核心部分，其中包括对开发环境及开发模式的介绍、系统的整体功能结构图、各个模块的设计与实现等内容。
- 在最后，给出了系统测试的用例说明，对功能实现的程度进行了测试。
- 此论文在问题论述上比较周密，阐述问题逻辑清晰，结构严谨，详略程度把握得比较到位。

(3) 论文内容方面

- 内容部分按照软件工程的思路进行整理，比较充实。
- 实现部分对关键代码进行了书写，并抓取了相应的界面，表明作者实际完成了设计。

(4) 论文的不足之处

- 摘要部分内容的组织写作重点不突出，应重点写实现的功能，以便体现工作的价值，不应重点写 B/S 结构的优势。

- 引言部分中的国内外发展现状分析不够透彻，而且未见作者阅读外文文献资料。
- 论文中的源程序应有相应的注释，该缩进的要排好版，以体现编码的规范性。
- 论文中抓取的一些界面图中的内容要规范，不要胡乱输入一些内容。
- 论文中分析设计的有关内容建议采用 UML 方法进行描述，以提高论文的档次。
- 邮件服务系统的功能设计上有待完善，与公网上使用的电子邮件服务系统相比，论文述及的邮件系统不够全面，例如发信回执、地址自动添加至通讯录等功能没有实现。因此系统有待进一步完善，论文有待进一步充实。

第12章 范例三：华信公司ERP系统中客户管理子系统的设计与实现

摘　　要

为了使华信公司能更加简单、方便、快捷地完成汽车贸易集团有限公司售车后的客户管理及代收代办业务，对 SAP B-one 系统进行了二次开发，设计了华信公司 ERP 系统——客户管理子系统。系统采用成熟的程序开发环境 VB6.0，开放而灵活的软件开发包 SAP B-one SDK 和关系型数据库 SQL Server 2005。

客户管理子系统包括证照信息、华信购费、零散购费、客户领费、客户报停、业务登记模块、二保集体检测、二保检测等功能模块。系统使得 ERP 功能进一步完善，能降低华信公司的管理成本，提高工作效率和增加收益，同时为客户提供更好的售后服务，实现了企业的信息化，并最终推动企业的发展。

关键词：ERP；客户管理；SAP

ABSTRACT

In order to make HuaXin company be in charge of the customer management and collection agency business of Baoding Zhongji Automobile Trade Group Corporation more simple, convenient and fast after saling automobiles. Based on SAP B-one, we design ERP system-customer management sub-system for HusXin company. The system is realized by a mature programming development environment VB6.0, open and flexible software development kit SDK and relational database SQL Server 2005.

The customer management sub-system is composed of eight modules, that is license information, HuaXin purchase costs, fragmented purchase fee, customer's receiving fee, application for suspension, business registration module, the detection of collective security, the security test. The system can make ERP play the real role, reduce management costs, improve efficiency and increase revenue, provide better customer service, achieve the company's informatization, and ultimately promote the development of enterprises.

Keywords: ERP; Customer management; SAP

目　录

一、引　　言

随着市场经济的深入发展规律，越来越多的人认识到，企业对市场和客户的依赖已经逐步提高到几乎关系到企业生存的高度。客户管理正是在这样的形式下产生的，它强调"以客户为中心"的管理方法。竞争的焦点也已经从产品的功能、价格的竞争转向品牌、服务的竞争、最终转为客户资源的争夺。所以，企业如何与客户建立和保持一种长期、良好的合作关系、生产出满足客户需要的产品和服务，将是企业核心竞争力的关键所在。

1.1　华信公司介绍

华信公司是完全按照以顾客关注焦点的理念为出发点，负责公司售车后的一系列后续工作，同时负责代收代办业务，公司建立了完善的售后客户关系体系；协助用户办理上照、过户、附加、办理营运、养路费等手续；公司主要强调主营业务与服务的有机结合。

此外，公司还为用户提供二手车销售业务，在保证质量、价格合理的产品基础上，为用户提供优质高效的全方位服务，从各个方面满足不同用户的需要。

为了顺应企业发展加速、规模扩大的需要，提高部门内的工作效率，华信公司实行信息化管理，使用了 SAP Business One。它是 SAP 公司专为中小企业设计的，价格合理的集成业务管理解决方案。通过该解决方案建立财务、业务一体化管理平台，华信公司不仅可以提高数据的透明化，优化公司的业务流程，并可在平台上查询余额、应收、应付账款等情况，实现管理层对公司业务的集中管理，而销售和财务等部门也可根据不同的权限访问各自需要的信息。

1.2　ERP 概述

ERP(Enterprise Resource Planning，企业资源计划)是指建立在信息技术基础上，以系统化的管理思想，为企业决策层及员工提供决策运行手段的管理平台。其核心思想是供应链管理从供应链范围去优化企业的资源，是基于网络经济时代的新一代信息系统。它对于改善企业业务流程、提高企业核心竞争力的作用是显而易见的。ERP 是在 20 世纪 80 年代初开始出现的。从 90 年代开始，以 SAP、Oracle 为代表的国际著名 ERP 产品进入中国，并迅速扩展。其主要特点是：

(1) 企业内部管理所需的业务应用系统，主要是指财务、物流、人力资源等核心模块。

(2) ERP 系统是一个在全公司范围内应用的、高度集成的系统。数据在各业务系统之间高度共享，所有源数据只需在某一个系统中输入一次，保证了数据的一致性。

(3) 对公司内部业务流程和管理过程进行了优化，主要的业务流程实现了自动化。

(4) 采用了计算机最新的主流技术和体系结构，具有集成性、先进性、统一性、完整性、开放性。

1.3　国内外发展现状

21 世纪是挑战和机遇并存的世纪，这个世纪的经济总特征体现在知识经济上。信息技术产业化是知识经济发展的前提，信息产业已成为知识经济发展的核心产业。ERP 作为近年来信息技术与现代企业管理有机结合的重要实践，使得现代管理思想与信息技术在企业管理事务中发挥作用，使企业的生产、经营、管理方式发生了根本性变化。

中国企业大多没有完成信息化建设，在日趋激烈的全球一体化市场竞争中，不仅无法满足外部客户持续增加的服务需求，而且也无法与自己周边的竞争对手抗衡，无法形成持久的竞争力。

应用ERP软件，可以帮助企业总部与各层次的分支机构之间实现动态、实时的信息交换，从而实现整个企业的纵向集成；应用ERP软件实现企业管理功能上的集成，把企业产、供、销、人、财、物等生产经营要素与环节集成为一个有机整体，从而实现企业业务功能的横向集成；应用ERP软件，可以帮助企业实现物流、资金流、信息流、工作流的高度集成和统一，使企业逐步走向虚拟、敏捷和互动的高级形态。完成信息化建设的企业，其建立在信息化手段基础上的管理制度与方法更加规范，管理流程更加合理，信息更加透明，客户响应速度更快，组织内部各单元、跨组织之间的业务协调更加顺畅。

目前4S是汽车销售服务行业通行的运营模式，这种模式将产品销售与售后服务保障紧密地结合在一起，为汽车厂商构建起一套良好的服务体系。4S店是一种汽车服务方式，整车销售(sale)、零配件(spare part)、售后服务(service)和信息反馈(survey)“四位一体”的汽车经营方式。它是由汽车生产商授权建立的，4S店是“四位一体”销售专卖店，即包括了整车销售、零配件供应、售后服务、信息反馈4项功能的销售服务店。4S店从1999年以后才开始在国内出现，强调一种整体的、规范的、由汽车企业控制的服务。集团采用了4S店的经营模式，以应对复杂的运营状况及客户需求。在这样的经营模式下，多条业务线涉及了跨不同部门的作业协同，如在交易过程中，销售部门与采购、财务部门的业务流转协同；维修过程中，前台接待与车间作业、客户部门的业务流转协同，其间还包括工作效率管理、成本控制等。

二、系 统 分 析

2.1 系统设计要解决的问题

客户关系管理的原理是采用先进的数据库和其他信息技术来获取顾客数据，分析顾客行为和偏好特性，积累和共享顾客知识，有针对性地为顾客提供产品或服务，发展和管理顾客关系，培养顾客长期的忠诚度，以实现顾客价值最大化和企业收益最大化之间的平衡。华信公司负责总公司售车后的一系列后续工作，同时负责代收代办业务，协助用户办理上照、过户、附加、办理营运、养路费等手续。综上所述，系统应具有以下功能。

(1) 客户信息。可以添加、删除、修改客户的信息，对客户信息进行实时的更新。

(2) 代收信息。由于华信公司负责总公司售车后的一系列收费工作，包括集体购费和个人购费，且对购费信息能即时查询，更新数据库的状态。系统在集体购费时，把上月没有买费的客户强制报停，并把其未交款项转为欠款，生成代购记录时，只生成没有报停的客户的待购记录。

(3) 代办业务信息。代办业务是不收手续费的，用以记录员工的工作，评价员工的工作业绩。可以添加业务类型，界面显示业务办理信息。

(4) 报停功能。根据用户提供信息在系统中将车辆进行报停标志，需记录用户申请报停开始时间、用户联系电话、用户报停原因、营运报停时所交手续是否齐全等信息。可以对某辆车的报停记录进行查询，并可以进行本月报停情况的修改。

(5) 启费功能。启费后客户需要补交报停这几个月的费用及相应的罚息，业务员在系统中补充录入之前几个月的购费登记。

(6) 退费功能。对于没有上交到交管部门的费用可以退费。首先在客户领费窗体中找到此客户，则会显示华信公司已经为此客户购费的所有记录，找到需要退的月份并选中这一行，单击“退费”按钮，则会退费成功，在财务收款端会看到一笔退客户的钱。

(7) 二保检测功能。包括集体检测和个人检测,集体检测对当月所有应检测的车辆进行检测,二保检测模块负责没有参与二保集体检测的车辆。营运车辆每四个月需要进行二保检测一次,每月用户交费时直接交纳二保费用。系统应提供多种查询功能,可以列表显示所有已经作过二保检测的信息。

(8) 客户领费功能。用户到证照部拿交款单进行领费,收款员根据用户信息进行检索,系统弹出界面列出该用户所有需交纳款项的信息,并显示相应费用是否应经买费。如果客户已经买费,可以对已经买费没有领费的记录进行领费登记。

(9) 报表信息。统计某时间范围内公司购费信息,公司代办业务信息。

2.2 系统可行性

(1) 市场可行性。经过对一些成熟 ERP 系统的初步调查和现有资源的调研,确定客户管理子系统功能的设计目标,建立一个功能全面的、使用简单的客户管理系统系统具有市场可行性。

(2) 技术可行性。实验所需的软硬件条件都已具备,根据前期的系统分析,采用现有的成熟的开发语言和数据库技术,在技术上完全可以实现。

(3) 操作可行性。在 SAP Business One 进行二次开发,其强大的客户化工具使系统具有操作简单,界面友好,功能全面等优势,具有用户操作上的可行性。

2.3 系统用例分析

根据系统的需求分析确定系统的功能需求,系统的角色包括客户、操作人员、系统管理人员和经理。功能用例图如图 2-1 所示。

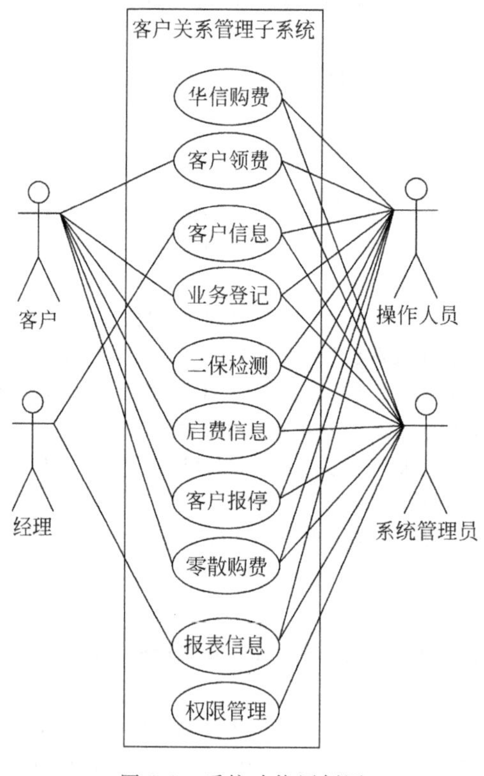

图 2-1 系统功能用例图

三、系统设计

3.1　系统设计思想

根据对现有客户管理 ERP 系统和华信公司相关需求的分析，建立一个客户关系管理子系统，使华信公司能更加简单、方便、快捷地负责总公司售车后的客户管理及代收代办业务。根据需求，系统包括的功能有华信购费、证照信息、零散购费、客户领费、客户退费、客户报停、业务登记、二保集体检测、二保检测。

基于华信公司业务流程，系统有以下几点设计思路。

(1) 证照部分的业务种类繁多，主要是围绕新车上户、上照、养路费营运费、二保费等代收代办业务。

(2) 部分业务没有费用发生，系统应记录所有办理业务的信息，以方便对业务人员进行考核。

(3) 首先华信公司在月底为客户买下个月的费，然后客户在下月初来公司买费，然后到证照部门领费。

(4) 对于买费和二保检测应该考虑集体和个人两方面，对于当月没有买费或是二保检测的个人能进行相应的处理。

3.2　功能模块设计

系统包括的功能模块有华信购费模块、证照信息模块、零散购费模块、客户领费模块、客户退费模块、客户报停模块、业务登记模块、二保集体检测模块、二保检测模块、相应报表模块。

主要实现的功能如图 3-1 所示。

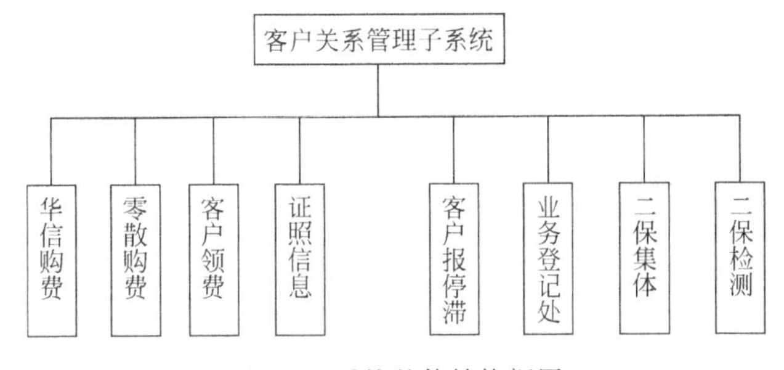

图 3-1　系统整体结构框图

3.3　系统各功能模块的分析与设计

华信公司主要为代办用户买费，代收费用主要包括养路费、营运费、二保费等。以上费用一般情况下用户按月交纳，但也有一次交纳多月的情况，系统按可交任意多个月设计实现。

在购买养路费时，可以按照旬进行购买，分为全月、中旬+下旬和下旬；买费只能够往下买到月底，不能够只买上旬或中旬；已为用户代购费，但用户本月没有来买费，则为欠费。如果用户报停，则报停期间不在计算欠费。挂靠车辆：半挂——二保费反映在挂车上；全挂——二保费反映在主车上。

3.3.1　华信购费模块

3.3.1.1　业务流程

(1) 每月底，证照部购费经理将所需购费用户进行汇总，统一到相关部门买费，系统在集体购费时，把上月没有买费的客户强制报停,并把其未交款项转为欠款,生成代购记录时,只生成没有报停的客户的待购记录。

(2) 每月底证照部业务人员,通过系统查询将所有标志为非报停的用户信息进行汇总,列出应交养路费、营运费及二保费的信息并汇总金额,生成待购记录。

(3) 公司购费后在系统中做标志,表示公司已为该用户购费,系统需自动生成每个用户的购费记录,应付金额为实际数,实付金额=应付金额。养路费以吨为单位进行计价,以购费吨位计算养路费,养路费标准可以设置。

3.3.1.2 费用计算要求

(1) 整月费=吨位×月费用;中旬+下旬费=整月×2/3,小数上进到整元;下旬费=整月×1/3,小数上进到整元。

(2) 以吨为单位计价,按月收取。21元/月/吨,计算标准系统使用参数灵活设置。以实际吨位进行计算。

华信购费功能图如图3-2所示。

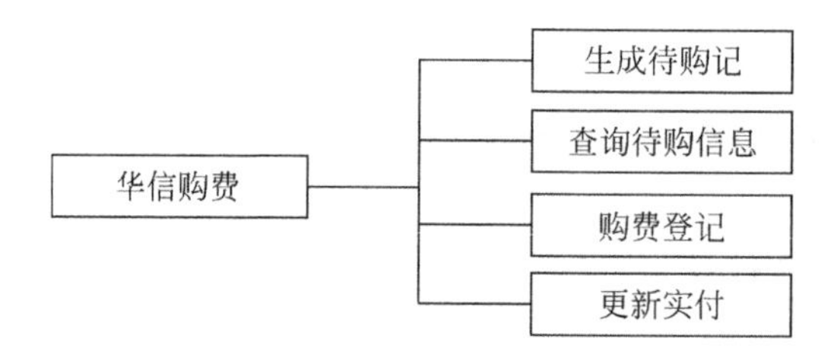

图3-2 华信购费功能图

3.3.2 客户零散购费模块

(1) 对于每月零散购费的用户,当用户申请购费时,首先查询是否为此用户已买费,如果没有则需要自动生成买费信息。

(2) 零散用户电话申请买费,证照部业务员在收到信息后在系统中进行登记,记录用户要购费的种类及月份,买费后并可电话通知用户来购费。

(3) 当用户来财务交款后,拿打印的收款凭证到证照部业务员处拿费,证照部业务员同系统交费信息进行核对,无误后给用户发费,同时在系统中标志用户费用状态为已领。

客户零散购费功能图如图3-3所示。

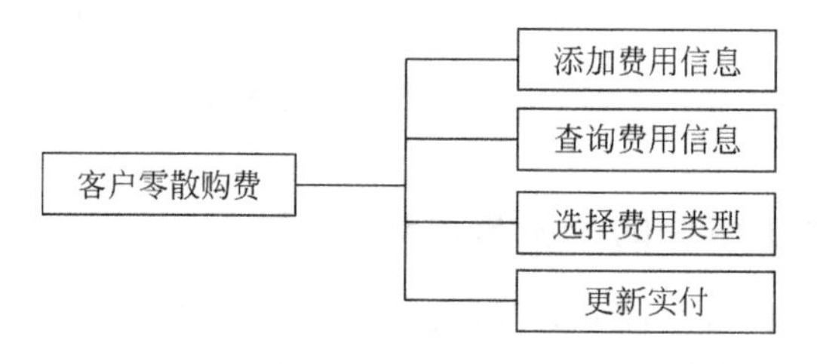

图3-3 客户零散购费功能图

3.3.3 客户领费模块

(1) 用户到证照部拿交款单进行领费,收款员根据用户车牌号码、用户姓名或档案号进行检索,系统弹出界面列出该用户所有需交纳款项的信息,并显示相应费用是否已经买费。在单据的界面可以看到车款和保险的欠款情况及当前的保险到期日。

(2) 如果输入主车牌照则应自动显示相应的挂车信息,输入用户名称则需显示所有该用户的主车及挂车信息。如果客户已经买费,可以对已经买费没领费的记录进行领费登记。

客户领费功能图如图3-4所示。

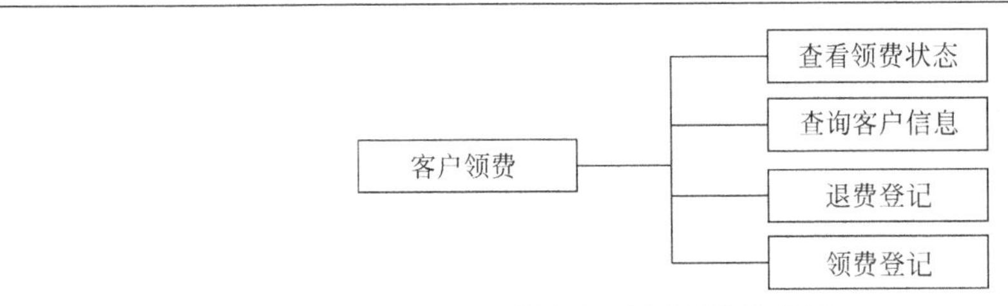

图 3-4　客户领费功能图

3.3.4　客户退费模块

(1) 用户在财务交款后或领费后由于某种原因需要退费，如果该费用已经上交到交管部门则不能进行退费，如果没有则可以进行退费。

(2) 首先在客户领费窗体中找到此客户，则会显示担保公司已经为此客户购费的所有记录，找到需要退的月份并选中这一行，单击"退费"按钮，在财务收款端则会看到一笔退客户的钱。

3.3.5　客户报停模块

客户报停模块包括报停登记模块、启费登记模块和报停后重新申请购费模块。

3.3.5.1　报停登记模块

(1) 每月底华信公司均需对报停的车辆进行处理，将报停的车辆交到相关部门进行登记。每月 25 日前，用户打电话申请报停，则证照部业务人员，根据用户提供信息在系统中将车辆进行报停标志，需记录用户申请报停开始时间、用户联系电话等信息。

(2) 营运报停所需交的手续有营运本、行车本、二保卡。

(3) 但实际业务中，客户在下个月 5 号之前才能过来交手续，需要对以前做的报停登记进行查询及修改；可以对某辆车的报停记录进行查询，并可以进行本月报停情况的修改。

(4) 如果客户在有欠款的情况下系统也将自动把此客户强制报停。

(5) 在用户报停时，养路费可以按照旬进行报停；在报停时二保的四个月检测周期将顺延；对于电话申请营运报停的用户如果月底没有交齐手续，则不能够进行报停处理。

3.3.5.2　用户报停后重新申请购费模块

(1) 已报停用户电话申请购费，需详细记录用户联系电话、报停月份、是否交手续、买费月份及天数，在系统中进行购费登记，并检查用户报停时是否已经交齐手续。

(2) 如果手续没有交齐则用户需要补交报停这几个月的费用及相应的罚息，业务员在系统中补充录入之前几个月的购费登记。

3.3.5.3　启费登记模块

对于报停车辆进行重新启费的操作，如图 3-5 所示。

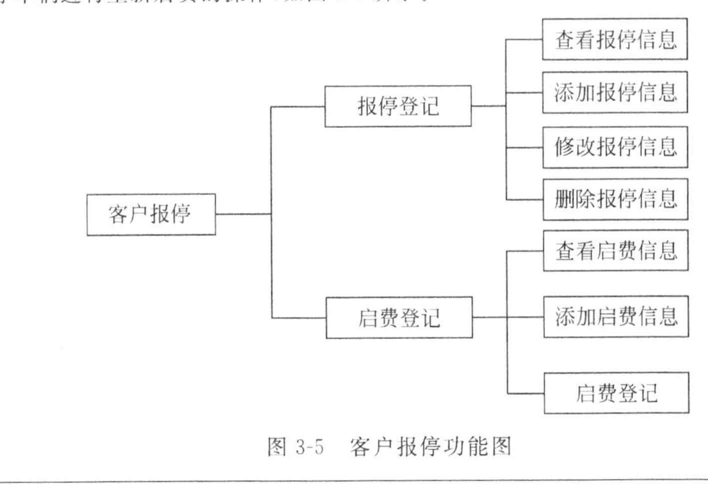

图 3-5　客户报停功能图

3.3.6 二保集体检测模块

3.3.6.1 业务流程

(1) 二保集体检测模块,对于需当月进行二保检测的车辆可进行二保集体检测的登记。

(2) 营运车辆每四个月需要进行二保检测一次,每月用户交费时直接交纳二保费用。

(3) 用户到财务收款处交纳二保费用,财务人员收款后打印凭证,用户拿打印的凭证到证照部进行二保交费登记,在交费登记时系统自动提示是否需要进行二保检测,如果完成检测后将检测的时间进行登记。

3.3.6.2 数据流处理设计

(1) 输入数据项:牌照号或用户姓名。

(2) 提示数据项:二保上次检测日期。

(3) 处理数据项:本次检测进行登记。

(4) 输出数据项:本次检测的日期,二保累计检测月份清零。

3.3.7 二保检测模块

(1) 二保检测模块负责没有参与二保集体检测的车辆。

(2) 系统应提供多种查询功能,可以列表显示所有已经作过二保检测的信息。

3.3.8 业务登记模块

(1) 业务流程设计

对于证照部众多业务中完全是代办的业务,华信公司没有收取任何费用,在系统中采用办理业务记录的方式进行处理。车的范围包括所有车,而不只是挂靠车辆,由证照部业务人员根据每天发生的业务项在系统中进行登记,月末根据经办人员及业务类型进行汇总。

(2) 界面数据项的设计

需要显示的项目:欠车款情况、保险情况(保险到期日、所入保险公司、保险欠费)。

输入数据项:业务类型、经办人、业务办理起止时间。

业务登记类型:需加入变更发动机、变更车架、变更车身颜色、增(减)吨、补本、年检等。系统需提供按月进行统计分析的功能,利于对业务人员进行考核。

3.3.9 报表模块

需要的报表如下。

(1) 本月各行(中消、农消、农分、建分、全款、一汽财务、东风财务、二手车)买营运、养路费数量。

(2) 本月各行(同上)报停营运、养路费数量,累计报停营运养路费数量。

(3) 本月过户营运、养路费数量,到本月为止挂靠我单位车辆数量。

(4) 本月行车本撤抵押数量。

(5) 统计二保检测车辆的数量,主车算一台,挂车不计数。

3.4 系统功能流程图

系统包括的功能模块有华信购费模块、证照信息模块、零散购费模块、客户领费模块、客户退费模块、客户报停模块、业务登记模块、二保集体检测模块、二保检测模块、报表模块。如图 3-6 所示。

3.5 数据库设计

采用 SQL Server 2000 作为系统数据库存储所有与系统有关的数据。数据库表和数据表中字段的命名规则如下。

(1) 数据库表由符合相应模块功能含义的英文单词组成。

(2) 字段名由相应的表名称的缩写和符合字段含义的英文或者拼音组成。

(3) 命名应遵循“见名知义”的原则。

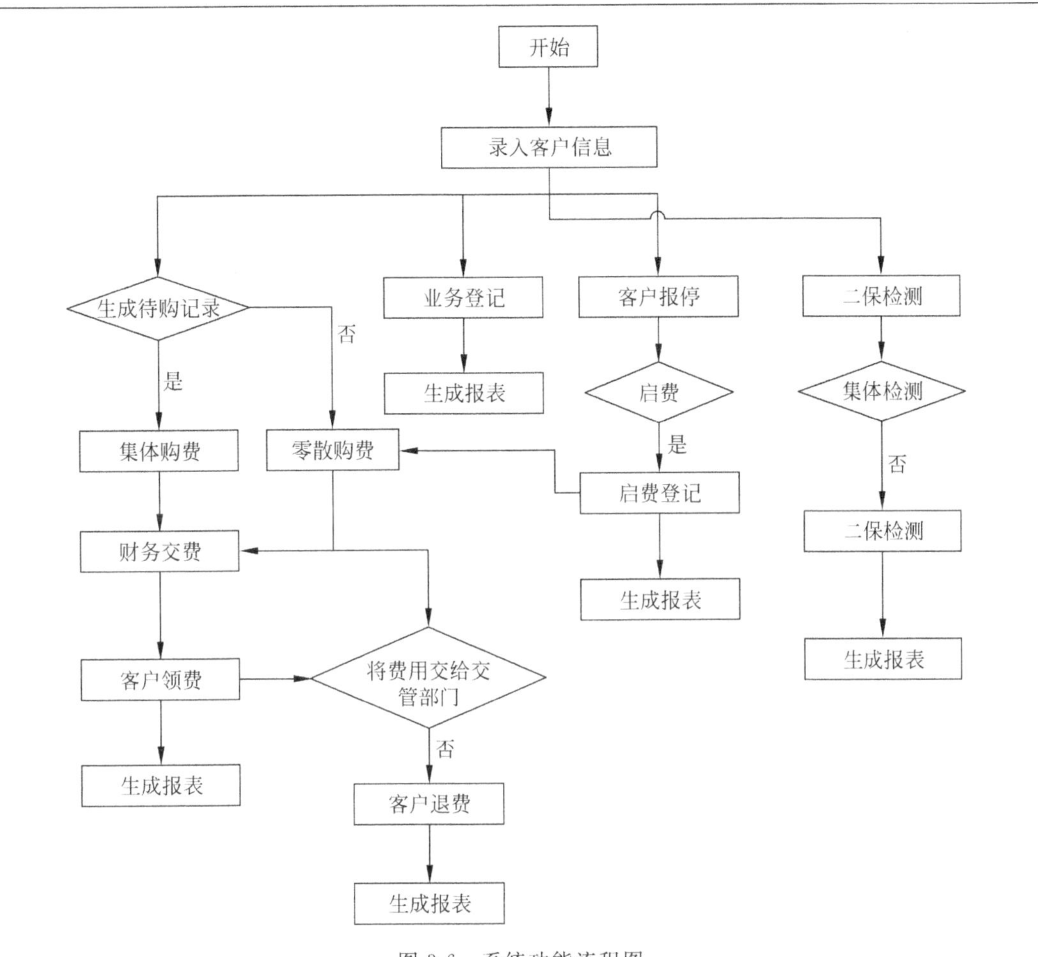

图 3-6 系统功能流程图

3.5.1 数据库需求分析

用户的需求具体体现在各种信息的提供、保存、更新和查询，这就要求数据库结构能充分满足各种信息的输入和输出，收集基本数据、数据结构以及数据处理的流程。针对客户管理系统的核心流程，通过对用户操作流程的分析，主要可以有以下所示的数据项和数据结构。

（1）客户信息。客户 ID、客户姓名、所在地区、E-mail、邮编、备注、移动电话等。

（2）车辆信息。档案号、车辆 ID、车辆型号、车辆颜色等信息。

（3）购费信息。客户号、牌照号、养路费、营运费、二保费、管理费、养路费累计报停时间、养路费报停标记、营运费累计报停时间、营运费报停标记、上次二保检测时间、欠费标记等主要信息。

（4）办理业务信息。过账时期、客户号、档案号、车牌号、业务类型、办理人员、办理时间、结束时间、备注等信息。

（5）二保检测。过账时期、客户号、档案号、车牌号、应检日期、实检日期、应付金额、实付金额、付款状态、备注等信息。

（6）零散购费。过账时期、客户号、档案号、车牌号、购费日期等信息。

（7）费用信息。客户号、档案号、车牌号、付款日期、购费类型、应收金额、实收金额、买费状态、领费状态、应付金额、实付金额、购费状态、零散购费状态、付款状态、零散购费编号、领费时间、退费时间、过账日期、备注等信息。

(8) 报停信息。客户号、档案号、车牌号、报停开始日期、报停原因、报停人、报停电话、报停手续是否交回、报停结束时间、启费人、启费电话、备注、是否有营运本、二保卡等信息。

3.5.2 数据库概念结构设计

根据数据库需求分析中的数据项和数据结构,设计了满足用户需求的各种实体,以及它们之间的关系。根据需求分析规划出的实体有客户实体、业务类型实体、费用信息实体、购费实体、报停实体。

实体之间关系的 E-R 图如图 3-7 所示。

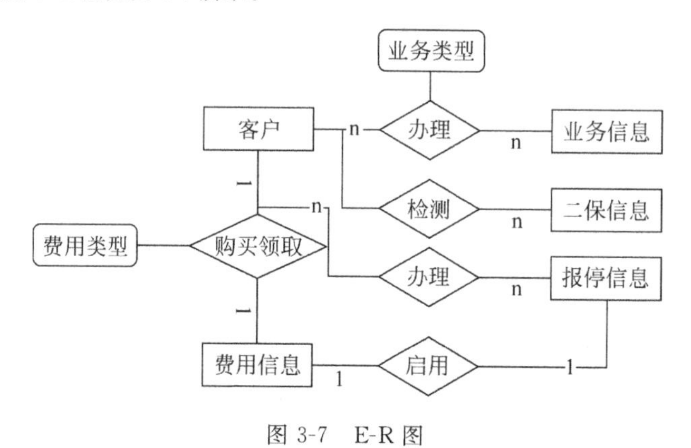

图 3-7 E-R 图

3.5.3 数据库物理结构设计

数据库物理设计阶段的任务是根据具体计算机系统和硬件等的特点,为给定的数据库模型确定合理的存储结构和存取方法。系统表的关系如图 3-8 所示。

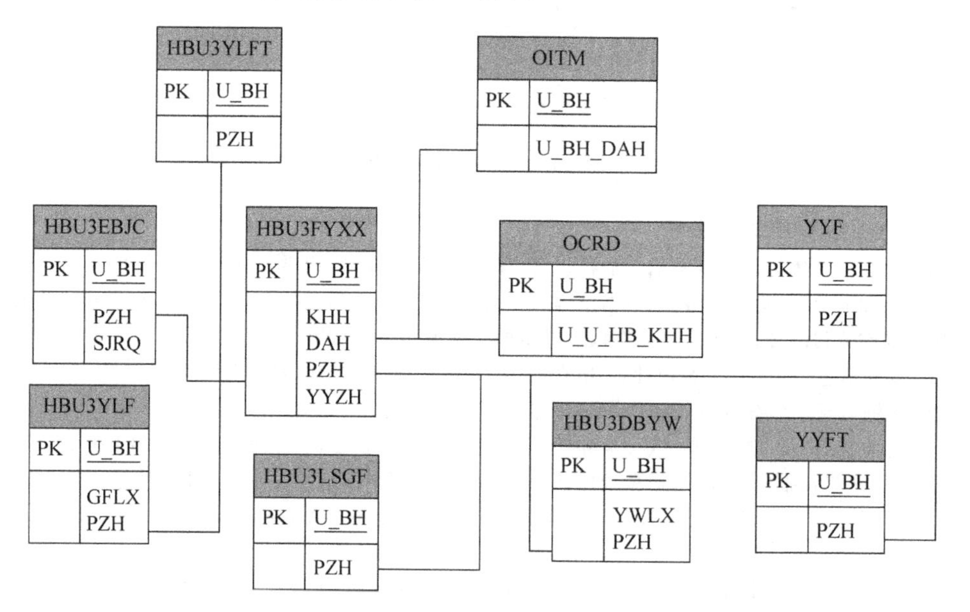

图 3-8 表关系图

根据逻辑结构设计确定数据库中各个表及字段类型如下。

(1) OCRD 表:客户信息表,采用 SBO 系统的表。

(2) OITM 表:车辆信息表,采用 SBO 系统的表。

(3) FYXX 表：存放集体购费和零散购费的信息，费用信息表如表 3-1 所示。

表 3-1　费用信息表

字段名称	类型(长度)	是否可为空	说　明
BH	Decimal(18,0)	PRIMARY KEY	自动编号
KHH	NVARCHAR(20)	NULL	客户号
DAH	NVARCHAR(20)	NULL	档案号
PZH	NVARCHAR(20)	NULL	牌照号
YYZH	NVARCHAR(10)	NULL	营运证号
DBXZ	NVARCHAR(10)	NULL	代办小组
GKDW	NVARCHAR(10)	NULL	挂靠单位
YLF	Decimal(18,2)	NULL	养路费
YYF	Decimal(18,2)	NULL	营运费
EBF	Decimal(18,2)	NULL	二保费
GLF	Decimal(18,2)	NULL	管理费
YLFLJBT	Decimal(18,2)	NULL	养路费累计报停
YLFBT	NVARCHAR(10)	NULL	养路费是否报停
YYFLJSBT	Decimal(18,2)	NULL	营运费累计报停
YYFBT	NVARCHAR(10)	NULL	营运费是否报停
SCEBJCSJ	Datetime	NULL	二保上次检测日期
QF	NVARCHAR(10)	NULL	欠费
GZRQ	Datetime	NULL	过账日期
CZR	NVARCHAR(10)	NULL	操作人
BZ	NVARCHAR(50)	NULL	备注

(4) LSGF 表：零散购费信息表，如表 3-2 所示。

表 3-2　零散购费信息表

字段名称	类型(长度)	是否可为空	说　明
BH	Decimal(18,0)	PRIMARY KEY	自动编号
GZRQ	Datetime	NULL	过账日期
CZR	NVARCHAR(10)	NULL	操作人
KHH	NVARCHAR(20)	NULL	客户号
DAH	NVARCHAR(20)	NULL	档案号
PZH	NVARCHAR(20)	NULL	牌照号
SQGFR	NVARCHAR(10)	NULL	购费人
SQGRDH	NVARCHAR(10)	NULL	购费单号
SQSJ	Datetime	NULL	购费时间

(5) DBYW 表：办理业务信息表，如表 3-3 所示。

表 3-3　办理业务信息表

字段名称	类型(长度)	是否可为空	说　明
BH	Decimal(18,0)	PRIMARY KEY	自动编号
GZRQ	Datetime	NOT NULL	过账日期
CZR	NVARCHAR(10)	NOT NULL	操作人
KHH	NVARCHAR(20)	NOT NULL	客户号
DAH	NVARCHAR(20)	NOT NULL	档案号
PZH	NVARCHAR(20)	NOT NULL	牌照号
YWLX	NVARCHAR(10)	NOT NULL	业务类型
BLRY	NVARCHAR(10)	NOT NULL	办理人员
BLSJ	Datetime	NOT NULL	办理时间
JSSJ	Datetime	NOT NULL	结束时间
BZ	NVARCHAR(50)	NULL	备注

(6) EBJC 表：二保检测信息表，如表 3-4 所示。

表 3-4　二保检测信息表

字段名称	类型(长度)	是否可为空	说　明
BH	Decimal(18,0)	PRIMARY KEY	自动编号
GZRQ	Datetime	NOT NULL	过账日期
CZR	NVARCHAR(10)	NOT NULL	操作人
KHH	NVARCHAR(20)	NOT NULL	客户号
DAH	NVARCHAR(20)	NOT NULL	档案号
PZH	NVARCHAR(20)	NOT NULL	牌照号
YJRQ	Datetime	NOT NULL	应检日期
SJRQ	Datetime	NOT NULL	实检日期
YFJE	Decimal(18,0)	NOT NULL	应付金额
SFJE	Decimal(18,0)	NOT NULL	实付金额
FKZT	NVARCHAR(10)	NOT NULL	付款状态
BZ	NVARCHAR(50)	NULL	备注

(7) YLF 表：养路费信息表，如表 3-5 所示。

表 3-5　养路费信息表

字段名称	类型(长度)	是否可为空	说　明
BH	Decimal(18,0)	PRIMARY KEY	自动编号
KHH	NVARCHAR(20)	NULL	客户号
DAH	NVARCHAR(20)	NULL	档案号
PZH	NVARCHAR(20)	NULL	牌照号
FKQ	Datetime	NULL	付款日期
GFLX	NVARCHAR(10)	NULL	购费类型

续表

字段名称	类型(长度)	是否可为空	说明
YSJE	Decimal(18,2)	NULL	应收金额
SSJE	Decimal(18,2)	NULL	实收金额
MFZT	NVARCHAR(10)	NULL	买费状态
LFZT	NVARCHAR(10)	NULL	领费状态
YFJE	Decimal(18,2)	NULL	应付金额
SFJE	Decimal(18,2)	NULL	实付金额
GFZT	NVARCHAR(10)	NULL	购费状态
LFGFZT	BIT	NULL	零散购费状态
FKZT	NVARCHAR(10)	NULL	付款状态
LFGFLY	NVARCHAR(10)	NULL	零散购费编号
LFSJ	Datetime	NULL	领费日期
TFSJ	Datetime	NULL	退费日期
GZRQ	Datetime	NULL	过账日期
CZR	NVARCHAR(10)	NULL	操作人
BZ	NVARCHAR(50)	NULL	备注

(8) YLFT 表：养路费报停信息表，如表 3-6 所示。

表 3-6 养路费报停信息表

字段名称	类型(长度)	是否可为空	说明
BH	Decimal(18,0)	PRIMARY KEY	自动编号
GZRQ	Datetime	NOT NULL	过账日期
CZR	NVARCHAR(10)	NOT NULL	操作人
KHH	NVARCHAR(20)	NOT NULL	客户号
DAH	NVARCHAR(20)	NOT NULL	档案号
PZH	NVARCHAR(20)	NOT NULL	牌照号
BTKSRQ	Datetime	NOT NULL	报停开始日期
BTYY	NVARCHAR(10)	NOT NULL	报停原因类型
BTR	NVARCHAR(10)	NULL	报停人
BTDH	NVARCHAR(20)	NULL	报停电话
BTSXQQ	NVARCHAR(10)	NOT NULL	是否手续交齐
JHYYB	NVARCHAR(10)	NOT NULL	营运本
JHPZ	NVARCHAR(10)	NOT NULL	牌照号
JHXCB	NVARCHAR(10)	NOT NULL	行车本
JHEBK	NVARCHAR(10)	NULL	二保卡
JHSGZM	NVARCHAR(10)	NULL	事故证明
BTJSRQ	Datetime	NULL	报停结束日期
QFR	NVARCHAR(10)	NULL	启费人
QFDH	NVARCHAR(20)	NULL	启费电话
BZ	NVARCHAR(50)	NULL	备注

四、系统实现

4.1 系统实现采用的主要技术方法

4.1.1 开发工具的选择

编程环境选择 Microsoft Visual Basic 6.0、SAP Bone SDK。Microsoft Visual Basic 6.0 是一种可视化的、面向对象和采用事件驱动方式的结构化高级程序设计，可用于开发 Windows 环境下的各类应用程序。SDK 在开放的标准的基础上，内含了不同应用程序的编程接口，使得对 SAP Business One 所有业务对象的访问成为可能。

数据库软件选择 SQL Server 2005。SQL Server 是一个关系数据库管理系统。SQL Server 2005 是 Microsoft 公司推出的 SQL Server 数据库管理系统的最新版本，该版本继承了 SQL Server 2000 版本的优点，同时又比它增加了许多更先进的功能，具有使用方便、可伸缩性好与相关软件集成程度高等优点。

4.1.2 SAP B-one SDK 技术的特点

SDK(软件开发工具包)是一种开放而灵活的开发工具包，能进一步扩展 SAP Business One 的产品功能，并且可以与外部的行业解决方案集成。

SBO SDK 提供的应用程序接口(API)为 SAP Business One 在系统功能的增强和开放接口方面，提供了多种多样的选择性，从简单的窗口(界面)修改工具到复杂的系统项目集成，SDK 提供了一系列灵活方便的工具供用户选择。

(1) 用户接口 API

通过创建新的窗口(界面)，重新设计现有的窗口，增加功能菜单和对话框。用户接口 API 允许用户以多种方式改进和完善 SAP Business One。

① 可以创建菜单、窗口或字段。

② 提供对用户界面的内部事件的访问方法。

③ 提供对用户接口界面访问的对象和方法。

(2) 数据接口 API

运用数据接口 API 可以为 SAP Business One 与其他应用软件建立实时连接，通过其可编程接口和一套多功能的业务逻辑对象，数据接口 API 提供了连接应用程序和自动处理业务流程的强大功能。提供数据库层次上的数据对象和方法的读写操作。

(3) Java 连接器

为开发用户在 Java 开发环境中提供了强大而灵活的数据接口 API，从而为 SAP Business One 的扩展开发提供了一个非常强壮的开发环境。

SDK 的 API 体系结构图如图 4-1 所示。

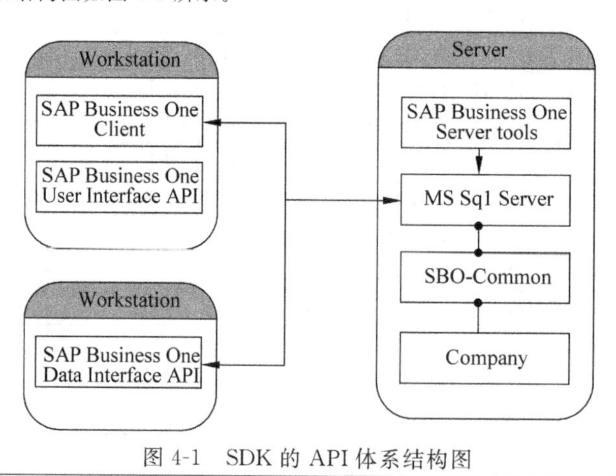

图 4-1 SDK 的 API 体系结构图

4.2　开发环境的建立

4.2.1　SQL Server 数据库的优势

SQL(Structured Query Language,结构式查询语言)是对存放在计算机数据库中的数据进行组织、管理和检索的一种工具,是一种特定类型的数据库——关系型数据库,由数据库管理系统 DBMS 控制。

SQL 具有以下优势:

(1) SQL 是一种数据库子语句,该语句可以被嵌套到另一种语言中,从而使其具有数据库存储功能。

(2) SQL 并非严格的结构式语言,其语法更加接近英语语句,易于理解。

(3) SQL Server 具有很好的可扩展性、可靠性和兼容性。

(4) SQL 是一种交互式查询语言,允许用户直接存储数据。

(5) SQL Server 采用二级安全验证、登录验证及数据库用户账号和角色的许可验证,安全性更好。

4.2.2　建立数据库连接

本系统采用 ADO 技术连接数据库,其优点是易于使用、高速度、低内存支出和占用磁盘空间较少等。它是建立在应用程序编程接口 OLEDB 之上的连接数据库技术。

ADO (ActiveX Data Objects,ActiveX 数据对象)是 Microsoft 公司提出的应用程序接口用以实现访问关系或非关系数据库中的数据。ADO 是对当前微软公司所支持的数据库进行操作的最有效和最简单直接的方法,是一种功能强大的数据访问编程模式。

本系统通过引用 ConnectJT()来实现数据库连接。核心代码如下:

```
//数据连接
Public Sub ConnectJT(oDbUserName As String)
Set oJTKCompany = New SAPbobsCOM.company  //公司名称
Set oJTKRecordSet = oCompany.GetBusinessObject(BoRecordset)
oJTKRecordSet.DoQuery"select[@HBU5Company].CompanyDBasDB, [@HBU5Company].Companyname as 公司名称,[@HBU5Company].username as user1,[@HBU5Company].Password as psw,[@HBU5Server].Server as server," & _
"[@HBU5Server].username as DBuser,[@HBU5Server].password as Dbpsw from [@HBU5Company] inner join " & _"[@HBU5Server] on ([@HBU5Company].serverid = [@HBU5Server].id) where [@HBU5Company].companydb = '" + oDbUserName + "'" & _"and [@HBU5Company].isactive = '1' "
With oJTKCompany
.UseTrusted = False
.Server = oJTKRecordSet.Fields("Server").value        //服务器名称
.DbUserName = oJTKRecordSet.Fields("DBuser").value    //数据库用户名
.DbPassword = oJTKRecordSet.Fields("Dbpsw").value     //数据库用户密码
.CompanyDB = oJTKRecordSet.Fields("DB").value         //公司名
.UserName = oJTKRecordSet.Fields("user1").value       //公司用户名
.Password = oJTKRecordSet.Fields("psw").value         //公司用户密码
.language = ln_English
End With
lResult_JT = oJTKCompany.Connect()                    '//
If lResult_JT <> 0 Then
SBO_Application.MessageBox ("连接数据库错误")
End If
End Sub
```

4.3 主要模块的实现

4.3.1 华信购费模块

华信购费窗体上显示已经形成待购的车号。在表中填入实付的金额，也可以单击“更新实付”按钮令实付金额=应付金额。

单击“购费登记”按钮，则华信购费成功，页面清空，结束本次购费。

单击“生成待购记录”按钮，对没有报停和上月购费的客户，生成下月待购的记录。对于新的车号，也生成一条相应的待购记录。

华信购费模块如图 4-2 所示。

图 4-2 华信购费界面

主要代码如下：

```
For i = 1 To oRecordSet.RecordCount
If oRecordSet.EOF = False Then
//先把主车数据显示出来
ylf1.value = oRecordSet.Fields("PZH").value
ylf2.value = oRecordSet.Fields("DAH").value
ylf5.value = oRecordSet.Fields("U_U_hb_gdw").value
ylf6.value = oRecordSet.Fields("YFJE").value
ylf7.value = oRecordSet.Fields("SFJE").value
ylf8.value = Year(CDate(oRecordSet.Fields("FKQ").value)) & "-" & Month(CDate
(oRecordSet.Fields("FKQ").value))
oMatrix.AddRow
//当其相关牌照号为非空时，查找其是否存在没购费的挂车
If (oRecordSet.Fields("U_U_hb_xgp").value <> "") = True Then
Set oaRecordSet = oCompany.GetBusinessObject(BoRecordset)
//查询那些主车和挂车都没有购费的挂车待购记录
oaRecordSet.DoQuery
"Select [@HBU3YLF].PZH,[@HBU3YLF].DAH,OITM.U_U_hb_xgp,OITM.U_U_hb_sdw, OITM.U_U_hb_
gdw,YFJE,SFJE,FKQ "
```

```
From [@HBU3YLF], [@HBU3FYXX],OITM
where GFZT = '待购'and MFZT = '未买'and [@HBU3FYXX].PZH = [@HBU3YLF].PZH and LFGFZT = '0'and
OITM.codebars = [@HBU3YLF].PZH and OITM.U_U_hb_xgp <> '' and [@HBU3YLF].PZH = '" +
oRecordSet.Fields("U_U_hb_xgp").value + "' order by [@HBU3YLF].PZH "
//访问没有购费的挂车,看看其是否有主车也没有购费,如果有的话,把挂车待购记录数据显示
在前面那个主车记录的后面
```

4.3.2 零散购费模块

单击"添加"按钮后出现"添加待购记录"窗体。选择要申请的日期,养路费的类型,营运费,申请电话(可不填),申请购费人(可不填),单击"添加待购记录"窗体的"添加"按钮,将该条记录显示到主窗体上。也可以选中一行删除购费记录。对于已存在购费记录或是已报停的车辆,不能插入购费记录。

单击"购费登记"按钮:将此次购费记录保存到数据库中。对于购费日期小于当前日期的记录,将其买费状态改为欠款,并向欠款表插入一条欠款记录。

零散购费界面如图 4-3 所示。

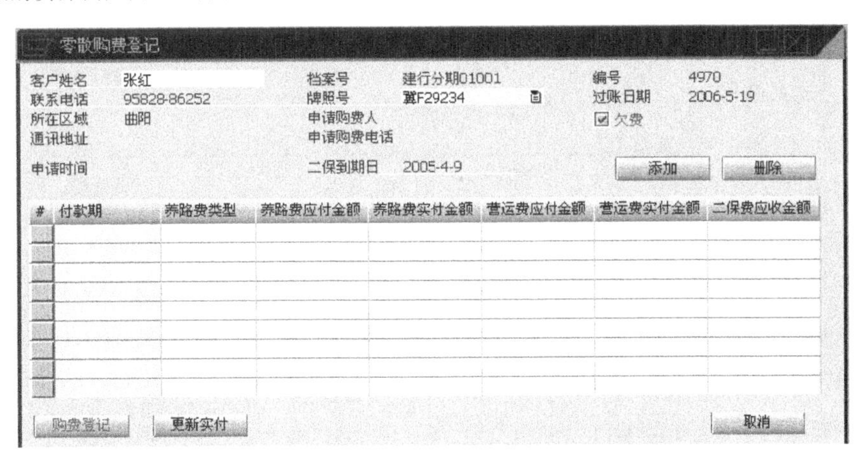

图 4-3 零散购费界面

主要代码实现如下:

```
//营运费购费登记
oRecordSet.DoQuery
"select PZH,KHH,DAH,BH,FKQ,YSJE,SSJE from [@HBU3YYF] where GFZT = '已购' and LFGFZT = '1' and
PZH = '" + PZH_TGF + "' and FKQ = '" + FKQ.String + "
PZ = oRecordSet.Fields("PZH").value
DAH = oRecordSet.Fields("DAH").value
qkje = CInt(oRecordSet.Fields("YSJE").value) - CInt(oRecordSet.Fields("SSJE").value)
If CStr(oRecordSet.Fields("PZH").value) <> "" Then'///向欠款表中加一条营运费欠款记录
Set oSaRecordSet = oCompany.GetBusinessObject(BoRecordset)
oSaRecordSet.DoQuery" insert into [@HBU1QK](DAH, PZH, FYBM, YFYBH, FKQ, QKJE, QKRQ, HQJE,
HQZT)valus
('" + DAH + "','" + PZ + "','营运费','" + CStr(oRecordSet.Fields("BH").value) + "','" +
CStr(oRecordSet.Fields("FKQ").value) + "','" + qkje + "','" + CStr(oRecordSet.Fields("
FKQ").value) + "','0','未还')"
End If
Else
```

```
oEaRecordSet.DoQuery
"update [@HBU3YYF] set GFZT = '已购',FKZT = '应付'" SFJE = '" + SFJE_YYF.String + "',YSJE = '"
+ YFJE_YYF.String + "' where PZH = '" + PZH_TGF + "' and GFZT = '待购' and LFGFZT = '1'and FKQ
= '" + FKQ.String + "'"
End If
```

4.3.3 客户领费模块

按 Tab 键，查询出要领费的车号的信息，若华信已为该用户购费，用户到财务部交款后，到证照部进行领费。

单击“客户领费登记”按钮出现领费登记窗体。选中要领费的一行或是多行，单击“领费登记”按钮，领费成功，主窗体上显示领费的日期(当前系统的日期)。

如图 4-4 所示。

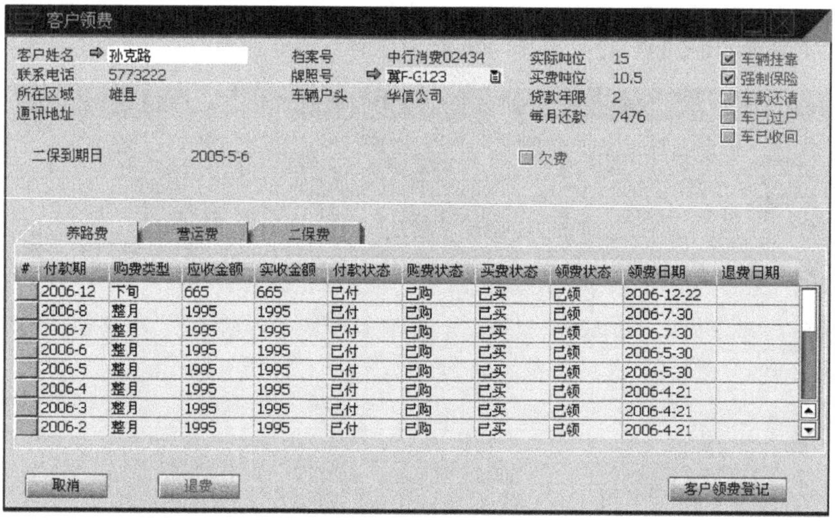

图 4-4　零散购费界面

4.3.4 客户退费模块

选中已买费或已购费而没买费的一行记录，单击“退费”按钮。若成功，状态栏上会显示“退费成功”提示信息。退费日期为当前系统的日期。

4.3.5 客户报停模块

对营运费和养路费都已经报停的用户，“报停登记”按钮变成不可用。单击“报停登记”按钮，打开报停登记窗体，填写报停开始时间(默认为当前月)，报停人，报停电话，勾选报停的手续。

单击报停登记窗体的“报停登记”按钮，将本次报停信息返回到客户报停主窗体。如图 4-5 所示。

单击“启费登记”按钮后出现“启费登记”对话框，显示了营运费和养路费本次报停的开始时间，默认复选框都选中，也可以手动选择要启费的类型。输入启费开始时间，启费人和电话。单击“启费”按钮，则将本次启费返回到“客户报停主窗体”，并自动将二保到期日向后顺延。若对营运费和养路费都已启费成功，“报停登记”按钮变成可用。如图 4-6 所示。

4.3.6 业务登记模块

选择办理的业务类型，办理人员，办理结束时间(默认为系统时间)后单击“业务登记”按钮，则该项业务会添加到表格的第一行。欠费用户也可以办理业务，需请示经理同意。

单击“业务类型”下拉列表中的“定义新的”可以出现添加业务类型窗体，输入要添加的业务类型。单击“确定”按钮返回到业务登记主窗体，也可选中要删除的业务类型，单击“删除”按钮。如图 4-7 所示。

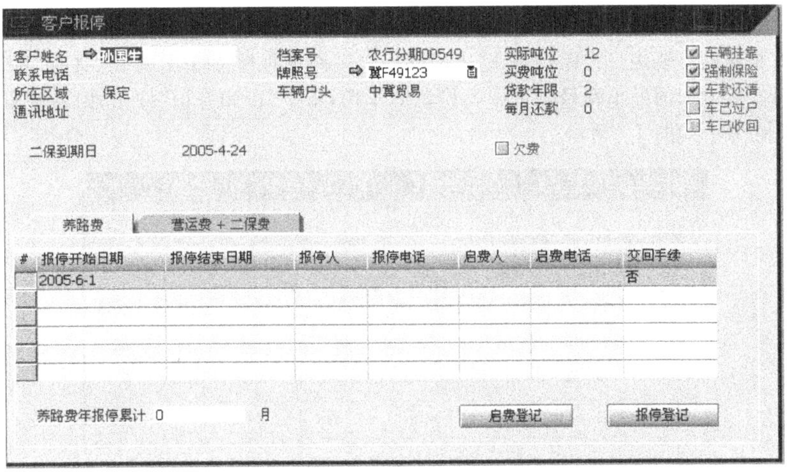

图 4-5　客户报停界面

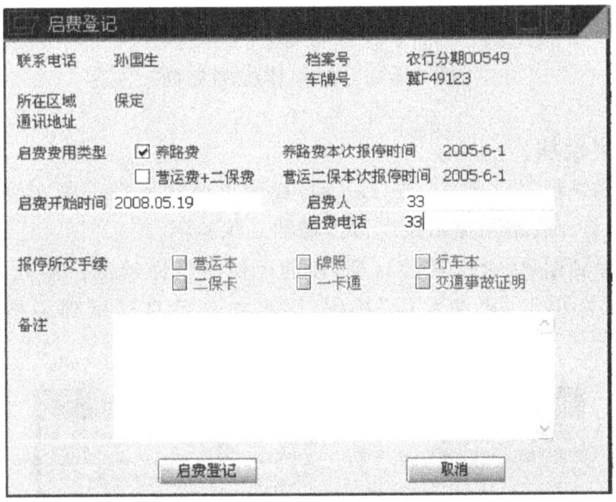

图 4-6　“启费登记”对话框

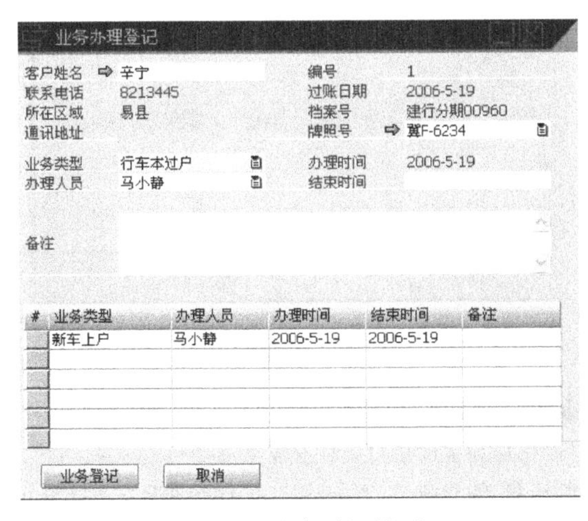

图 4-7　业务登记界面

4.3.7 二保集体检测模块

对于没有报停的车辆进行二保检测，输入要进行二保检测的时间间隔，单击“查找”按钮，表格中显示二保到期日在此时间内的车牌号。选中要检测的车辆，单击“检测登记”按钮，则系统自动将二保到期日向后延 4 个月。如图 4-8 所示。

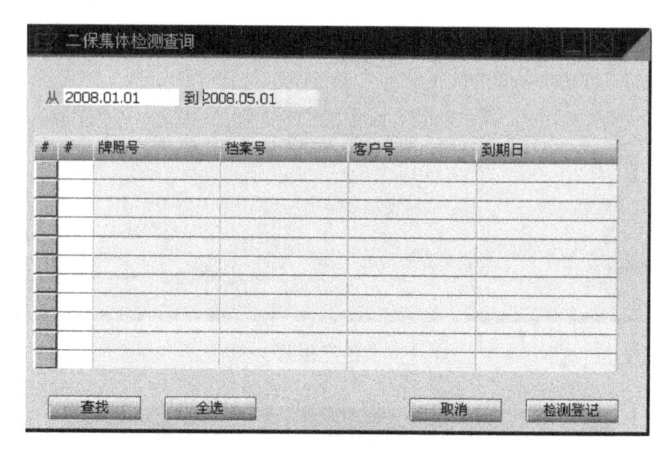

图 4-8 二保集体检测界面

4.3.8 二保检测模块

对于没有报停的车辆进行二保检测，按 Tab 键，查询出要业务登记的车号的信息，若客户姓名为空，则状态栏出现提示信息。表格中显示该车以前做的二保检测。

窗体上显示本次二保到期日，上次实检日期，以前所做的二保检测。输入本次实检日期和下次二保到期日(系统自动显示)，单击“检测登记”按钮，则将检测信息显示到表格中，刷新窗体内容。如图 4-9 所示。

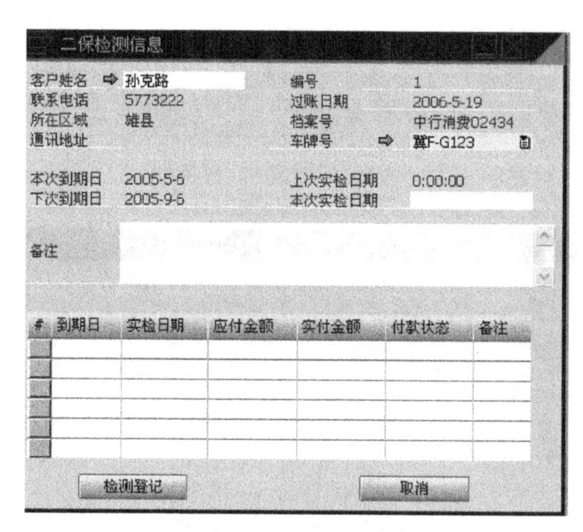

图 4-9 二保检测界面

4.3.9 证照信息模块

第一次出现的客户，可以添加相关的信息；对于数据库中已存在的用户，可进行修改更新数据库。信息包括养路费、二保费、营运费、购费吨位、实际吨位、二保到期日。首次登记的客户，需手动添加二保到期日、养路费、二保费、营运费。如图 4-10 所示。

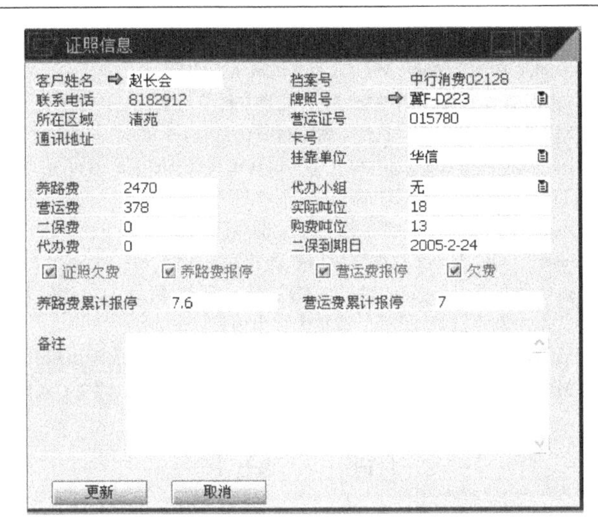

图 4-10　证照信息界面

五、结　束　语

系统实现了华信公司 ERP 系统——客户关系管理子系统。它满足了系统设计时提出的华信购费、零散购费、客户领费、客户报停、二保检测、客户退费等各项功能要求。由此在功能设计中，设计了华信购费模块、证照信息模块、零散购费模块、客户领费模块、客户退费模块、客户报停模块、业务登记模块、二保集体检测模块、二保检测模块、相应报表模块。系统已正式上线，系统运行效果较好。

由于此次开发时间紧，同时自己技术方面还有一定的缺陷，所以系统难免有功能或技术上的差错。同时，在开发和调试的过程中，遇到了很多的挫折和问题。在经历了一次次的失败后，锻炼了实际解决问题的能力。并且，在解决实际问题的过程中，学会了很多以前从未接触过的开发技术。这些开发经验对于以后开发项目很有帮助。

谢　　辞

值此论文完成之际，谨向所有给予我支持、指导和关心的人们，致以由衷的感谢！

本论文的写作是在指导老师××老师的悉心指导，不断鼓励与大力帮助下完成的。从论文的选题，论证到系统的构思，设计方案和设计方法的制定，直到论文的写作到最后定稿，××老师都倾注了大量的心血。衷心感谢××老师在学习过程中给了我很多学习的机会，不仅在学习方面给予细心的教导，在做人、做事上更是给了我们很大的帮助。××老师渊博的知识、严谨的治学态度以及有条不紊的办事风格必将使我受益终生。

在设计本系统的过程中，得到了××同学很多界面设计和技术思路上的意见，在系统实现过程遇到技术难点时得到了他们细心的帮助，在此向所有帮助我的老师和同学们表示感谢。

参 考 文 献

[1]　Maciaszek，L A. 需求分析与系统设计[M]. 北京：机械工业出版社，2003.
[2]　张海藩. 软件工程导论[M]. 4 版. 北京：清华大学出版社，2003.

[3] 萨师煊,王珊.数据库系统概论[M]. 3版.北京:高等教育出版社,1983.
[4] 叶青,亢锐. Visual Basic 6.0中文版教程[M]. 北京:机械工业出版社,2000.
[5] 卢毅编. Visual Basic 6.0数据库设计实例导航[M]. 北京:科学出版社,2001.
[6] 郑若忠,王鸿武. 数据库原理与方法[M]. 长沙:湖南科技出版社,1983.
[7] Reisner P. Use of Psychological Expermentation as an Aid to Developmet of a Query Language[J]. IEEE Trans. Software Eng.,1977,3(3):218~229.
[8] 郭瑞军,王松. Visual Basic数据库开发实例精粹[M]. 北京:电子工业出版社,2006.
[9] 李晓黎,张巍. Visual Basic+SQL Server数据库应用系统开发与实例[M]. 北京:人民邮电出版社,2003.
[10] Robert C Martin. 敏捷软件开发——原则、模式与实践[M]. 邓辉译. 北京:清华大学出版社,2005.
[11] 喻梅. SQL Server 2005基础教程[M]. 北京:清华大学出版社,2007.
[12] 葛世伦,代逸生.企业管理信息系统开发的理论和方法[M]. 北京:清华大学出版社,2001.
[13] Joseph Schmuller. UML基础、案例与应用[M]. 李虎,赵龙刚 译. 3版. 北京:人民邮电出版社,2004.

[评　注]

(1) 选题方面

- “华信公司ERP系统——客户管理子系统的设计与实现”属于软件开发型课题,来源于横向合作项目。
- 选题题目贴切,有较强的实践性。
- 题目规模适当,难易度适中,重点是系统的设计与实现问题。

(2) 论文结构方面

- 论文在结构安排上服从典型的软件开发型课题的范式。
- 首先介绍了软件开发的概况,由于论文提及的华信公司ERP系统——客户管理子系统取材于横向合作项目,因此论文对华信公司也作出了简要介绍。
- 然后,论文对所开发的软件系统进行了系统的分析,这一部分属于软件开发的前期工作。
- 接下来,论文对系统设计工作进行了阐述,其中包括各功能模块的划分、各自负责的功能以及相应的数据库设计;最后,通过程序语言代码及图片说明方式,给出了系统的具体实现细节。
- 总体上看,本论文结构比较完整,较为清楚地阐述了华信公司ERP系统——客户管理子系统的设计与实现过程。

(3) 论文内容方面

由于课题来源于横向合作项目,按照客户要求设计系统,所以内容非常充实。

(4) 论文的不足之处

- 引言部分没有对研究课题的内容及方法,或论文结构进行概述。
- 建议引言部分开门见山,结合论文的中心——客户管理写,不要写一个大帽子。
- 在系统实现部分对所有模块描述具体实现及其界面,这样使得重点不突出,而且篇幅也较长。这部分只需以几个关键模块为例说明即可。
- 没有对系统投入运行的状况作出说明,没有给出相应的系统测试方面的说明。

论文的题目为客户管理子系统,内容主要也是这方面的,但在文中有时用“客户关系管理子系统”,造成了概念前后不一致,文中的“客户关系管理”应统一改为“客户管理”。

第13章

范例四：电冰箱控制器的研究与实现

摘　　要

随着家用电冰箱的普及，人们对电冰箱的控制功能要求越来越高，这对电冰箱控制器提出了更高的要求，多功能、智能化是其发展的方向之一。传统的机械控制、简单的电子控制已经难以满足发展的要求。

采用SPCE061A作为控制器核心，对电冰箱的工作过程进行控制，并用语音播报功能使控制过程更人性化。首先给出了电冰箱控制器的设计要求和系统总体方案；然后对系统的硬件进行设计，主要包括电冰箱系统结构模型和系统组成电路设计；之后进行系统软件设计，分别描述了主程序流程和各模块的流程；最后通过对系统功能进行测试，可以看出应用SPCE061A的家用电冰箱控制器功能强大、成本低、性价比高、运行可靠。

关键词：电冰箱；控制器；SPCE061A

ABSTRACT

Along with the popularization of domestic refrigerator, people need more and more highlier to the control function of refrigerator, which puts forward the higher requirement to refrigerator controller, and multi-functional with intelligentization is one of the required direction. Traditional mechanical type and simple electronic control have been hard to satisfy the developing requirement.

This paper adopts SPCE061A as the nucleus of controller to control the work course of refrigerator. The process of control is more humanistic by using speech broadcast of SPCE061A. First, we give the design requirements and system general design of refrigerator controller, hardware design including system structure model design and composing circuit design, and software design including main program flow and each module flow. Finally, we can learn that domestic refrigerator adopting SPCE061A as the nucleus of controller has powerful function, low cost, high cost performance and reliable running by function tests of the system.

Keywords: Refrigerator; Controller; SPCE061A

目　　录

一、引　　言

随着超大规模集成电路技术的发展，单片机也随之有了很大的发展，各种新颖的单片机层出不穷，并已广泛地应用深入到人类生活的各个领域，成为当今科技不可缺少的重要工具。单片机自问世以来，性能不断提高和完善，其资源又能满足很多应用场合的需要，加之单片机具有集成度高、功能强、速度快、体积小、功耗低、使用方便、性能可靠、价格低廉等特点，因此，在工业控制、智能仪器仪表、数据采集和处理、通信系统、高级计算器、家用电器等领域的应用日益广泛，并且正在逐步取代现有的多片微机应用系统。

本文就是利用 SPCE061A 单片机作为核心元件，对电冰箱的工作过程进行控制，实现了自动调温、数字温控、冷藏冷冻温度调节、多温保鲜功能、速冻功能、冷藏开/关功能、自动化霜功能、压缩机断电延时保护功能以及语音播报功能。

论文结构如下：第一章介绍了电冰箱控制器的背景知识，并对论文的整体结构进行了概括说明。第二章给出了系统的设计要求。第三章对系统的总体方案进行了论证。第四章进行系统硬件设计，主要包括电冰箱系统结构模型和系统组成电路设计。第五章进行系统软件设计，主要包括主程序流程和各模块流程设计。第六章对系统进行测试。

二、设 计 要 求

要求该电冰箱系统实现以下功能。

(1) 人工智能、自动调温：在人工智能状态下，该冰箱能够随环境温度变化而自动调节温度设置，无须人为调节，便能达到最佳制冷效果，使您更省心、省力。

(2) LED 显示、数字温控：采用 LED 显示技术，动态显示冰箱的运行情况，冷藏室、冷冻室温度可以分别设置，分别显示，一目了然，使您及时了解冰箱运行情况，使用起来更加方便。

(3) 冷藏、冷冻温度调节：冷藏温度可设置在 2℃～10℃间；冷冻温度可设置在 －16℃～26℃之间或－7℃。

(4) 多温保鲜功能：将冷冻温度可设置在－7℃，进入多温保鲜功能，通过对冰箱的温度控制，使得冰箱内存在多个温区，不同的区域适合存放的食物类别与期限也不同。

(5) 速冻功能：运用细胞保活技术，以超强制冷能力，使食品迅速通过最大冰晶生成带，不破坏细胞结构，保持细胞活力，营养成分不散失，保鲜效果好。

(6) 冷藏开/关功能：可强制关闭冷藏室(冷藏室不制冷)，同时冷藏室温度显示熄灭。

(7) 自动化霜功能：电冰箱在运行过程中不断检测压缩机累计运行时间，进行判断是否满足化霜条件，满足化霜条件时，接通化霜加热丝，同时断开压缩机和风机，30分钟后断开化霜加热丝，接通压缩机，再过15分钟后接通风机，进入正常控制循环。

(8) 压缩机断电延时保护功能：电冰箱每次开机上电时，检查压缩机停机时间是否已经延时5分钟。若压缩机已经延时5分钟，压缩机可以立即启动；若压缩机延时未到5分钟，则继续延时到5分钟后，压缩机才可以启动。

(9) 语音播报：告知电冰箱的工作状态，使控制过程更人性化。

三、系统总体方案

3.1 方案论证

1. 方案一

采用MCS-51单片机，外扩A/D转换器、掉电保护装置、语音芯片等模块。外围器件的增多带来端口的紧张，所以还需要进行端口扩展等其他操作。该方案的大体结构如图3-1所示。

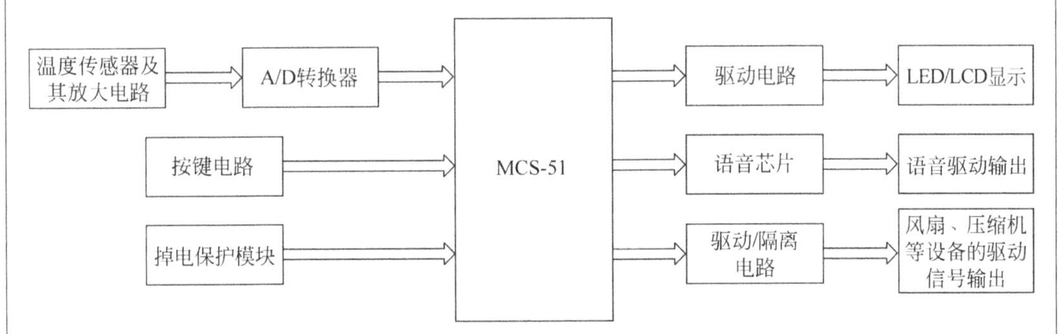

图3-1 基于MCS-51单片机的电冰箱实现方案

2. 方案二

采用SPCE061A单片机，因为该单片机已经具有内嵌ADC，并且具有电压监测、语音等功能，所以可以省去烦琐的系统扩展，整体结构比较清晰简洁。该方案系统结构如图3-2所示。

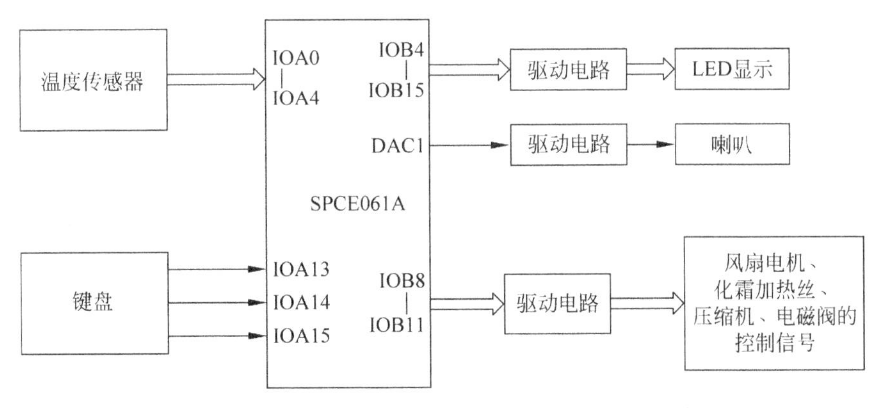

图3-2 基于SPCE061A单片机的电冰箱实现方案

比较以上两个方案,方案二的结构要比方案一简单,且功能实现也要比方案一简单快捷,所以最终选择方案二。

3.2 系统的硬件实现

系统的硬件实现参考图 3-2,核心控制部分采用 61 板;传感器采用 5 个负温度系数热敏电阻来采集冷藏室、冷冻室、冷藏室盘管、冷冻室盘管和环境温度;按键部分采用 1×3 独立按键;驱动电路采用继电器控制。

四、系统硬件设计

4.1 电冰箱系统结构模型

液体由液态变为汽态时,会吸收很多热量,简称为"液体汽化吸热",电冰箱就是利用了液体汽化过程中需要吸热的原理来制冷的。

图 4-1 为蒸汽压缩式电冰箱制冷系统原理图。它由压缩机、冷凝器、干燥过滤器、毛细管、蒸发器等部件组成,其动力均来自压缩机,干燥过滤器用来过滤脏物和干燥水分,毛细管用来节流降压,热交换器为冷凝器和蒸发器。

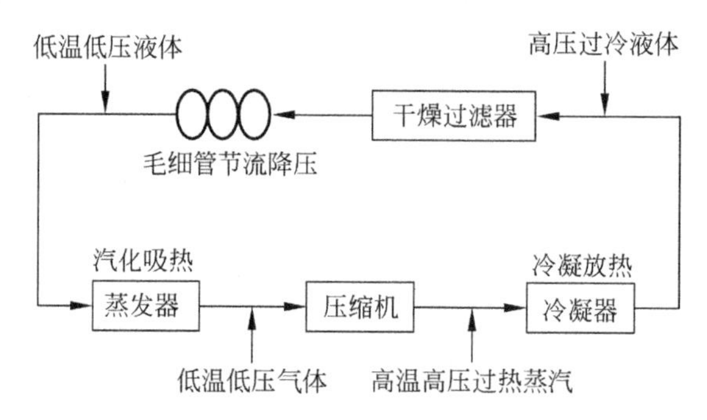

图 4-1 蒸汽压缩式电冰箱制冷系统原理图

制冷压缩机吸入来自蒸发器的低温低压的气体制冷剂,经压缩后成为高温高压的过热蒸汽,排入冷凝器中向周围的空气散热成高压过冷液体。高压过冷液体经干燥过滤器流入毛细管节流降压,成为低温低压的液体,进入蒸发器中汽化,吸收周围被冷却物体的热量,使温度降低到所需值,汽化后的气体制冷剂又被压缩机吸入,至此,完成一个循环。压缩机冷循环周而复始地运行,保证了制冷过程的连续性。

4.2 系统组成电路设计

系统组成如图 3-2 所示,主要由单片机、传感器组、压缩机控制电路、电磁阀控制电路、显示电路、化霜控制电路、电加热丝控制电路、语音输出电路、风机控制电路等部分组成。

1. 按键电路

按键包括人工智能键、冷冻调节键、冷藏调节键。键盘输入电路如图 4-2 所示。当有键按下时,对应的 I/O 口为拉到高电平。

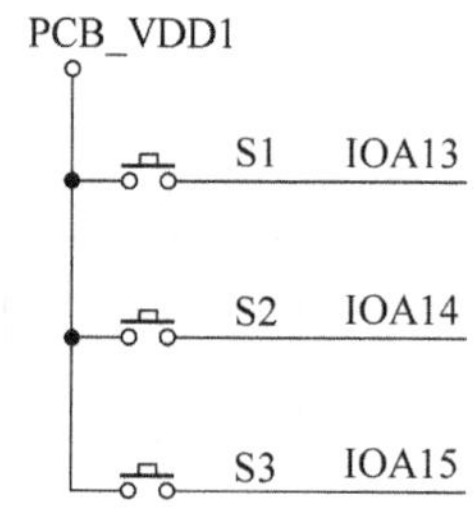

图 4-2 键盘输入电路

2. 传感器输入电路

电冰箱通过采集冷冻室和冷藏室的温度,并根据实际温度与设置温度相比较来控制压缩机、电磁阀、风扇及化霜加热丝等部件,使各室温度保持在相应设置值。SPCE061A 具有 7 通道 10 位逐次逼近式 AD 转换器,本方案选用其中的 5 个通道来采集冷藏室、冷冻室、冷藏室盘管、冷冻室盘管和环境温度,即传感器主要由冷冻室、冷藏室、冷冻室蒸发器盘管、冷藏室蒸发器盘管速冻室、环境温度检测等温度传感器组成。其余两个通道用于功能的扩展。温度传感器采用负温度系数的热敏电阻，其接口电路如图4-3所示。

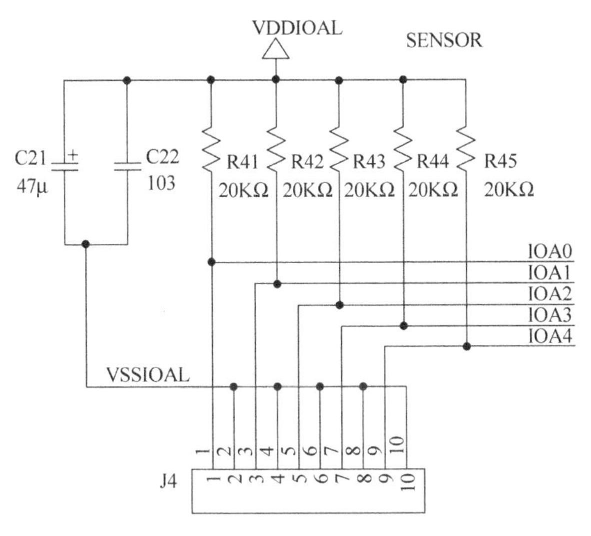

图4-3　传感器接口电路图

SPCE061A的AD输入管脚和IOA共用，通过程序进行AD转换功能的控制。为防止电源电压对AD的影响，SPCE061A为AD提供了专门的电源VDDIOAL、VSSIOAL。将5个热敏电阻分别与固定电阻R41-R45串联接于电源VDDIOAL、VSSIOAL，当温度改变时，热敏电阻阻值随之改变，测量其分压值大小则可计算出温度值的大小。

3. 显示电路

显示电路由4位8段数码管组成，用来显示冰箱内的实际温度、设置温度或故障。接口电路如图4-4所示，采用动态显示方式驱动。

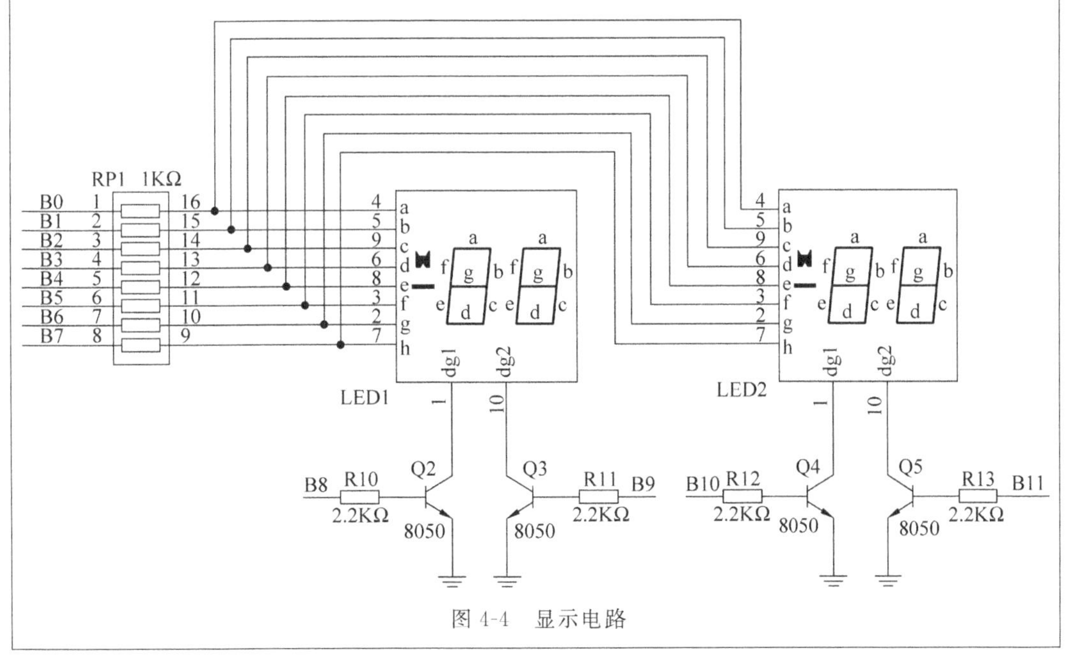

图4-4　显示电路

4. 压缩机、化霜电加热丝、风机、电磁阀控制电路

压缩机控制电路比较简单,如图 4-5 所示。由 IO 口输出信号,通过 8050 反相驱动电路来控制继电器,再由继电器控制压缩机的开停。当 I/O 口输出高电平时,Q11 饱和导通,继电器线圈流过电流,其触点吸合;当 I/O 口输出低电平时,Q11 截止,继电器线圈无电流,其触点断开。压缩机的开关由相关室的温度决定,每次开机之前必须检测延时保护条件是否满足,才能作出开机决策。

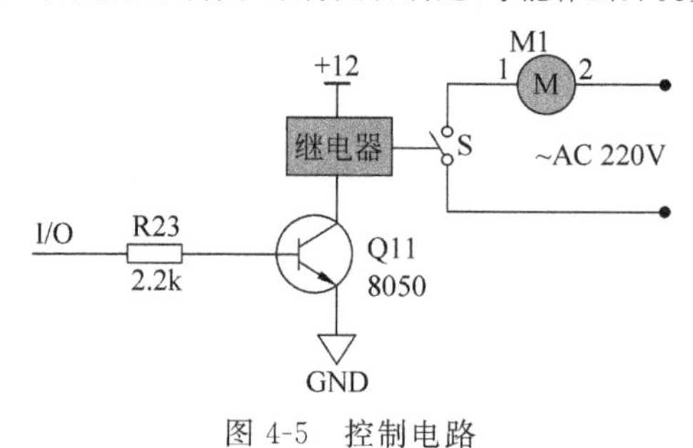

图 4-5 控制电路

化霜电加热丝控制电路、风机控制电路、电磁阀控制电路的结构相似,只是器件参数有所不同,不再赘述。

五、系统软件设计

本系统软件主要由主流程、功能子程序、中断服务程序组成。

子程序主要由键盘扫描、键码分析、温度采集、传感器检测、人工智能、冷藏室温度采集与控制、冷冻室温度采集与控制、压缩机保护及控制、驱动、显示数据计算、运行参数存储等模块组成,LED 的显示在 256Hz 的中断程序中完成,SPCE061A 语音播放部分在前面已经有详细的讲解,不再赘述。

5.1 主程序设计

系统主流程如图 5-1 所示。

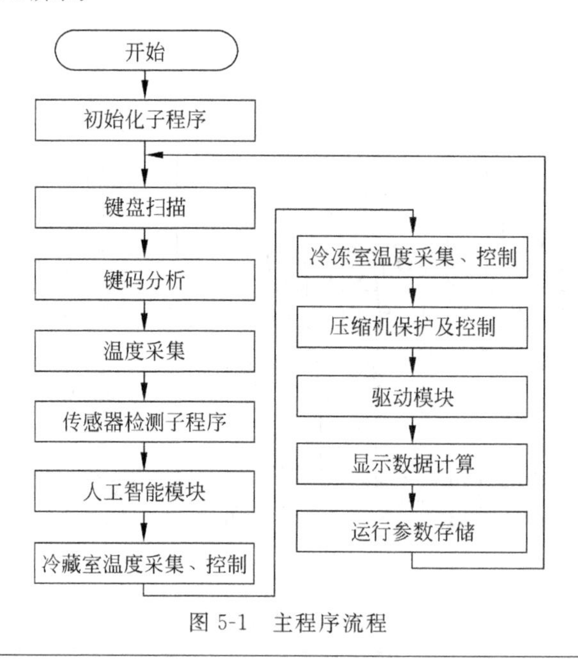

图 5-1 主程序流程

5.2 模块流程设计

1. 初始化子程序

初始化模块主要完成初始化 I/O 口、中断、内存单元，并读出掉电保护单元的值进行控制。程序流程如图 5-2 所示。

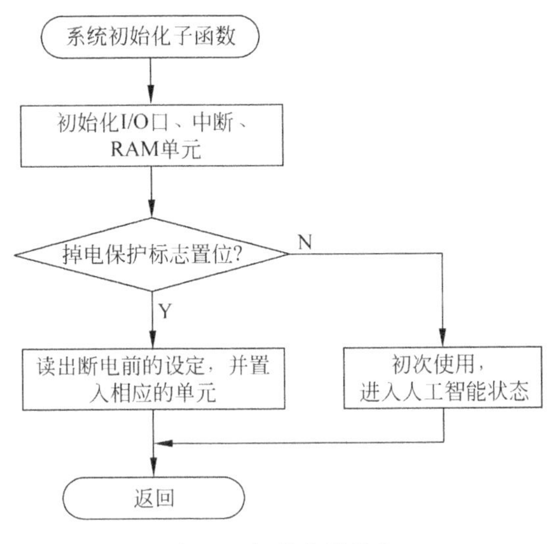

图 5-2 初始化子程序

将 SPCE061A FLASH 的某一单元作为标志位：当读出的值为 0xFF 时，表示初次使用，则自动进入人工智慧控制模式；为 0x55 时，表明断过电，将存储在掉电保护区的数据读出。

2. 键盘扫描

当有键按下时，对应的 I/O 口为拉到高电平，CPU 扫描到按键动作，则根据当前运行状态和按键来改变运行标志位，并开始计时，如果连续 5s 无按键，则将有效设定送入相应控制单元。

3. 低电压监测

电压监测如图 5-3 所示。电源监控采用 SPCE061A 自带的低电压检测功能。首先选定低电压的下限，一共有 4 个可选下限值：2.4V，2.8V，3.2V 和 3.6V。如果选择 2.8V，当电源电压低于 2.8V 的时候，认为电压是不正常的，相应的寄存器标志位(P_LVD_Ctrl. B15)置 1。当检测到该标志位置 1 时，保存当前计数值到 FLASH 中，并进入掉电运行模式。在掉电运行模式下，程序只检测系统电压，直到系统电压正常才重新回到正常运行模式。

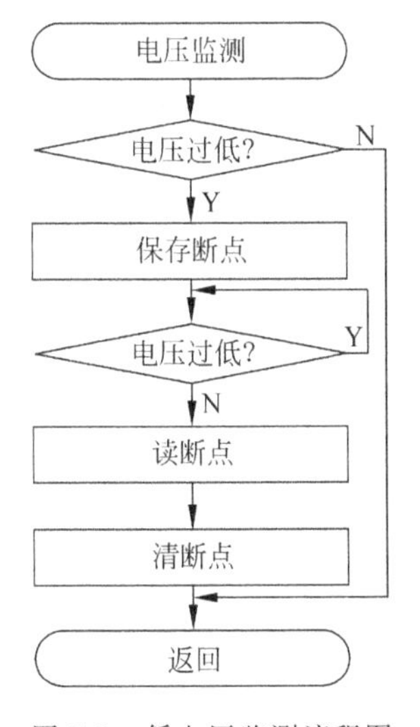

图 5-3 低电压监测流程图

4. 人工智能模块

人工智能模块通过检测环境温度的高低，自动确定冷冻室和冷藏室的设定温度。如果环境温度高，则相应地将冷藏室、冷冻室的温度设置高一些；如果环境温度低，则相应地将冷藏室、冷冻室的温度设置低一些，以免压缩机长时间运行或不运行。

5. 温度采集模块

通过冷冻室(冷藏室)温度传感器，采集冷冻室(冷藏室)温度，将数据置入显示缓冲区，并将实测温度与冷冻室(冷藏室)的设置温度比较，如果实测温度高于设置温度，则置冷冻室(冷藏室)高标志，否则返回。

热敏电阻灵敏度高，为了防止开冰箱门时温度传感器采集到的温度变化太快，引起控制部件的频繁动作，温度采集采用滑动平均值滤波方法，程序中数组 R_tempR[16] 为冷藏室温度采集存储队列单元(程序初始化时连续采集了 16 次温度，存储在数组的 16 个元素中，便于求平均值)，程序每循环一次，采集一次冷藏室温度，数组元素值依次向高位移位一次，R_tempR[15]元素的值丢失，并将温度存入 R_tempR[0]，这样在数组中始终有 16 个“最新”的数据，求出数组的算术平均值作为本次测量结果。R_tempKJ[16]、R_tempF[16]、R_tempHS[16]、R_tempHW[16]分别为冷藏室蒸发器盘管、冷冻室温度传感器、冷冻室蒸发器盘管和环境温度传感器温度采集存储单元，计算方法同上。如图 5-4 所示。

6. 压缩机保护与控制模块

本模块包括三部分：压缩机保护子程序、压缩机控制子程序、压缩机启动/停止子程序。压缩机保护子程序主要用于启动压缩机，压缩机每次启动前，先检查停机时间是否已经延时 5 分钟。若已经延时 5 分钟，压缩机可以立即启动；若未到 5 分钟，则继续延时到 5 分钟后，压缩机才可以启动。如图 5-5 所示。

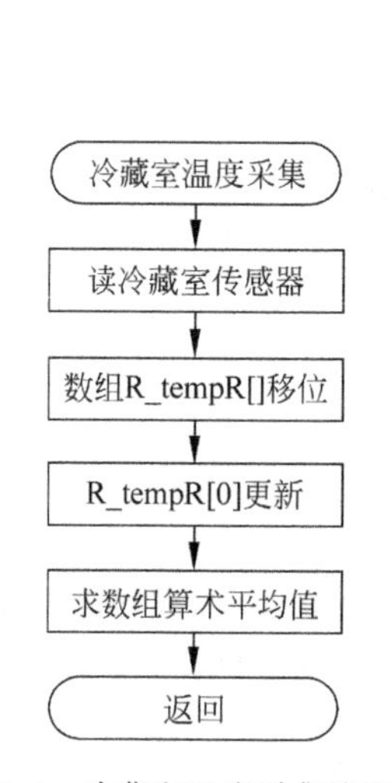

图 5-4 冷藏室温度采集流程图

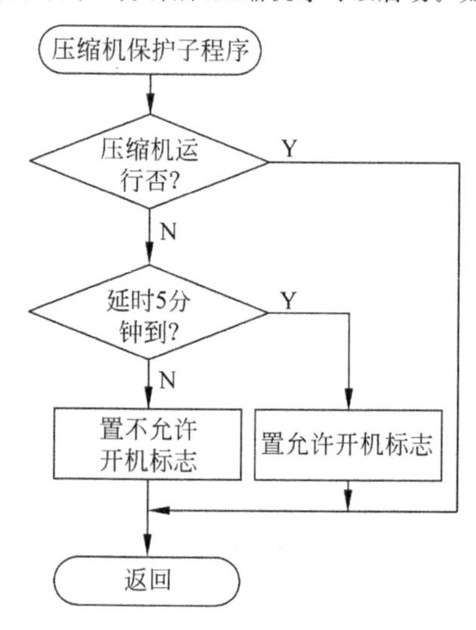

图 5-5 压缩机保护子程序

压缩机控制子程序主要根据冷冻室和冷藏室的温度检测标志、化霜(结束)标志、压缩机允许开机标志来决定压缩机的启动、停机，并置启动/停机命令标志。

压缩机启动/停止子程序根据压缩机当前的运行状态和启动/停机命令标志来控制压缩机的运行。具体状态以及标志所对应的动作如表 5-1 所示。

表 5-1 具体状态以及标志所对应的动作表

压缩机运行状态	启动/停机命令标志	动 作
1	1	返回
	0	关压缩机；置关机标志；计时单元 1 清零；计时单元 2 停止计时
0	1	启动压缩机；置开机标志； 计时单元 2 开始计时
	0	返回

注：

1) 计时单元 1 为压缩机关机延时 5 分钟计时单元；
   计时单元 2 为压缩机累计运行时间计时单元，用于自动化霜计时

2) 压缩机运行状态： 1—运行 0—停机
   启动/停机命令标志： 1—启动命令 0—停机命令

7. 驱动模块

驱动模块包括压缩机、电磁阀、风扇和化霜加热丝，程序根据当前运行状态和驱动标志位来确定其运行状态。驱动模块程序流程图如图 5-6 所示。

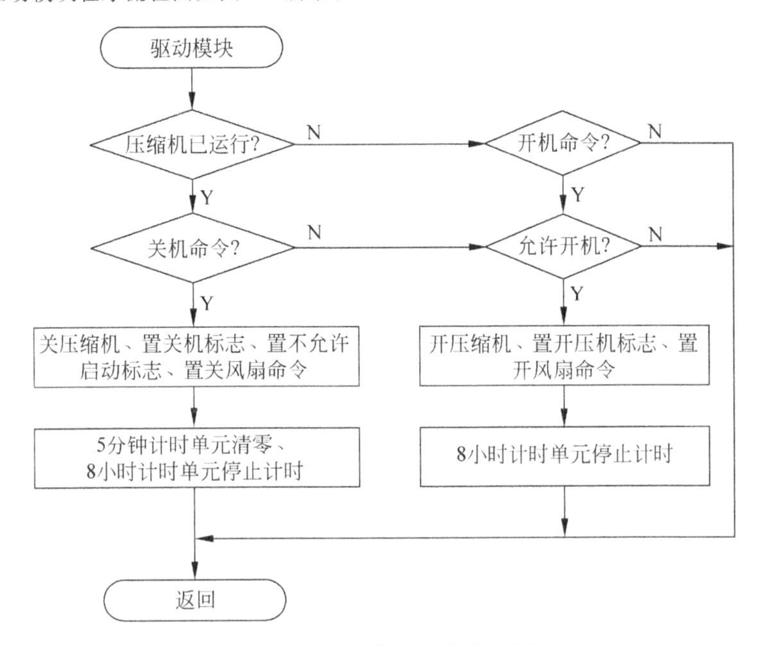

图 5-6 驱动模块程序流程图

六、系统的测试

1. 接通电源

插上电源插头，电冰箱开始工作，并自动设置为人工智能状态，温度显示为实际温度。此时会出现超温报警，冷冻温度显示 E 闪烁，表示冷冻室内温度过高。当电冰箱继续工作一段时间，冷冻室温度降低到一定温度后，冷冻温度显示 E 停止闪烁。

2. 人工智能设置

按下人工智能按键 A 键 3s，人工智能图形 F 亮起，即进入人工智能状态，此时无法设置速冻、冷藏温度及冷冻温度。如果要退出人工智能状态，再次按下 A 键 3s，此时 F 图形消失。

3. 冷藏温度调节

冷藏温度可以设置在 2℃～10℃之间。按下冷藏温度调节按键 B 键 3s，进入冷藏温度调节状态，冷藏温度显示 D 开始闪烁，每按一次 B 键，冷藏温度设定值 D 增加 1℃，直到 10℃，再按 B 键回到 2℃，依次循环。若设定后 5s 内没有按键操作，则温度值停止闪烁并确认设定值。

4. 冷冻温度调节

冷冻温度可以设置在－16℃～－26℃之间，也可设置在－7℃。按下冷冻温度调节按键 C 键 3s，进入冷冻温度调节状态，冷冻温度显示 E 开始闪烁，每按一次 C 键，冷冻温度设定值 E 如下变化：

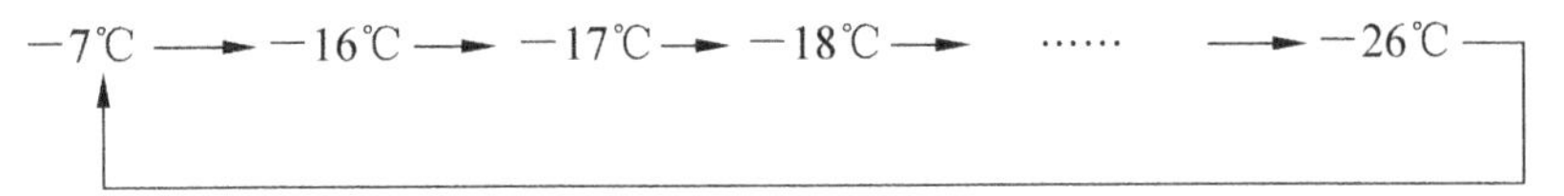

到了－26℃，再按 C 键又回到－7℃，依次循环。若设定后 5s 内没有按键操作，则温度值停止闪烁并确认设定值。

5. 速冻设置

速冻是为了保持食物的营养价值而设计的，它能加快食物的冻透速度。在往冷冻室放入较多新鲜食品前，可使用速冻功能。

同时按下 B、C 键，速冻图形显示 G 亮起，进入速冻状态，压缩机达到设定的累计工作时间后自动退出速冻状态，图形 G 消失。若想中间退出速冻状态，再次同时按下 B、C 键，图形 G 消失即可。

速冻状态下，不能进行冷冻温度设定，但可以进行冷藏温度设定。

6. 冷藏开关设置

同时按下 A、B 键，则强制关闭冷藏(冷藏室不制冷)，冷藏温度显示 D 熄灭。再次按下 A、B 键，恢复冷藏室制冷，同时冷藏温度显示 D 恢复显示。

冷藏关闭的情况下，也可以设置为速冻或人工智能状态。

七、结 束 语

应用 SPCE061A 的家用电冰箱控制器具有多种优点：

(1) 设计新颖、功能强大。SPCE061A 是凌阳科技公司最新的 16 位单片机，特点是高速、低功耗、强大的 I/O 口功能。以上的设计方案只占用 SPCE061A 的一部分资源，可以在此基础上开发出功能更强的产品，缩短了开发周期。

(2) 成本低、性价比高、运行可靠。SPCE061A 有丰富的 I/O 口资源，外围电路相对简单。价格低，性能高，以上的控制方案已经通过 EMC 测试。

谢 辞

通过这次毕业设计，我感受和感动很多，很多人给我了无私的帮助和鼓励，我表示深深的感谢。首先是我的指导老师——××老师，他给予我的帮助最大，在忙碌的工作中还热情地帮助我，同时不断的指导我进行系统的开发和撰写论文，使我总有茅塞顿开的感觉。同时我也要感谢我的同学，她们也给予我很多好的意见和鼓励，使我少走了不少弯路。

这篇论文我一直当作是一个学习新知识的过程，也是接受新事物的动力，同时使我感受到自己知识的浅薄，感受到需要学习的东西还很多，这是我一生中非常重要的人生经历和宝贵财富。

非常感激××大学计算机学院的各位老师在这四年来对我的教导。感谢我的父母，是他们给了我学习的机会，给了我坚强的支持，他们是我做任何事情的原动力。

参 考 文 献

[1] 刘胜利. 新型无氟冰箱及冷藏柜原理及维修技术[M]. 北京：电子工业出版社，2000.
[2] 方贵银. 新型电冰箱维修技术与实例[M]. 北京：人民邮电出版社，2001.

[评 注]

(1) 选题方面

- 范例“电冰箱控制器的研究与实现”属于硬件设计型课题。

- 针对设备进行设计研究，产生一个具有实用意义的成品。
- 选题符合实际应用的需求，采用SPCE061A作为控制器核心进行电冰箱的设计与实现，对电冰箱的工作过程进行控制，使控制过程更加人性化，具有一定的实用价值。

(2) 论文结构方面

- 论文对电冰箱控制器的设计开发过程进行了论述，遵循了硬件设计型课题的一般过程。
- 设计思路比较规范，结构安排比较合理。
- 论文采用总分式方式展开论述，从系统的总体方案设计开始，然后分别是硬件系统设计及软件系统设计，并对系统进行了测试。
- 总的来说，论文结构比较紧凑，符合硬件设计型课题的规范写作流程。

(3) 论文内容方面

论文选题结合应用需求，所以内容较丰富。

(4) 论文的不足之处

- 论文的摘要部分的叙述可参考摘要的模板写：在什么背景下，基于什么现实问题，依据什么理论(或思路)，采用什么方法，对什么进行什么实验(或其他)研究，研究的内容主要涉及到什么，研究的核心观点(或方法)是什么，通过研究(或开发)，得到了什么结论。
- 引言部分未给出国内外发展现状，应该在阅读文献，了解现状的基础上，对所做课题的必要性进行描述。
- 论文作者文献查阅量不够，参考文献太少。
- 论文在言辞的使用上，阐述不够详细，篇幅较少，可以适当扩充相关内容。

第14章

范例五：值班信息管理系统(自考本科)

摘　　要

随着计算机在信息管理方面的迅猛发展，计算机已渗透到社会生活的各个领域。原有的人工值班方式在信息管理和统计方面存在很多不足，不但要求值班人员完成大量的重复工作，也给信息的查询、统计带来了不便。因此，如何解决这些不足，实现值班信息管理的自动化就成了一个关键问题。

PowerBuilder是一种被广泛使用的可视化、面向对象的重要应用开发工具，值班信息管理系统就是采用PowerBuilder开发的一个基于C/S架构的信息管理系统。从系统初步调查到逻辑模型的提出，详细阐述了值班信息管理系统分析的全过程；然后进行系统总体结构设计和详细设计；接着阐述了值班信息管理系统的主要功能模块实现方法及部分重要的程序脚本；最后对系统开发过程中的几个难点及解决方案进行了讨论。

关键词：信息管理；C/S架构；PowerBuilder

ABSTRACT

With the swift and violent development in the information management of computer, the computer has already permeated through each field of social life. The previous manual mode has some shortage in terms of information management and statistic, which require the stuff on duty to do tremendous repetitive work, and bring the inconvenience to the information inquiry and statistics as well. Therefore, how to solve these shortages and realize automatic information management turn out to the key issues.

PowerBuilder is a kind of visual, object-oriented and important development tool. We use PowerBuilder to develop Information management system on duty based on C/S skeleton. The paper expounds in detail the whole course of system analysis of "information management system on duty", system overall structural design and detailed design. And then it explains the main function module implementation method of " information management system on duty " and some important procedure scripts. Finally, it discusses several difficult points and solutions during the procedure of system developement.

Keywords: Information management; C/S skeleton; PowerBuilder

目　　录

一、引　　言

计算机技术和网络通信技术迅猛发展、日新月异,信息的计算机化管理已深入到社会的各个领域,计算机也正以其强大的信息处理能力展现着诱人的魅力。信息化是一个顺应世界潮流、顺应历史潮流的必然趋势。通过信息化带动工业化,通过信息化实现现代化,将是未来社会发展的必然趋势。信息技术是当今世界范围内新的技术革命核心,信息科学和技术是现代科学技术的先导,是人类进行高效率、高效益、高速度社会活动的理论、方法与技术,是管理现代化的重要支柱。

管理信息系统的开发是一项复杂的系统工程。在面临复杂的内外因素和环境的同时,更需要慎重选择软件的应用平台及开发工具。应用平台及开发工具的选择直接关系到软件开发的周期、成本和维护、后继开发的费用。Power Builder 是基于 C/S 结构的面向对象的可视化开发工具,是著名的数据库应用开发工具生产厂商 Power Soft 公司推出的产品。在 C/S 结构中,它安装在客户端使用,作为数据库应用系统的开发工具而存在。由于 Power Builder 采用了面向对象和可视化技术,提供有图形化的应用开发环境,可以方便地开发出基于后台服务器中的数据库的数据库应用系统。所以本系统的开发工具选用广泛应用的 Power Builder V9.0。

二、系 统 分 析

2.1　需求分析

在系统的初步调查阶段,通过与值班工作人员的共同探讨,确认了现状,明确了当前维护管理工作中存在的问题和困难,全面掌握了用户需求的一手资料,为后续的系统设计和实施工作奠定了良好的基础。

2.1.1　应用现状

经初步调查,基本情况如下:随着科学技术的普及和发展,通信行业也在发生着革命性的变化,程控交换机从最初的步进制、纵横制交换机以至于到现在普遍应用的程控交换机。维护体制的改革,各个专业的融合,集中监控系统的建立等方面,以手工填写各种表格,人工管理、统计各种数据的传统工作模式已不再适应当前形势的发展。

2.1.2　存在的问题

通过调查发现,值班过程中存在以下几个问题:

(1) 以手工填写各种维护规程中的表格不方便,并且浪费大量的纸张。

(2) 维护资料更新不及时,造成信息过时,支撑不利,对数据现状掌握不准确,出错率高。

(3) 现有表格修改资料和许多的其他资料混杂,不便查找和数据搜索,不利于进行分类处理和统计。

(4) 现有的方式不能对有关部门的要求作出灵活快速的反应,对于紧急决策的支撑力度欠佳。

2.1.3　用户的要求

通过初步调查了解到用户对即将开发的值班信息管理系统提出了一定的要求:

(1) 要求值班信息管理系统具有良好的交互界面,方便维护人员的操作。

(2) 要求值班信息管理系统具有一般管理信息系统的功能,包括数据录入、增加、删除、查找、查询等。

(3) 要求值班信息管理系统具有良好的分析功能,为下一步的数据修改策略提供可靠的依据。

(4) 要求值班信息管理系统具有良好的查询功能,能方便地为公司内部相关部门提供相应的查询服务,作出及时的反应和技术支撑。

（5）考虑到通信系统的保密性，要求系统具有严格的安全机制或口令控制机制。

2.2　系统可行性分析

值班信息管理系统开发的可行性分析包括以下三个方面的内容。

2.2.1　技术可行性

值班信息管理系统是针对通信公司内部值班信息管理系统设计的，包括大量数据的处理，具体有录入、增加、删除、汇总、打印、查询等，目的就是利用计算机强大的数据处理能力，发挥计算机的数据处理速度快的优势，准确高效地满足技术人员的需求。另外，我公司已组织一支强大的开发队伍，准备从事几项以 Power Builder 为工具的开发工作，这些都可以充分利用并且很好融合。所以，从技术水平、组织管理和人员的角度考虑，我公司现有的软硬件条件均能满足开发要求。

2.2.2　经济可行性

值班信息管理系统具有很强的专业性，只应用于通信公司内部机房相关部门和人员，购买市场上的相关软件或者请软件公司开发，都会花费很大的代价，非常不经济，若能自己进行开发，不仅能够更好地适应本公司自身的业务需求，而且还能够节省一大部分开发费用，具有很强的经济可行性。

2.2.3　营运可行性

值班信息管理系统的开发，将大大提高技术人员的工作效率，省去了繁杂的调度时间；并能为相关部门提供快捷方便的查询服务，减少了工作环节；其良好的统计分析功能，给企业制定相关政策提供了良好的支持。

通过系统初步调查与可行性分析发现，开发值班信息管理系统对于我公司进一步搞好程控业务发展，提高服务水平，增加企业效益有着很重要的作用，是极具可行性的。

2.3　系统详细调查

对系统进行了初步的调查分析，明确了公司管理系统的初步设想。在此基础上，我公司进入了对系统详细分析的调查阶段，进一步对系统目标、功能等因素进行分析研究。对现行机房维护工作进行详细调查研究是了解系统需求和进行系统分析与设计的重要基础工作，因此要参与到具体的每一项工作中去，全面、细致地了解各项业务的维护管理工作，进行详细的调查研究。

（1）明确值班信息管理系统的目标。

按照管理信息系统开发的原理和方法，采用先进的信息技术和手段，开发值班管理系统，其目标为：对通信公司值班维护查询工作的全过程给予有利的支撑，提高企业管理工作的现代化水平，提高业务技术人员的工作效率，优化企业运行机制，在为技术人员提供业务支撑的基础上，为相关部门的管理决策提供支撑功能，加快企业的信息化进程。

（2）明确值班管理系统的相关部门以及各部门各人员权限、职能。

- 运行维护部：运行维护部是通信生产的主管和职能部门，在业务上接受上级主管部门的领导。在主管局长的领导下制定管辖范围内全程全网维护管理工作，接收网管中心和县分公司维护部门的业务统计报表，制定割接升级方案。
- 网管中心：接收运行维护部的业务调度，检查监督数据维护进度和质量，接收技术组和监控组人员的报告，拥有数据的查询，修改和系统用户的管理权限，但不做具体的数据操作，可在特殊情况下进入系统进行使用各种功能。
- 监控组：填写交接班数据，更新系统资料。
- 技术组：软件版本割接升级工作以及日常维护表格的更新。

详细调查的重点是对管理业务的流程进行详细描述，通过采用系统流程图中部分图形工具来描述管理业务活动，进行规范化说明。数据维护工作的业务流程如图 2-1 所示。

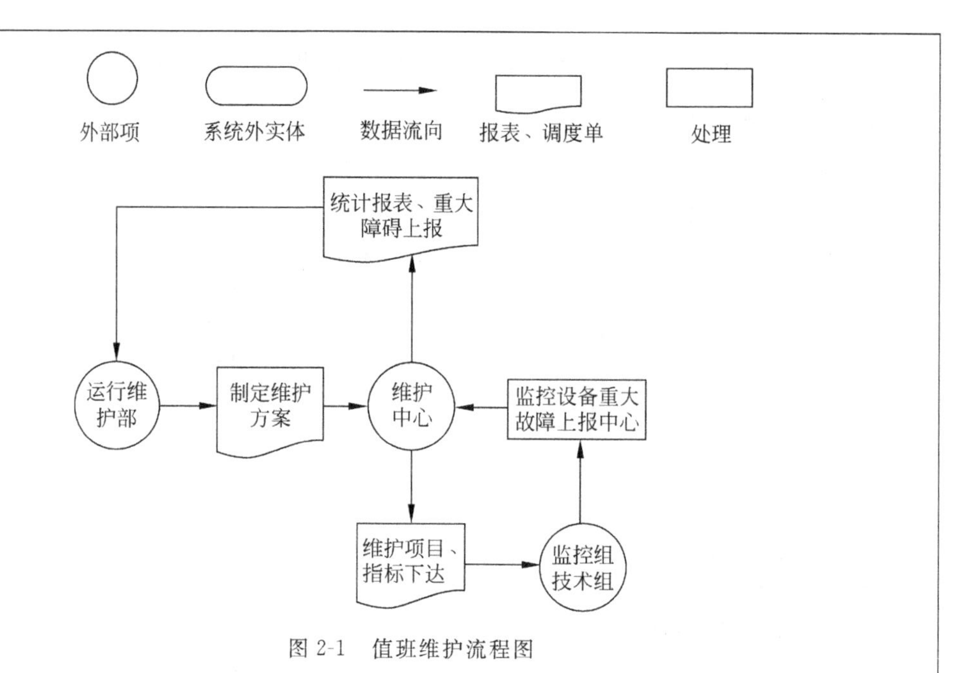

图 2-1 值班维护流程图

2.4 系统逻辑模型的提出

系统分析的主要成果是系统的逻辑模型,本系统的逻辑模型主要是以系统的数据流图为主要描述工具。在对业务需求和流程认真分析研究的基础上,按信息系统中应有的数据流和数据结构来勾画系统的概貌。

2.4.1 数据收集

根据所开发的系统的功能需要,收集了各部门需要的原始数据,并制作成表,作为系统的原始数据表格,这些表格包括:

(1) 值班工作记录。

(2) 值班情况查询。

(3) 值班记事查询。

(4) 无人职守机房巡视记录表。

(5) 故障处理记录表。

(6) 集中网管警告记录。

(7) 质量分析记录表。

(8) 设备维护质量检查记录。

(9) 质量检查记录表。

(10) 设备再启动记录表。

(11) 软件版本升级/补丁记录表。

(12) 割接记录。

(13) 软件当前版本登记表。

(14) 网管数据(软件)备份记录表。

(15) 设备数据变更记录表。

(16) 硬件更换记录表以及其他各表。

(17) 工号姓名对照表。

这些数据的搜集和表结构的设计为下一步的工作奠定了良好的基础。

2.4.2　数据流图

数据流图是在对系统调研阶段绘制的业务流程图进行分析的基础上，从系统的科学性、管理的合理性、实际运行的可行性出发，将信息处理功能和彼此之间的联系自顶向下、逐层分解、从逻辑上精确地描述新系统应具备的数据加工功能、数据输入、数据输出、数据存储、数据来源和去向。

首先，分析数据维护管理的总体情况，划分出系统的边界，识别系统的数据来源和去向，确定外部项；然后，划分出几个重要的信息管理功能，并明确各功能之间的联系，绘制出数据流图的顶层图，如图 2-2 所示。

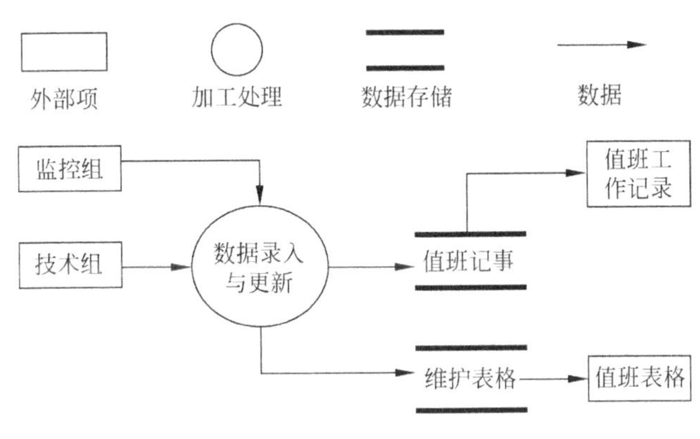

图 2-2　值班维护数据流图

三、系 统 设 计

3.1　系统的设计目标

根据交换局日常维护工作的流程、内容和维护项目的特点，确定本系统的设计目标为：

为值班维护系统提供一个统一的管理平台，使相关数据在同一个窗口下能完成相互之间的查询和修改；系统操作简单、界面友好、查询方便；系统能在现有的大多数硬件平台上运行，对运行环境不能要求过高，占用的系统资源应尽量少；系统具有完整的数据输入、数据处理、数据输出的功能；在完成基本功能的基础上，尽量优化系统，提高系统的运行效率；系统按结构化程序设计，在有新的需求时能够方便地进行后续版本的开发和修改。考虑长远应用，具备向网络化升级的能力，为更好地适应将来技术的进步和业务创新做准备。

3.2　系统总体结构设计

3.2.1　系统的总体布局

系统的总体布局是指系统的硬、软件资源以及数据资源在空间上的分布特征，通常有以下几种方案供选择。

从信息资源管理的集中程度来看主要有：

- 集中式系统。
- 分布式系统。

从信息处理的方式来看主要有：

- 批处理方式。
- 联机处理方式。

由于拟定开发的系统操作的方便性，因此综合考虑各方面因素，决定采用单机批处理方式。这种方式有以下优点：

- 管理和维护方便。
- 安全保密性好。
- 人员集中使用，资源利用率高。

这种选择在新系统使用初期使用人员少、数据处理量不大的情况下，既能够满足设计需求，降低系统使用的硬件和软件环境，同时也不影响后续开发，实践证明是一种相当好的选择。

3.2.2 数据存储的总体设计

计算机化的管理信息系统是一个以大量数据资源为基础并以此为中心而建立起来的应用系统。数据存储的方式、数据存储的规模、数据存储的空间分布和数据库管理系统(DBMS)的选择，对管理信息系统的建设和运行都具有重要的影响。数据存储的方式设计涉及到对多个应用部门和多个组织层次的数据逻辑描述；数据存储的规模设计要考虑到现有的存储容量，又要预见到未来数据量的增长趋势；数据存储的空间分布设计既要使数据的空间分布和物理环境协调一致，又要保证使用和管理上的方便；数据库管理系统是管理信息系统运行的基本环境，关系到数据存储设计实现的有效性和运行效率。

值班信息管理系统的数据存储方案采用 Sysbase 公司的 Sysbase 数据库管理系统。演示版采用 Adaptive Server Anywhere 8.0 作为数据库管理系统，采用该数据库管理系统下的单一文件作为数据库存储文件。选用该方案主要出于以下考虑。

(1) 演示版值班信息管理系统涉及的数据量小。因此，不需要采用大型、昂贵的数据库管理系统。Sysbase 公司的 Adaptive Server Anywhere 8.0 是数据库开发工具 Power Builder 9.0 自带的免费数据库管理系统，该系统所具有的可伸缩性使其既能应用于单机，又能应用于小型企业。

(2) 该数据库管理系统对硬件要求低。在 Windows 平台上，该系统最小只需要 8MB 内存，并且能运行于各处 Windows 平台，安装部署低廉方便。

(3) 单一文件作为数据库，主要是考虑到数据不需要在空间上分布存储。单一文件方便备份和迁移，也不影响性能。

3.2.3 计算机系统方案的选择

本系统采用单机批处理方式设计，对数据处理速度、数据存储的规模要求不高，也不要求多媒体和通信的能力。因此，对计算机系统的硬件环境和软件环境要求较低。

3.2.4 系统总体功能结构设计

根据设计目标，在明确工作流程的基础上，按照结构化的系统设计方法，值班信息管理系统从功能上进行了划分，如图 3-1 所示。

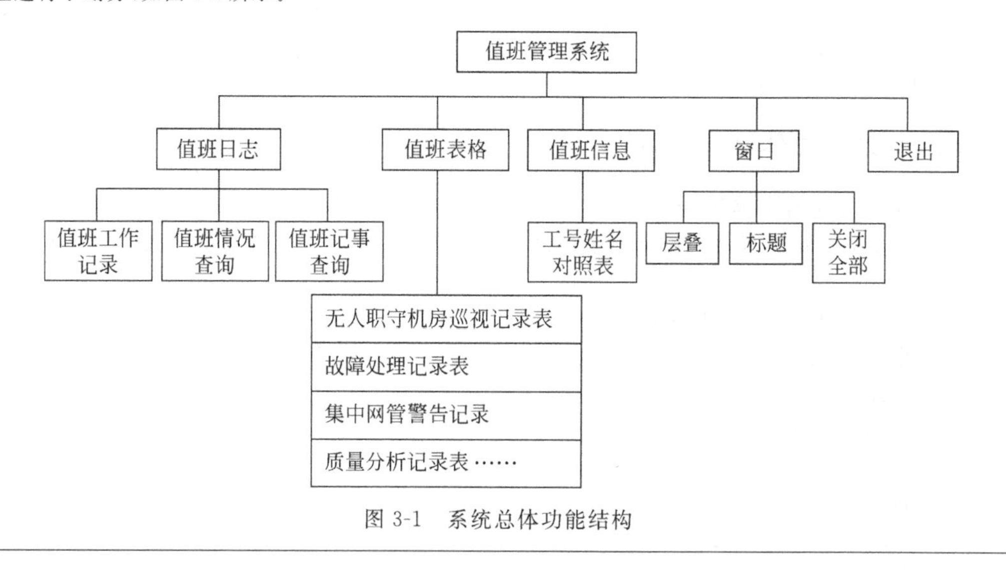

图 3-1 系统总体功能结构

3.3　数据库设计

3.3.1　E-R 图

在系统的数据库设计中，先要对系统分析得到的数据字典中的数据存储进行分析，分析各数据存储之间的关系，然后得出系统的关系模式，本系统采用实体-关系图(E-R 图)来描述系统的概念模型，E-R 图由实体、属性、联系三部分组成。值班信息管理系统的实体-关系图如图 3-2 所示。

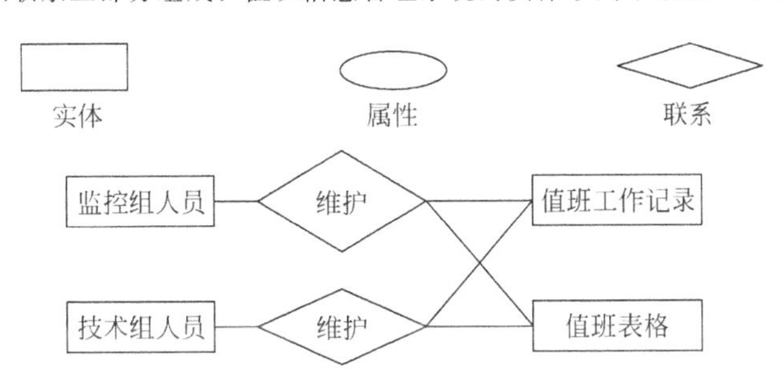

图 3-2　值班信息管理系统 E-R 图

3.3.2　数据库结构设计

一般来说，数据文件要有合理的组织，数据元素要有合理的归类和划分。其次是提高数据存储的安全性，在尽量降低冗余的前提下确保数据的安全性和可靠性。再就是保证对数据进行管理和维护上的方便，它是提高系统运行效率的基础。

基于以上原则，本系统的数据库结构举例如图 3-3 所示。

Columns (111) - o_sj_shzb

Column Name	Data Type	Width	Dec	Null	Default
bm	char	26		No	(None)
kssj	timestamp			No	(None)
jssj	timestamp			No	(None)
zbr	char	42		No	(None)
jbr	char	42		No	(None)
zlgj	char	30		No	(None)
jkzt	char	40		No	(None)
jbsx	char	32767		No	(None)
jbbz	long varchar			No	(None)
ycbz	long varchar			No	(None)
wd	char	80		No	(None)
sd	char	80		No	(None)
jfqj	char	8		Yes	(None)
ycyy	char	80		Yes	(None)
shhr	char	8		Yes	(None)
shyj	char	100		Yes	(None)
shsj	timestamp			Yes	(None)

Columns (111) - o_sj_zbjs

Column Name	Data Type	Width	Dec	Null	Default
bm	char	26		No	(None)
sj	timestamp			No	(None)
zbjs	char	200		No	(None)
bc	long varchar			No	(None)
who	char	28		No	(None)
zy	char	8		No	(None)

图 3-3　数据库结构举例

Columns (111) - o_sj_shzb

Column Name	Data Type	Width	Dec	Null	Default
bm	char	26		No	(None)
kssj	timestamp			No	(None)
jssj	timestamp			No	(None)
zbr	char	42		No	(None)
jbr	char	42		No	(None)
zlgj	char	30		No	(None)
jkzt	char	40		No	(None)
jbsx	char	32767		No	(None)
jbbz	long varchar			No	(None)
ycbz	long varchar			No	(None)
wd	char	80		No	(None)
sd	char	80		No	(None)
jfqj	char	8		Yes	(None)
ycyy	char	80		Yes	(None)
shhr	char	8		Yes	(None)
shyj	char	100		Yes	(None)
shsj	timestamp			Yes	(None)

Columns (111) - o_zb_qjjl

Column Name	Data Type	Width	Dec	Null	Default
zhuanye	char	10		No	(None)
jm	char	20		No	(None)
sj	timestamp			No	(None)
qjnr	char	200		Yes	(None)
sj1	timestamp			No	(None)
tzr	char	20		No	(None)
jsr	char	50		No	(None)
clqk	char	255		Yes	(None)
sbqk	char	100		Yes	(None)

图 3-3 (续)

3.4 用户界面设计

用户界面是软件系统与用户的接口，用户界面的友好程度直接影响着整个系统的运行和使用。本系统是多用户系统，最终用户是管理人员，其中部分用户对计算机技术并不精通，为满足不同用户的应用需求，系统采用了目前流行的基于菜单选择、工具按钮、填写表格等友好的人机交互方式。系统采用多文档界面，可以使用户在一个统一的界面下进行各种操作，减轻用户的学习负担。

四、系统实现

4.1 软件开发工具及 Power Builder 简介

软件开发工具是计算机技术发展的产物，随着以计算机为代表的现代信息技术迅速地应用到社会生活的各个角落，社会对于各种软件的需求日益紧迫，它是在高级程序设计语言的基础上发展起来的，为的是提高软件开发的质量和效率，在开发软件的全过程中给予软件开发者各种不同程度的支持与帮助。

随着数据库技术在各行各业的广泛应用，作为数据库开发重要工具的 Power Builder 也日益成为开发人员的得力助手。Power Builder 9.0 是一个 Client/Server 体系结构的面向对象的可视化软件开发工具，它可以在 Windows、Macintosh、UNIX 多平台上运行，还能开发基于 Internet 的应用系统。PB 支持应用系统访问多种数据库，包括诸如 ORACLE、SYBASE 之类的大型数据库，也包括 SQL SERVER 之类的 ODBC 接口的小型数据库，同时其随身携带 Adaptive Server Anywhere 8.0。对小型应用来说，直接使用这个数据库就是一个质优高效且价廉的选择。为方便用户的开发，PB提供了大量的控件，既丰富了应用程序的表达功能，也加快了项目开发速度。PB还支持分布式应用系统的开发，形成多层应用的系统结构。PB能生成机器代码的可执行文件，因此非常适合于MIS的开发。

PB的基本功能及特点如下。

(1) 专业的C/S开发工具。C/S是一种将任务分解，然后协同解决的计算模式，客户端的应用程序负责提出任务需求，服务端的应用程序则为客户提供服务。

(2) 面向对象编程。在PB中创造的窗口、菜单等都是对象，除了使用系统定义的对象外，还可以自行创造新的对象，即用户对象，将各种对象组合起来即可组成PB的应用程序。可以使用封装、继承和多态等面向对象的编程技术，可以使应用具有可重用性和可扩展性。

(3) 支持多种数据库管理系统。PB开发的应用程序可以同时访问多个数据库系统，对大型数据库，PB提供了充分发挥其性能的专用接口，而对小型数据库通过ODBC接口可灵活进行访问。

(4) 灵活的数据转移方法。利用PB的数据管道，开发人员和应用程序能够简单、方便、快捷地把数据库表中的数据从一个表复制到另一个表，从一个库复制到另一个库，从一个DBMS复制到另一个DBMS。除复制表中数据及表结构外，还可复制表的扩展属性。

4.2 系统程序设计

程序设计主要包括两大部分，即界面对象的设计和对象必要事件的代码设计。下面部分给予一一介绍。

4.2.1 应用程序连接数据库

初始化事务对象。该对象为系统中的事务对象，在程序运行期间一直存在。OPEN事件中编写程序代码如下：

```
//连接 Sybase 数据库
// Profile ck
SQLCA.DBMS = "ODBC"
SQLCA.AutoCommit = False
SQLCA.DBParm = "Connectstring = 'DSN = glxt; UID = dba; PWD = sql'"
connect using SQLCA;
open(w_begin)
```

4.2.2 用户登录窗口

首先进入w_begin窗口，如图4-1所示。

图4-1 开始窗口

此窗口中 clicked 事件的脚本如下：

```
string mainWindowName = "值班管理"
if FindWindowA(0,mainwindowname) <>0 then
      Messagebox('','程序已经启动')
      halt
else
    open(w_login)                //打开登录窗口
end if
    open(w_login)                //打开登录窗口
close(w_begin)                   //关闭开始窗口
```

登录窗口的主要功能是验证用户身份，如图 4-2 所示。

在登录窗口需要用户输入工号和口令，单击“确定”按钮如果工号和口令都正确，则进入系统；若工号或口令错，则提示出错信息。在输入工号和口令时为了简便起见，可以不用鼠标或 Tab 键，直接按 Enter 键可从“工号”文本框到“口令”文本框，然后再按 Enter 键，则触发“确定”按钮，即“确定”按钮为窗口的默认按钮，其脚本如下：

图 4-2　登录窗口

```
//输入工号后按 Enter 键，则光标直接聚焦在口令单行编辑框，在 KEY 事件中编写代码
if key = keyEnter! then
    sle_2.setfocus()
end if
```

如果口令输入完后按 Enter 键，则触发“确定”按钮的 CLICKED 事件，使得“确定”按钮成为默认按钮。可以直接将其 defult 属性设为真，脚本如下：

```
if key = keyEnter! then
cb_1.postevent(CLICKED!)
end if
```

判断工号和口令，以及用户权限，打开主窗口，“确定”按钮脚本如下：

```
string groupno,groupname,uname
long mytt
char flag
int i
connect;
//用 SQL 语句根据工号查找口令和权限
//定义全局变量，用来存储用户权限
select xm,class,lb,onlineflag
    into: uname,: groupno,: groupname,: flag
    from o_xj_ghxm
    where gh = : sle_1.text and passwd = : sle_2.text and flag = '在岗';
jh_user = sle_1.text
jh_passwd = sle_2.text
jh_groupno = groupno
jh_groupname = groupname
jh_username = uname
if isnull(uname) or len(uname)<1 then
```

```
        messagebox("错误","工号或口令错误.")
    else
        update o_xj_ghxm set onlineflag = '1' where gh = :jh_user;
        commit;
        if cbx_1.checked = true then                //自动锁定时间设置
            mytt = integer(sle_3.text) * 60
            idle(mytt)
        end if
        if sle_2.text = '111111' then               //修改初始口令
            messagebox("提示","口令为初始口令? 请修改口令")
            open(w_modipasswd)
            return
        else
          open(w_zbmain) //打开值班主窗口
        end if
        close(parent)
    end if
```

"取消"按钮的作用是在用户取消登录时关闭窗口和断开事务连接。其 clicked 事件的脚本为:

```
close(parent)
```

4.2.3　程序的框架窗口

系统使用多文档界面(MDI),框架窗口(frame)为 w_zbmain。该窗口作为一个容器,用来容纳、打开、关闭其他页面窗口。关联程序的菜单 m_zb 用于打开值班日志、值班表格、值班信息窗口,实现窗口的层叠、平铺,并用于管理系统的简单介绍。其中,值班工作日志、交接班查询、值班记事查询窗口分别如图 4-3、图 4-4 和图 4-5 所示。

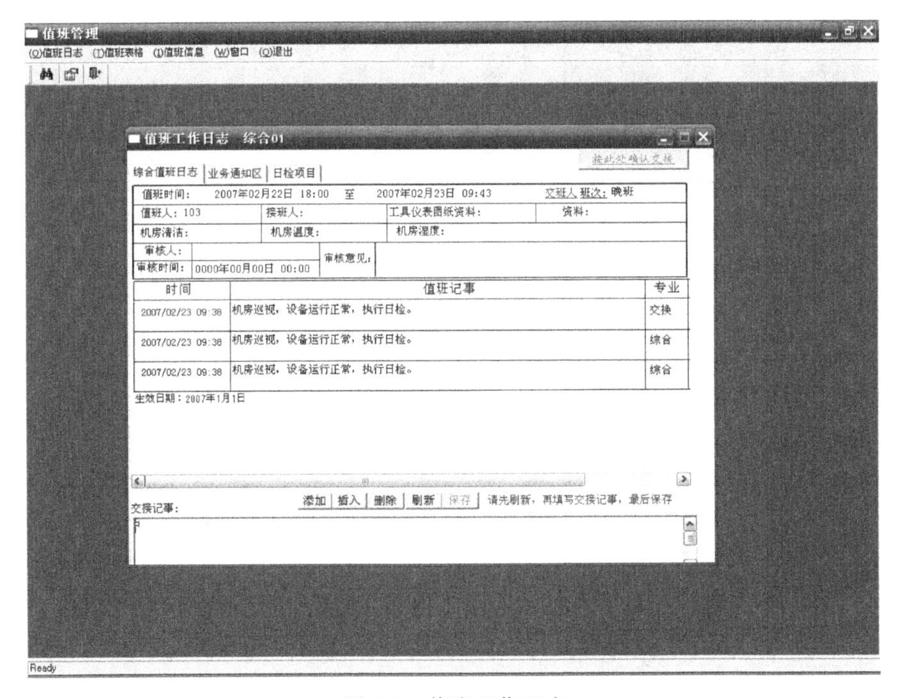

图 4-3　值班工作日志

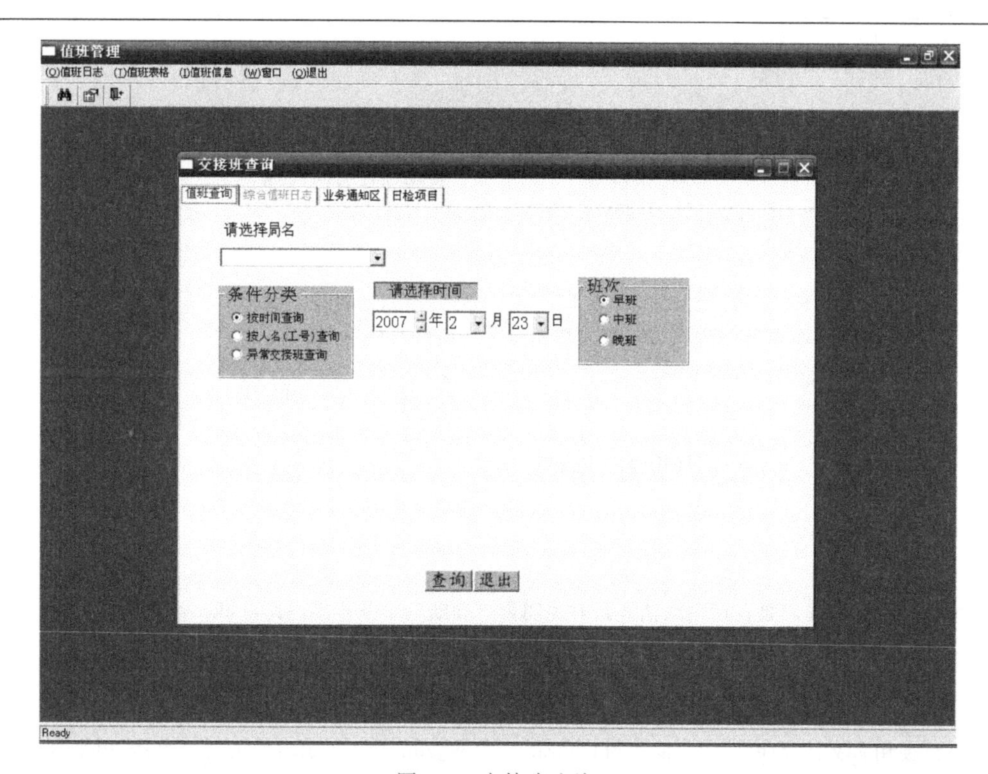

图 4-4　交接班查询

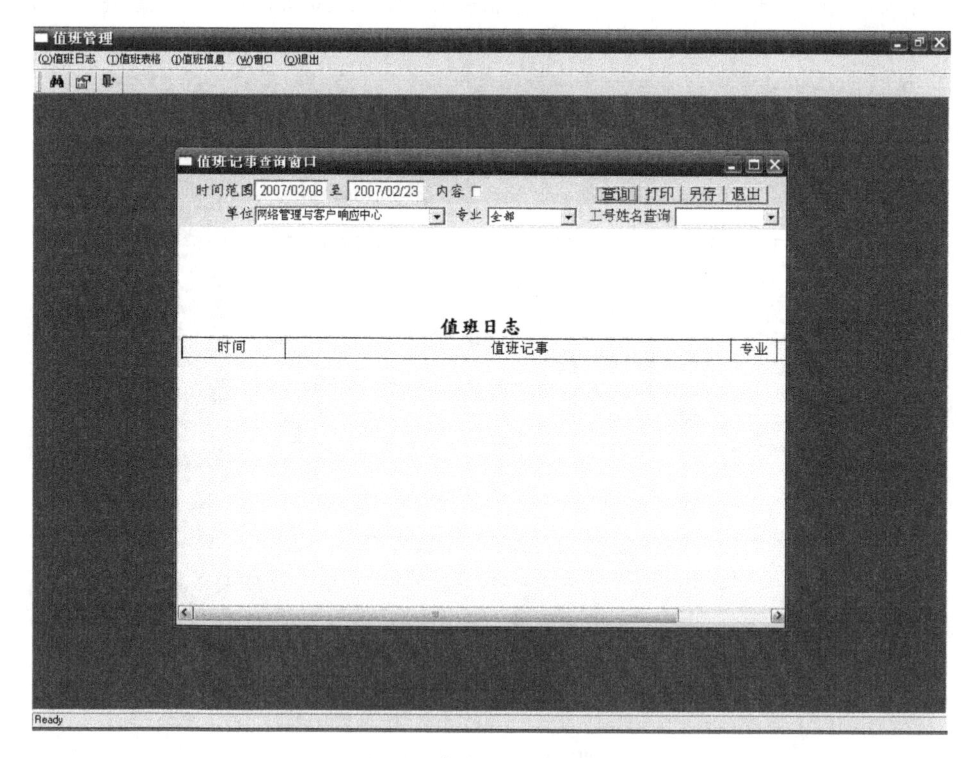

图 4-5　值班记事查询窗口

4.2.4　程序的菜单和工具栏

在多文档界面的应用程序中，应用程序的框架(frame)和页面窗口(sheet)都可以有自己的菜单和工具栏。根据需求，设计菜单和与之相应的工具栏，创建各种事件。使事件用来打开一个页面窗口，或者传递一个事件对应的操作。下面介绍"值班日志"菜单项，包括值班工作记录、值班情况查询和值班记事查询，分别用来打开相应页面窗口或执行相应的操作。相应的脚本为：

```
    opensheet(w_jjb,w_zbmain,5,original!)       //打开值班工作记录
int i
window tempw
i = 0
tempw = w_zbmain.getfirstsheet()
do while isvalid(tempw)
    i = i + 1
    tempw = w_zbmain.getnextsheet(tempw)
loop
if i> = 1 then
    m_window.m_2.enabled = true
end if
if i>1 then
    m_window.m_cascaded.enabled = true
    m_window.m_title.enabled = true
end if

int i                                           //打开值班情况查询
opensheet(w_cxjjb,w_zbmain,5,original!)
window tempw
i = 0
tempw = w_zbmain.getfirstsheet()
do while isvalid(tempw)
    i = i + 1
    tempw = w_zbmain.getnextsheet(tempw)
loop
if i> = 1 then
    m_window.m_2.enabled = true
end if
if i>1 then
    m_window.m_cascaded.enabled = true
    m_window.m_title.enabled = true
end if

    opensheetwithparm(w_xj_zbjs,"jh",w_zbmain,5,original!)      //打开值班记事查询
int i
window tempw
i = 0
tempw = w_zbmain.getfirstsheet()
do while isvalid(tempw)
    i = i + 1
    tempw = w_zbmain.getnextsheet(tempw)
loop
```

```
if i> = 1 then
    m_window.m_2.enabled = true
end if
if i>1 then
    m_window.m_cascaded.enabled = true
    m_window.m_title.enabled = true
end if

    string tt,mygh                          //执行值班工作记录添加操作
dw_6.insertrow(0)
dw_6.setitem(dw_6.rowcount(),'bc',dw_3.getitemnumber(1,'jbbz'))
dw_6.setitem(dw_6.rowcount(),'sj',gettime())
dw_6.scrolltorow(dw_6.rowcount())
dw_6.selecttext(1,1)
if pos(dw_3.getitemstring(1,'zbr'),jh_user) = 0 then
    mygh = jh_user
else
    mygh = dw_3.getitemstring(1,'zbr')
end if
dw_6.setitem(dw_6.rowcount(),'who',mygh)
dw_6.setitem(dw_6.rowcount(),'bm',s_bm)
dw_6.setitem(dw_6.rowcount(),'zy','综合')

    int i                                   //执行值班工作记录插入操作
string tt,mygh
i = dw_6.insertrow(dw_6.getrow())
dw_6.setitem(i,'bc',dw_3.getitemnumber(1,'jbbz'))
dw_6.setitem(i,'sj',gettime())
dw_6.scrolltorow(i)
dw_6.selecttext(1,1)
if pos(dw_3.getitemstring(1,'zbr'),jh_user) = 0 then
mygh = jh_user
else
    mygh = dw_3.getitemstring(1,'zbr')
end if
dw_6.setitem(i,'who',mygh)
dw_6.setitem(i,'bm',s_bm)
dw_6.setitem(i,'zy','综合')

string user                                 //执行值班工作记录删除操作
user = dw_6.object.who[dw_6.getrow()]
if pos(user,jh_user) = 0 then
    messagebox("dd","你不能修改")
    return
end if
dw_6.deleterow(dw_6.getrow())

datetime d,d1
string ss
```

```
int i,flag1,flag2
ss = string(now(), "yyyy-mm-dd hh:mm")
d = gettime()
for i = 1 to dw_6.rowcount()
    dw_6.scrolltorow(i)
    d1 = dw_6.getitemdatetime(i,'sj')
    if string(d1, "yyyy-mm-dd hh") > string(d, "yyyy-mm-dd hh") then
        messagebox("注意", "所填时间:" + string(d1,"yyyy-mm-dd hh:mm") + "有误!")
        return
    end if
next

ss = "
w_jjb.tab_1.tabpage_2.rte_1.selecttext(1,1,1000,1000)
ss = w_jjb.tab_1.tabpage_2.rte_1.copyrtf()
update o_xj_shzb_t set bzz = :ss where bm = :s_bm;
if sqlca.sqlcode> = 0 then
        commit;
        flag1 = 1
else
        rollback;
        messagebox('消息','交接记事保存失败')
end if
if dw_6.update() = 1 then
        commit;
    flag2 = 1
else
        rollback;
        messagebox('消息','值班记事保存失败!')
end if
if flag1 = 1 and flag2 = 1 then
    messagebox('消息','保存成功!')
end if
this.enabled = false

int i                              //打开值班记事查询操作
string aa
dw_1.reset()

aa = "2>1 "
if ddlb_1.text<>'全部' then
    aa = aa + " and zy = '" + ddlb_1.text + "'"
end if
if cbx_1.checked = true then
    if len(sle_2.text)<1 then
        messagebox("aa","请输入内容")
        return
    end if
    aa = aa + " and (zbjs like '%" + sle_2.text + "%')"
```

```
end if
    dw_1.setfilter(aa)
    dw_1.filter()
dw_1.retrieve(datetime(date(em_1.text),time("00：00")),datetime(date(em_2.text),time
("23：59")),ddlb_2.text)
```

4.3 系统实现过程中出现的问题及其解决方法

1. 数据库的移植问题

在移植数据库过程中连接不到数据库，系统提示 Unable to connect to database server：Specified database is invalid。经仔细分析发现源数据库建立在 G 盘而移植后的计算机系统未划分 G 盘，导致数据库.log 文件生成失败，当源数据库的路径和被移植数据库的路径一致时，将不会发生此问题。

2. 值班工作记录中交接记事不能正常交接

需要将数据库相关表的字段建立索引项后，刷新系统时能正常显示。

通过这次信息系统开发工作，真正锻炼了自己综合运用所学知识的能力，熟悉和掌握了使用 Power Builder 开发应用软件的基本方法，提高了自己对问题的处理能力，同时能体会到成功的喜悦，也认识到了进行毕业设计的必要性。

五、结　束　语

5.1 系统运行分析

系统开发成功后投入试运行，在试运行阶段系统比较稳定，其界面友好，易于操作和维护。

5.2 系统的现存问题及有待改进之处

由于时间仓促和本人水平所限，该系统仍存在一些问题需要在以后的开发和系统维护中继续完善。

1. 由于演示版只能用于单机操作，应用过程中必须向网络版升级

由于随着通信业务的快速发展，相应的值班信息维护管理工作必然会涉及到更多的部门，演示版的管理系统显然无法满足信息共享的需求，所以只有升级成为网络版，利用公司内部的局域网，实现多部门的共同协作和共同管理。

2. 输入界面还不能满足多样化的信息需求

由于此系统现在仍处在试验阶段，输入界面设计比较简单，但在实际工作中远远不能满足需求，所以应该在今后加以改进，以满足系统投入正式运行的需求。

3. 统计分析功能比较弱

由于公司业务发展迅速，需要进行深入和全面的分析以支持快速决策和指定应急措施，现有系统只支持一些基础的值班管理功能，还不能满足公司的业务需求，所以还需要进一步完善此部分功能。

谢　　辞

通过这次毕业设计，使我的专业知识在实践中得到了系统的运用，提高了自己对信息系统开发全过程的应用能力。同时也深深体会到，只有将所学知识融入到实践中，才能使理论变为活生生的现实，只有带着实践中所遇到的问题去学习，才会有更好的效果。今后，我会继续努力，使自己所学知识能更好地为企业发展作贡献。

在老师和同学们的无私帮助下，我顺利地完成了系统的设计和论文的撰写，在这里，我对他们表示深深的谢意和由衷的感谢。

参考文献

[1]　袁方. 数据库应用系统设计理论与实践教程[M]. 成都：电子科技大学出版社，2005.
[2]　崔巍. Power Builder 7.0 数据库实用系统开发教程[M]. 北京：清华大学出版社，2000.
[3]　丁宝康. 数据库原理[M]. 北京：经济科学出版社，2000.
[4]　陈禹，方美琪. 软件开发工具[M]. 北京：经济科学出版社，2000.
[5]　黄梯云. 管理信息系统[M]. 北京：经济科学出版社，2000.
[6]　吕晓辉. Power Builder 9.0 全方位教程[M]. 北京：航空工业出版社，2003.

[评　　注]

(1) 选题方面

- “值班信息管理系统”属于软件开发型课题。
- 该论文是自考本科毕业论文，选题适当，难易度适中，取材于现实应用，有较强的实践性。
- 选题工作量基本达到了毕业设计综合训练的目的。

(2) 论文结构方面

- 在谋篇布局上，论文思路清楚，结构比较合理，符合软件开发型课题的模式。
- 首先对系统进行需求分析、可行性分析。
- 然后根据系统设计目标，进行系统总体结构设计、数据库设计以及用户界面设计。
- 之后详细介绍了系统的实现，并讨论了实现过程中出现的问题及解决方法。
- 最后，对系统运行情况进行了分析，给出了系统存在的问题和待改进的地方。

(3) 论文内容方面

内容部分比较充实。

(4) 论文的不足之处

- 摘要部分没有突出工作重点，应重点说明系统实现的主要功能。
- 引言部分未给出国内外发展现状，应该在阅读文献，了解现状的基础上，对所做课题进行描述。
- 论文作者文献查阅量不够，参考文献较少。
- 部分图表不够规范，如图 3-1 系统总体功能结构图和图 3-2 值班信息管理系统 E-R 图。
- 论文在言辞的使用上，有些地方阐述不够详细，如数据库结构设计中对数据库结构实例没有给出相应的文字描述，可适当添加相关内容。

参考文献

[1] 教育部高等学校计算机科学与技术教学指导委员会. 高等学校计算机科学与技术专业实践教学体系与规范[M]. 北京：清华大学出版社，2008.

[2] 教育部高等学校计算机科学与技术教学指导委员会. 高等学校计算机科学与技术专业发展战略研究报告暨专业规范(试行)[M]. 北京：高等教育出版社，2006.

[3] 中国计算机科学与技术学科教程 2002 研究组. 中国计算机科学与技术学科教程 2002[M]. 北京：清华大学出版社，2002.

[4] The Joint Task Force for Computing Curricula 2005. Computing Curricula 2005：The Overview Report [EB/OL]. http://www.acm.org/education/curricula.html and http://computer.org/curriculum.

[5] 袁开榜. 中国计算机本科大学生的培养目标、人才规格、能力素质、知识结构及其若干认识问题[J]. 计算机科学，2002(7)(增刊).

[6] 凌阳大学计划[EB/OL]. http://www.unsp.com/, 2008.

[7] 王东. 构建我国学校培养学生实践能力的基本模式[J]. 教育科学，2005，(1).

[8] 刘景福，钟志贤. 基于项目的学习(PBL)模式研究[J]. 外国教育研究，2002，(11).

[9] 大学计算机课程报告论坛组委会，大学计算机课程报告论坛论文集[C]. 北京：高等教育出版社，2008.

[10] 张琦. 大学生专业实践能力培养研究：认知学徒制视野——以“导师制下项目驱动教学摸式”为研究个案[D]. 南昌：江西师范大学教育技术专业，2006.

[11] 董荣胜，古天龙. 计算机科学与技术方法论[M]. 北京：人民邮电出版社，2002.

[12] 蒋宗礼. 计算机科学与技术学科硕士研究生教育[M]. 北京：清华大学出版社，2005.

[13] 教育部软件工程学科课程体系研究课题组. 中国软件工程学科教程[M]. 北京：清华大学出版社，2005.

[14] Denning P J. Computing as a discipline[J]. Communications of the ACM, 1989, 32(1).

[15] 赵致琢. 计算科学导论[M]. 北京：科学出版社，2000.

读者意见反馈

亲爱的读者：

感谢您一直以来对清华版计算机教材的支持和爱护。为了今后为您提供更优秀的教材，请您抽出宝贵的时间来填写下面的意见反馈表，以便我们更好地对本教材做进一步改进。同时如果您在使用本教材的过程中遇到了什么问题，或者有什么好的建议，也请您来信告诉我们。

地址：北京市海淀区双清路学研大厦A座602室 计算机与信息分社营销室 收
邮编：100084　　　　　　　　　　电子邮箱：jsjjc@tup.tsinghua.edu.cn
电话：010-62770175-4608/4409　　　邮购电话：010-62786544

教材名称：计算机专业毕业设计（论文）指导

ISBN 978-7-302-20023-9

个人资料

姓名：＿＿＿＿＿ 年龄：＿＿＿＿所在院校/专业：＿＿＿＿＿＿＿＿＿＿

文化程度：＿＿＿＿ 通信地址：＿＿＿＿＿＿＿＿＿＿＿＿＿＿＿＿＿＿

联系电话：＿＿＿＿ 电子信箱：＿＿＿＿＿＿＿＿＿＿＿＿＿＿＿＿＿＿

您使用本书是作为：□指定教材 □选用教材 □辅导教材 □自学教材

您对本书封面设计的满意度：

□很满意 □满意 □一般 □不满意 改进建议＿＿＿＿＿＿＿＿＿＿＿＿＿

您对本书印刷质量的满意度：

□很满意 □满意 □一般 □不满意 改进建议＿＿＿＿＿＿＿＿＿＿＿＿＿

您对本书的总体满意度：

从语言质量角度看 □很满意 □满意 □一般 □不满意

从科技含量角度看 □很满意 □满意 □一般 □不满意

本书最令您满意的是：

□指导明确 □内容充实 □讲解详尽 □实例丰富

您认为本书在哪些地方应进行修改？（可附页）

＿＿＿＿＿＿＿＿＿＿＿＿＿＿＿＿＿＿＿＿＿＿＿＿＿＿＿＿＿＿＿＿＿＿

＿＿＿＿＿＿＿＿＿＿＿＿＿＿＿＿＿＿＿＿＿＿＿＿＿＿＿＿＿＿＿＿＿＿

您希望本书在哪些方面进行改进？（可附页）

＿＿＿＿＿＿＿＿＿＿＿＿＿＿＿＿＿＿＿＿＿＿＿＿＿＿＿＿＿＿＿＿＿＿

＿＿＿＿＿＿＿＿＿＿＿＿＿＿＿＿＿＿＿＿＿＿＿＿＿＿＿＿＿＿＿＿＿＿

电子教案支持

敬爱的教师：

为了配合本课程的教学需要，本教材配有配套的电子教案(素材)，有需求的教师可以与我们联系，我们将向使用本教材进行教学的教师免费赠送电子教案(素材)，希望有助于教学活动的开展。相关信息请拨打电话010-62776969或发送电子邮件至jsjjc@tup.tsinghua.edu.cn咨询，也可以到清华大学出版社主页(http://www.tup.com.cn或http://www.tup.tsinghua.edu.cn)上查询。

高等学校教材·计算机科学与技术
系列书目

书　号	书　名	作　者
9787302103400	C++程序设计与应用开发	朱振元等
9787302135074	C++语言程序设计教程	杨进才等
9787302140962	C++语言程序设计教程习题解答与实验指导	杨进才等
9787302124412	C 语言程序设计教程习题解答与实验指导	王敬华等
9787302162452	Delphi 程序设计教程(第 2 版)	杨长春
9787302091301	Java 面向对象程序设计教程	李发致
9787302159148	Java 程序设计基础	张晓龙等
9787302158004	Java 程序设计教程与实验	温秀梅等
9787302133957	Visual C#.NET 程序设计教程	邱锦伦等
9787302118565	Visual C++面向对象程序设计教程与实验	温秀梅等
9787302112952	Windows 系统安全原理与技术	薛质
9787302133940	奔腾计算机体系结构	杨厚俊等
9787302098409	操作系统实验指导——基于 Linux 内核	徐虹等
9787302118343	Linux 操作系统原理与应用	陈莉君等
9787302148807	单片机技术及系统设计	周美娟等
9787302097648	程序设计方法解析——Java 描述	沈军等
9787302086451	汇编语言程序设计教程	卜艳萍等
9787302147640	汇编语言程序设计教程(第 2 版)	卜艳萍等
9787302147626	计算机操作系统教程——核心与设计原理	范策等
9787302092568	计算机导论	袁方等
9787302137801	计算机控制——基于 MATLAB 实现	肖诗松等
9787302116134	计算机图形学原理及算法教程(Visual C++版)	和青芳
9787302137108	计算机网络——原理、应用和实现	王卫亚等
9787302126539	计算机网络安全	刘远生等
9787302116790	计算机网络实验	杨金生
9787302153511	计算机网络实验教程	李馥娟等
9787302143093	计算机网络实验指导	崔鑫等
9787302118664	计算机网络基础教程	康辉
9787302139201	计算机系统结构	周立等
9787302134398	计算机原理简明教程	王铁峰等
9787302111467	计算机组成原理教程	张代远
9787302130666	离散数学	李俊锋等
9787302104292	人工智能(AI)程序设计(面向对象语言)	雷英杰等
9787302141006	人工智能教程	金聪等
9787302136064	人工智能与专家系统导论	马鸣远
9787302093442	人机交互技术——原理与应用	孟祥旭等
9787302129066	软件工程	叶俊民

书号	书名	作者
9787302162315	软件体系结构设计	李千目等
9787302117186	数据结构——Java语言描述	朱战立
9787302093589	数据结构(C语言描述)	徐孝凯等
9787302093596	数据结构(C语言描述)学习指导与习题解答	徐孝凯等
9787302079606	数据结构(面向对象语言描述)	朱振元等
9787302099840	数据结构教程	李春葆
9787302108269	数据结构教程上机实验指导	李春葆
9787302108634	数据结构教程学习指导	李春葆
9787302112518	数据库系统与应用(SQL Server)	赵致格
9787302149699	数据库管理与编程技术	何玉洁
9787302155409	数据库技术——设计与应用实例	岳昆
9787302160151	数据库系统教程	苑森淼等
9787302106319	数据挖掘原理与算法	毛国君
9787302126492	数字图像处理与分析	龚声蓉
	数字图像处理与图像通信	蓝章礼
9787302146032	数字图像处理	李俊山等
9787302124375	算法设计与分析	吕国英
9787302103653	算法与数据结构	陈媛
9787302150343	UNIX系统应用编程	姜建国等
9787302136767	网络编程技术及应用	谭献海
9787302150503	网络存储导论	姜宁康等
9787302148845	网络设备配置与管理	甘刚等
9787302071310	微处理器(CPU)的结构与性能	易建勋
9787302109013	微机原理、汇编与接口技术	朱定华
9787302140689	微机原理、汇编与接口技术学习指导	朱定华
9787302145257	微机原理、汇编与接口技术实验教程	朱定华
9787302128250	微机原理与接口技术	郭兰英
9787302084471	信息安全数学基础	陈恭亮
9787302128793	信息对抗与网络安全	贺雪晨
9787302112358	组合理论及其应用	李凡长
9787302154211	离散数学	吴晟 等